Prisma 1

Natur und Technik
Sekundarstufe I

Ausgabe für die Schweiz

Anne Beerenwinkel
Thomas Berset
Kathrin Durrer
Hannes Herger
Marcel Iten
Andreas Stettler

Fachdidaktische Leitung
Peter Labudde

n|w Fachhochschule Nordwestschweiz
Pädagogische Hochschule

Klett und Balmer Verlag

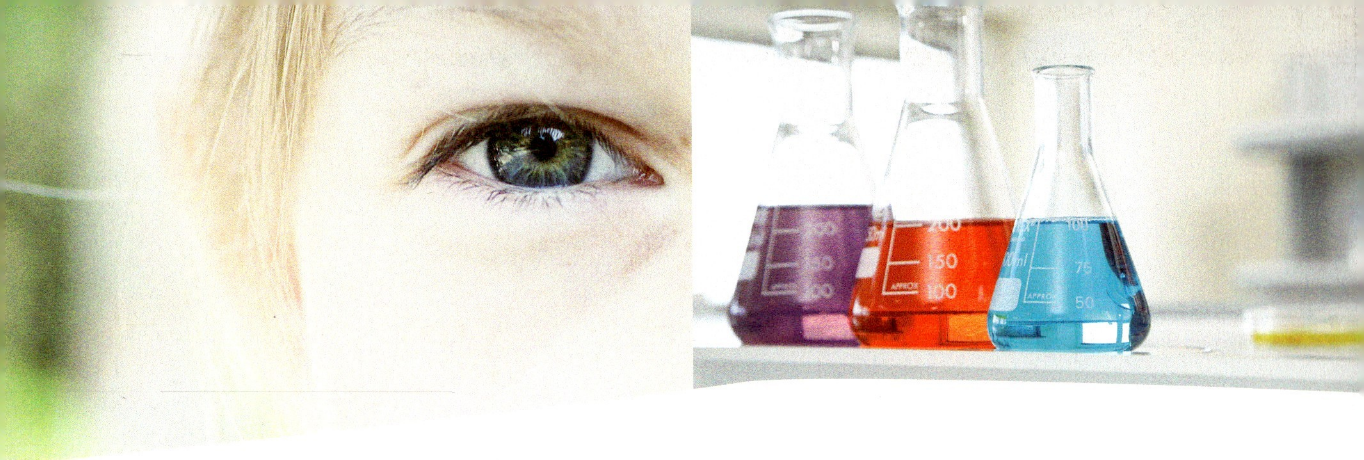

Inhalt

5 Elektrische Phänomene 96

6 Wasser – ein lebenswichtiger Stoff 126

7 Lebensraum Gewässer 142

Anhang 164

M Methoden / F Forschen und Entdecken

So lernst du mit PRISMA

Damit du dich schneller in deinem Themenbuch zurechtfindest, gibt es hier eine kurze Einführung.

Auftaktseiten
führen mit spannenden Fragen und interessanten Bildern in ein neues Thema ein.

Basisseiten
vermitteln Wissen und erklären Fachbegriffe.

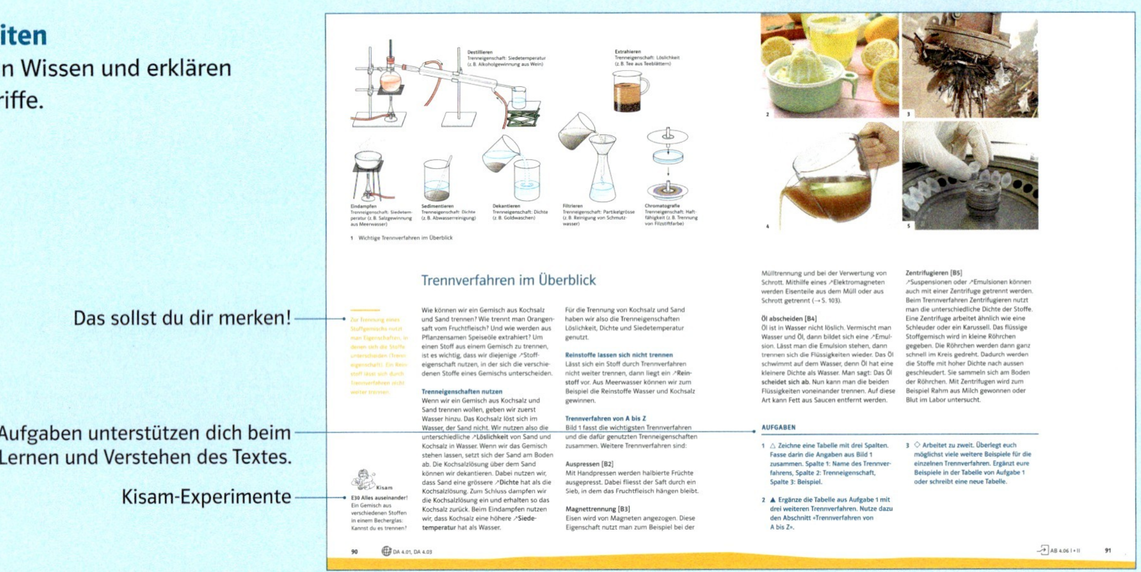

Farben und Symbole im Buch

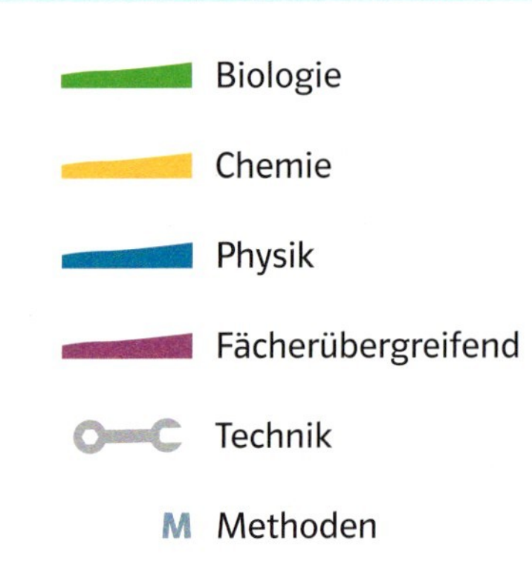

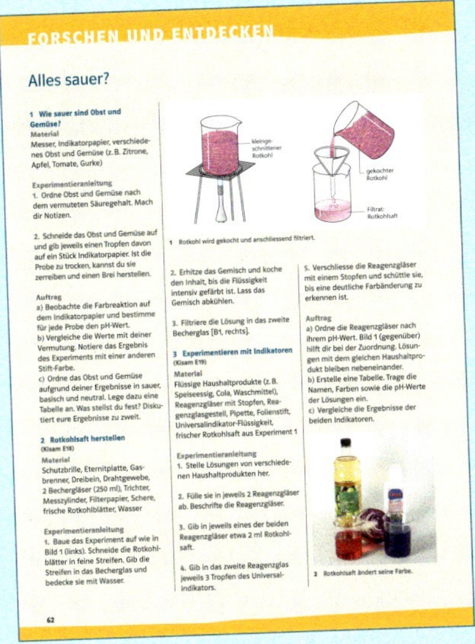

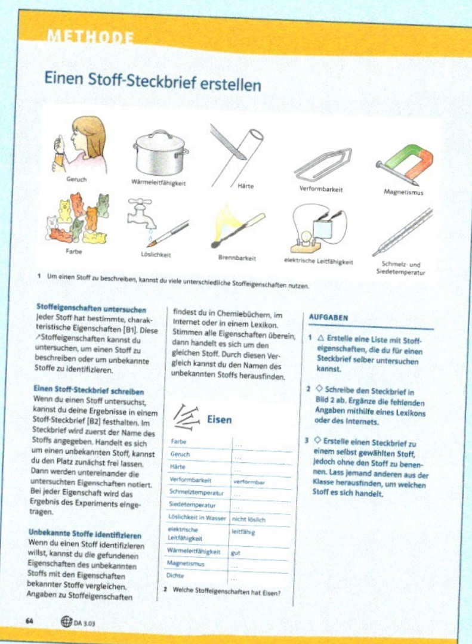

Sonderseiten

erkennst du an der Farbhinterlegung.

Forschen und Entdecken

leitet dich beim Experimentieren an oder führt dich in die Arbeitsweise der Technik ein.

Methode

erklärt dir neue Arbeitstechniken und Strategien.

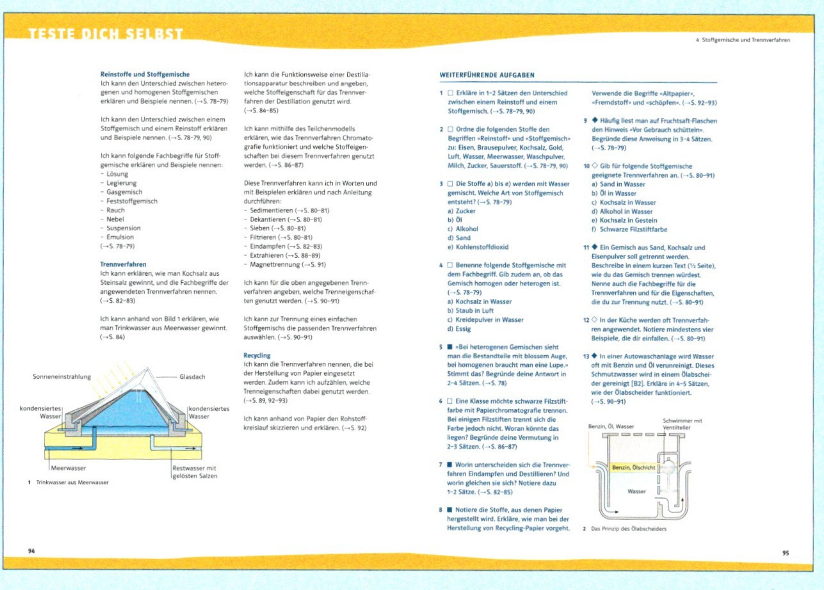

Abschlussseiten

fassen die wichtigsten Punkte eines Themas zusammen und helfen bei der Prüfungsvorbereitung.

Teste dich selbst

hilft dir, dein Wissen und deine Kompetenzen zu überprüfen.

Weiterführende Aufgaben

bieten Vertiefungs- und Repetitionsmöglichkeiten.

! Gefahrenhinweis: Hier müssen besondere Vorsichtsmassnahmen getroffen werden.

[B1] Bildverweis

→ Verweis auf eine andere Seite

↗ Diese Begriffe werden im Glossar erklärt.

AB
Dieses Symbol verweist auf Arbeitsblätter.

 DA
Dieses Symbol verweist auf das digitale Angebot.

 Kisam
Verweis auf Kisam-Experimente

Aufgaben

△ ▲ Aufgaben zum Nachschauen

□ ■ Aufgaben zum Verstehen

◇ ◆ Aufgaben zum Weiterdenken

△ Niveau I
▲ Niveau II

Journal für Forscherinnen und Forscher

Zum Unterricht in Natur und Technik gehört das Führen eines Journals. In deinem Journal kannst du jederzeit nachschauen, was du im «Natur und Technik»-Unterricht bearbeitet hast.

Was gehört in mein Journal?

Nicht alles aus dem Unterricht gehört in dein Journal. Dein Journal sollte nur enthalten, was du im Unterricht selber bearbeitet hast. Dazu gehören zum Beispiel gelöste Aufgaben, zusätzliche Erklärungen deiner Lehrerin, deines Lehrers oder wichtige Fachbegriffe, Zeichnungen und Merksätze aus dem Themenbuch. Dein Journal ist wichtig: Es hilft dir beim Verstehen und Lernen.

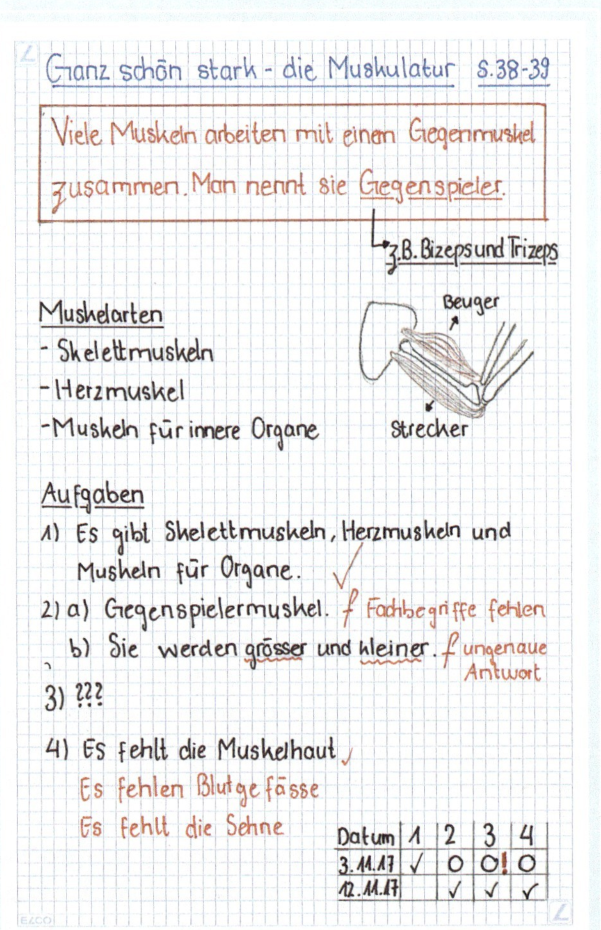

1 Journaleintrag

Wie gut ist mein Journal?

Mit dieser Kriterienliste kannst du überprüfen, wie gut dein Journal gestaltet ist.

Inhalt und Gestaltung

- Du führst dein Journal in der Reihenfolge der Seiten, die ihr im Unterricht behandelt habt.
- Du führst auf der vordersten Seite ein Inhaltsverzeichnis.
- Du schreibst nicht einfach aus dem Themenbuch ab, sondern wählst Wichtiges aus und notierst es in Stichworten und/oder machst eine Skizze.
- Du setzt Titel und unterstreichst diese mit dem Lineal.
- Deine Schrift ist gut lesbar.
- Bei den Aufgaben gibst du die Seitenzahl im Themenbuch und die Aufgabennummern an.
- Du korrigierst deine Aufgaben und markierst richtige und fehlerhafte Antworten.
- Du markierst Aufgaben unterschiedlich: Aufgaben, die du gut verstanden hast (✓), Aufgaben, die du selbstständig verbessern kannst (O), und Aufgaben, für die du die Hilfe der Lehrperson brauchst (**!**).
- Du markierst Fehler in den Antworten, zum Beispiel mit einer Wellenlinie.

AUFGABEN

1 □ **a) Überprüfe den Journaleintrag in Bild 1 mit der Kriterienliste. Welche Punkte sind erfüllt?**

■ **b) Findest du in Bild 1 weitere Merkmale eines guten Journals? Tipp: Vergleiche für deine Antworten Bild 1 mit der Themenbuch-Seite «Ganz schön stark – die Muskulatur» (→S. 38–39).**

2 ■ **Tausche dein Journal mit einer Partnerin oder einem Partner. Überprüft eure Journale mithilfe der Kriterienliste. Beurteilt die Journalführung, schreibt dabei auch Tipps zur Verbesserung auf.**

So arbeitest du mit Kisam

Kisam ist eine Sammlung von Experimenten im Bereich Natur und Technik. Damit du die Experimente möglichst selbstständig durchführen kannst, bietet dir Kisam ein System aus Karteikarten und gelben Boxen. Auf jeder Karte ist ein Experiment zu einem bestimmten Phänomen genau beschrieben. Zu jeder Experimentierkarte gibt es eine Lösungskarte, auf der du die Lösungen nachlesen kannst. In den gelben Boxen findest du das Kisam-Material, mit dem du die Experimente durchführen kannst.

Verweis auf Kisam
Auf manchen Seiten in «Prisma» gibt es einen Hinweis auf Kisam-Experimente.

Kisam

E15 Siedend heiss
E16 Dahinschmelzen
Bei welcher Temperatur siedet Wasser und bei welcher Kerzenwachs? Finde es heraus!

Experimentierkartei
Auf der Experimentierkarte wird das entsprechende Experiment beschrieben. Auf der Rückseite siehst du auf einem Bild den Experimentaufbau.

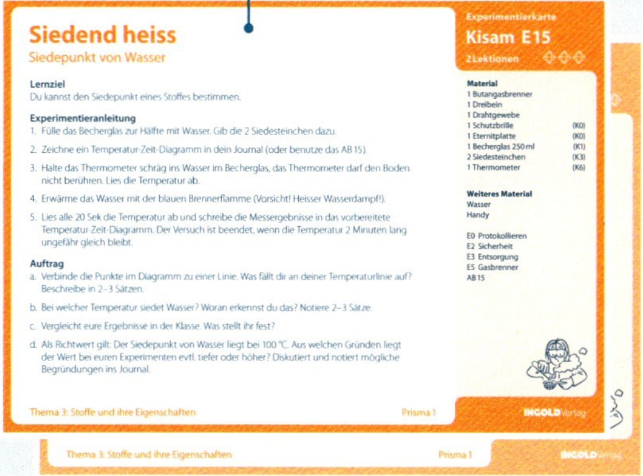

Siedend heiss
Siedepunkt von Wasser

Lernziel
Du kannst den Siedepunkt eines Stoffes bestimmen.

Experimentieranleitung
1. Fülle das Becherglas zur Hälfte mit Wasser. Gib die 2 Siedesteinchen dazu.
2. Zeichne ein Temperatur-Zeit-Diagramm in dein Journal (oder benutze das AB 15).
3. Halte das Thermometer schräg ins Wasser im Becherglas, das Thermometer darf den Boden nicht berühren. Lies die Temperatur ab.
4. Erwärme das Wasser mit der blauen Brennerflamme (Vorsicht! Heisser Wasserdampf!).
5. Lies alle 20 Sek die Temperatur ab und schreibe die Messergebnisse in das vorbereitete Temperatur-Zeit-Diagramm. Der Versuch ist beendet, wenn die Temperatur 2 Minuten lang ungefähr gleich bleibt.

Auftrag
a. Verbinde die Punkte im Diagramm zu einer Linie. Was fällt dir an deiner Temperaturlinie auf? Beschreibe in 2–3 Sätzen.
b. Bei welcher Temperatur siedet Wasser? Woran erkennst du das? Notiere 2–3 Sätze.
c. Vergleicht eure Ergebnisse in der Klasse. Was stellt ihr fest?
d. Als Richtwert gilt: Der Siedepunkt von Wasser liegt bei 100 °C. Aus welchen Gründen liegt der Wert bei euren Experimenten evtl. tiefer oder höher? Diskutiert und notiert mögliche Begründungen ins Journal.

Thema 3: Stoffe und ihre Eigenschaften — Prisma 1

Experimentierkarte
Kisam E15
2 Lektionen

Material
1 Butangasbrenner
1 Dreibein
1 Drahtgewebe
1 Schutzbrille (K0)
1 Eternitplatte (K0)
1 Becherglas 250 ml (K1)
2 Siedesteinchen (K3)
1 Thermometer (K6)

Weiteres Material
Wasser
Handy

E0 Protokollieren
E2 Sicherheit
E3 Entsorgung
E5 Gasbrenner
AB 15

INGOLD Verlag

Thema 3: Stoffe und ihre Eigenschaften — Prisma 1

Experimentierkarte
Kisam E15
2 Lektionen

Material
1 Butangasbrenner
1 Dreibein
1 Drahtgewebe
1 Schutzbrille (K0)
1 Eternitplatte (K0)
1 Becherglas 250 ml (K1)
2 Siedesteinchen (K3)
1 Thermometer (K6)

Weiteres Material
Wasser
Handy

E0 Protokollieren
E2 Sicherheit
E3 Entsorgung
E5 Gasbrenner
AB 15

Materialliste
Auf der Vorderseite der Experimentierkarte findest du die Materialliste. In Klammern wird auf die Kisam-Box verwiesen, in der du das benötigte Material findest.

Thema 3: Stoffe und ihre Eigenschaften

Verweis auf Prisma
Zuunterst auf der Experimentierkarte findest du einen Verweis auf die dazugehörigen Themen in «Prisma». So findest du beim oder nach dem Experimentieren jederzeit ins Themenbuch zurück.

Kisam-Boxen
Für jedes Experiment brauchst du bestimmte Materialien. Diese findest du in den Boxen 0–11.

1 Was läuft hier falsch?

Experimentieren – aber sicher

In einem Durcheinander lässt sich nicht gut arbeiten. Um sicher experimentieren zu können, brauchst du einen aufgeräumten Arbeitsplatz.

Vorbereitung des Experiments

Lies vor dem Experimentieren die Experimentieranleitung genau durch:

- Was genau soll untersucht werden?
- Wie soll das Experiment durchgeführt werden?
- Welches Material wird benötigt?
- Wo befindet sich das benötigte Material?

Sicherheitsregeln

Damit du dich und andere beim Experimentieren nicht verletzt, musst du dich an einige Sicherheitsregeln halten:

- Im Fachraum darf weder gegessen noch getrunken werden. Lebensmittel dürfen nicht offen herumliegen.
- Beim Arbeiten mit Gasbrennern, Kerzen, heissen Geräten oder heissen Flüssigkeiten kannst du dich leicht verbrennen. Sie müssen daher stabil stehen. In der Nähe dürfen sich keine brennbaren Gegenstände befinden. Lange Haare müssen zurückgebunden werden. Kleidungsstücke, die entzündbar sind oder beim Arbeiten behindern, sollten ausgezogen werden.
- Trage bei Experimenten mit dem Gasbrenner und auf Anweisung immer eine Schutzbrille.
- Achte darauf, dass der Experimentaufbau stabil steht und nicht umkippen kann.
- Setze für Experimente mit elektrischem Strom nur Batterien oder Netzgeräte ein. Experimentiere niemals mit Strom aus der Steckdose, das ist lebensgefährlich!
- Beim Arbeiten mit Chemikalien direkten Hautkontakt vermeiden.
- Die Öffnung von Gefässen (z. B. Reagenzgläsern oder Erlenmeyerkolben) nie gegen Menschen richten.
- Abfälle immer in den dafür bereitgestellten Behälter entsorgen.
- Wenn etwas misslingt, sofort die Lehrerin oder den Lehrer rufen.

Geteilte Arbeit macht doppelten Spass

Viele Experimente lassen sich besser zu zweit oder in Gruppen durchführen. Damit jeder genau weiss, was er zu tun hat, sollten die Aufgaben vorher besprochen werden. Klärt zum Beispiel vorab, wer die Geräte holt bzw. wegbringt und wer die Ergebnisse in einem Experimentierprotokoll festhält. Lest die Anleitungen zuerst immer vollständig durch und beginnt erst dann mit dem Experiment. Befolgt die Anleitungen genau und arbeitet ruhig und konzentriert.

Aufräumen und entsorgen

Stelle die Materialien und Geräte der Schulsammlung immer sauber und ordentlich zurück an ihren Platz. Chemikalienreste werden nach Anweisung der Lehrerin oder des Lehrers entsorgt.

Sicherheitseinrichtungen

Im Fachraum gibt es Anschlüsse für Strom, Gas und Wasser. Ausserdem findest du Einrichtungen, die der Sicherheit dienen. Da du in diesem Raum oft selbstständig experimentieren wirst, musst du dich mit den Sicherheitseinrichtungen unbedingt vertraut machen.

Halte dich beim Experimentieren unbedingt an die Anweisungen. Achte auf deine eigene Sicherheit und die Sicherheit deiner Mitschülerinnen und Mitschüler.

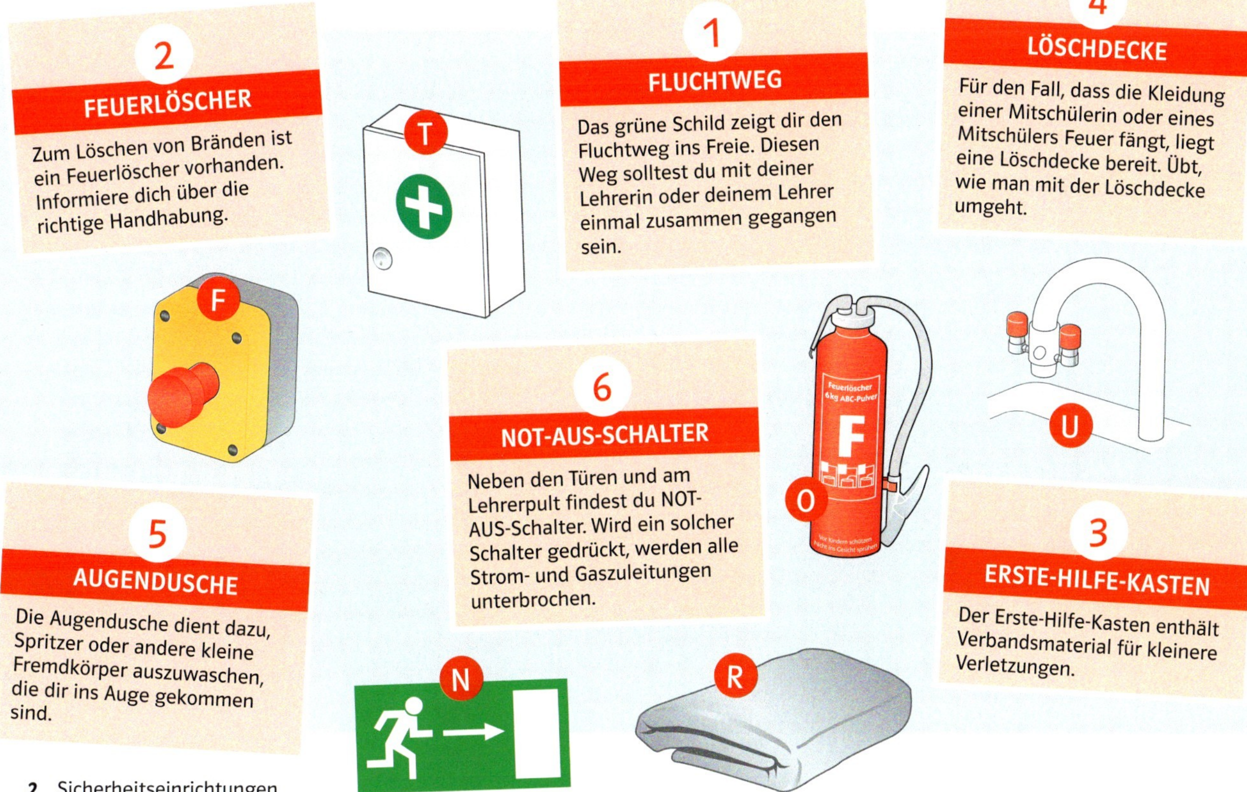

2 Sicherheitseinrichtungen

AUFGABEN

1 △ **Nenne alle wichtigen Sicherheitsregeln für das Experimentieren.**

2 ☐ **Lies auf den Kärtchen [B2] die Texte zu den Sicherheitseinrichtungen durch und suche die jeweils zugehörige Bildkarte. Die Nummern auf den Textkärtchen geben dann die Reihenfolge der Buchstaben für das Lösungswort an.**

3 ☐ **In Bild 1 läuft einiges falsch. Welche Schülerinnen und Schüler verhalten sich falsch und unvorsichtig? Schreibe alles auf und gib Ratschläge, wie man es besser macht.**

4 ◇ **Chemikalienreste müssen sorgfältig entsorgt werden. Begründe.**

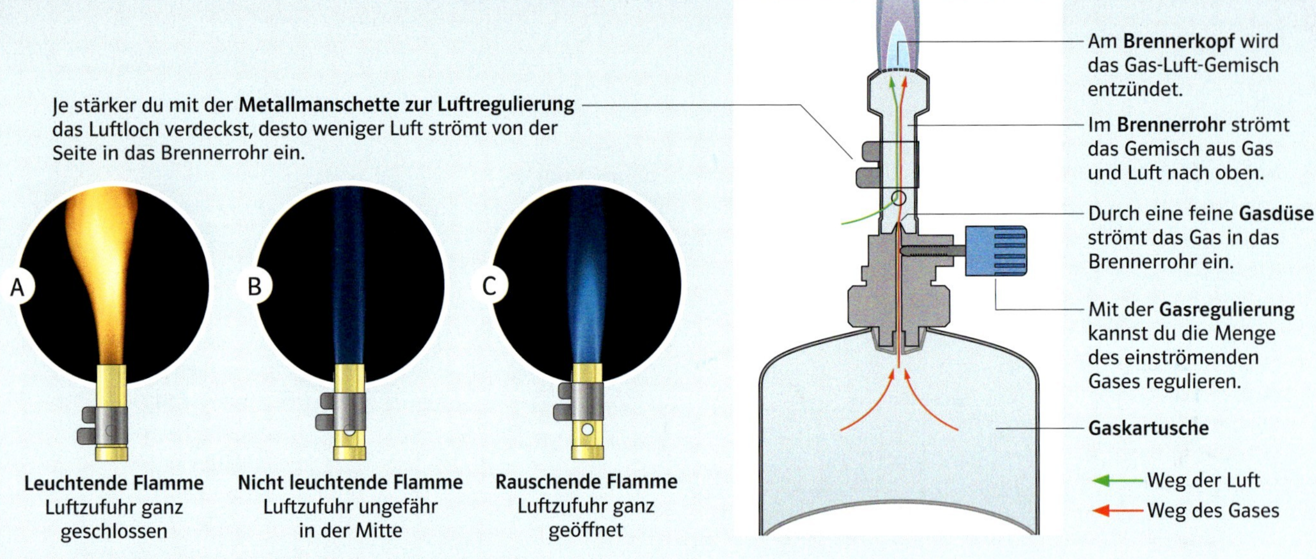

1 Aufbau und Funktionsweise des Gasbrenners

Der Gasbrenner

Über die Luftzufuhr kann man am Gasbrenner eine leuchtende, eine nicht leuchtende oder eine rauschende Flamme einstellen.

Um Stoffe zu erhitzen, werden häufig Gasbrenner verwendet. Es gibt unterschiedliche Arten von Gasbrennern. Bild 1 zeigt dir den Aufbau und die Funktionsweise eines häufig verwendeten Gasbrenners.

Flamme, Hitze und Russ

Wenn du die Luftzufuhr am Gasbrenner ganz schliesst, entsteht eine gelb leuchtende Flamme, die stark russt [B1, A]. Öffnest du mit der Metallmanschette am Brennerrohr das Luftloch zur Hälfte, verschwindet das gelbe Leuchten. Es entsteht eine heisse, nicht leuchtende Flamme [B1, B]. Mit dieser Flamme wird in den meisten Fällen gearbeitet. Ist die Luftzufuhr ganz geöffnet, entsteht eine sehr heisse, rauschende Flamme [B1, C].

Entzünden des Gasbrenners

Setze immer eine Schutzbrille auf, bevor du den Gasbrenner entzündest. Binde lange Haare zusammen. Der Gasbrenner sollte standsicher in der Tischmitte stehen. Achte darauf, dass die Gasregulierung geschlossen ist. Entzünde den Anzünder (z. B. ein Streichholz) und halte die Flamme über den Brennerkopf. Halte deinen Kopf fern! Öffne nun die Gasregulierung. Das Gas-Luft-Gemisch entzündet sich. Stelle die Luftzufuhr so ein, dass eine Arbeitsflamme entsteht [B1, B].

AUFGABEN

1 △ **Nenne alle Sicherheitsmassnahmen für das Entzünden des Gasbrenners.**

2 □ **Arbeitet zu zweit. Beschreibt einander, wie ihr die unterschiedlichen Flammentypen am Gasbrenner einstellen könnt.**

3 ◇ **Erkläre in 1–2 Sätzen, warum die leuchtende Flamme [B1, A] für die Arbeit im Labor wenig geeignet ist.**

4 ◇ **Das Gas in den Kartuschen ist eigentlich geruchlos. Es wird aber mit einem stark riechenden Geruchsstoff versetzt. Warum? Begründe in 1–2 Sätzen.**

AB 0.02 I + II

Umgang mit dem Gasbrenner

Hier kannst du den Umgang mit dem Gasbrenner üben.

1 Wie bedient man einen Gasbrenner?

Material

Schutzbrille, Haarband (bei langen Haaren), Gasbrenner, Anzünder

Experimentieranleitung

1. Setze die Schutzbrille auf und binde lange Haare zusammen.

2. Kontrolliere, ob die Gasregulierung geschlossen ist.

3. Stelle den Gasbrenner standsicher auf den Tisch.

4. Entzünde den Anzünder und halte die Flamme über den Brennerkopf. Halte deinen Kopf fern!

5. Öffne nun die Gasregulierung. Das Gas-Luft-Gemisch entzündet sich.

6. Stelle die Luftzufuhr so ein, dass zunächst eine leuchtende Flamme entsteht [B1]. Wechsle dann zu den beiden anderen Flammentypen.

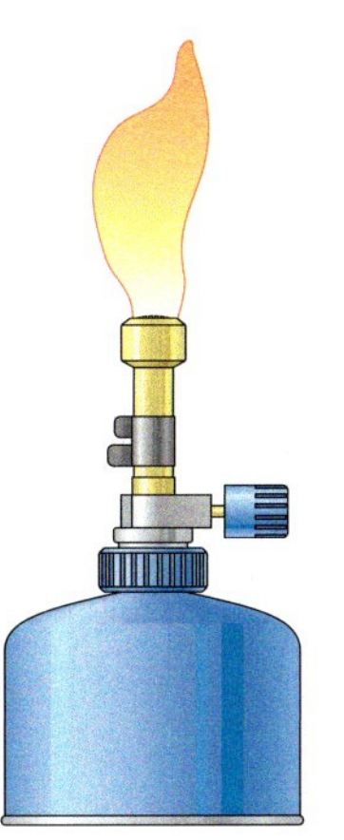

1 Bei geschlossener Luftzufuhr entsteht eine leuchtende Flamme.

7. Schliesse zum Löschen des Gasbrenners die Gasregulierung.

2 Flammenzonen

Material

Schutzbrille, Haarband (bei langen Haaren), Gasbrenner, Anzünder, Magnesiastäbchen, Holzstäbchen

Experimentieranleitung

1. Halte ein Magnesiastäbchen auf verschiedenen Höhen in die rauschende Flamme. Notiere jeweils deine Beobachtungen.

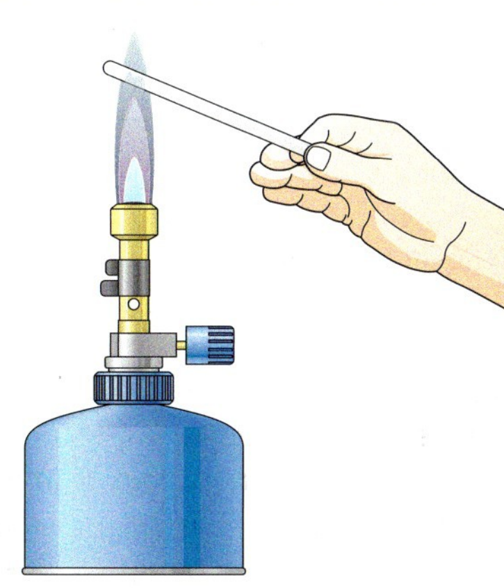

2 So untersuchst du die Flammenzonen der rauschenden Flamme.

2. Führe ein Holzstäbchen durch den unteren Bereich der rauschenden Flamme. Arbeite rasch und achte darauf, dass das Stäbchen kein Feuer fängt. Notiere auch hier deine Beobachtungen.

Auftrag

Sammle aufgrund deiner Beobachtungen Vermutungen, welche Bereiche der Flamme eine tiefere oder höhere Temperatur haben.

3 Gelb leuchtend, schwarz russend

Material

Schutzbrille, Haarband (bei langen Haaren), Teelicht, Gasbrenner, Anzünder, Reagenzglas, Reagenzglashalter

Experimentieranleitung

1. Bewege ein Reagenzglas über der Flamme eines Teelichts, bis es am Boden verrusst ist [B3].

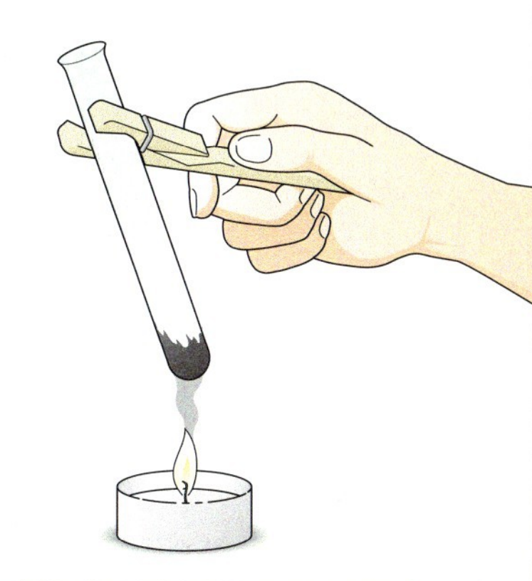

3 Über der Flamme des Teelichts verrusst das Reagenzglas.

2. Halte das verrusste Reagenzglas in die rauschende Flamme des Gasbrenners und warte, bis der Russbelag wieder verschwunden ist.

Auftrag

Erkläre, warum die Flamme des Teelichts den Boden des Reagenzglases verrusst.

1 Arbeiten und Forschen in Natur und Technik

- Wie entsteht das Bild einer Kerze in einer Lochkamera?
- Wachsen Pflanzenkeimlinge immer senkrecht nach oben?
- Warum entstehen hellere und dunklere Blautöne beim Belichten von selbst gemachtem Fotopapier?
- Wie verbessere ich den Prototyp einer Mini-Taschenlampe?

1 Ein Solarflugzeug fliegt um die Welt.

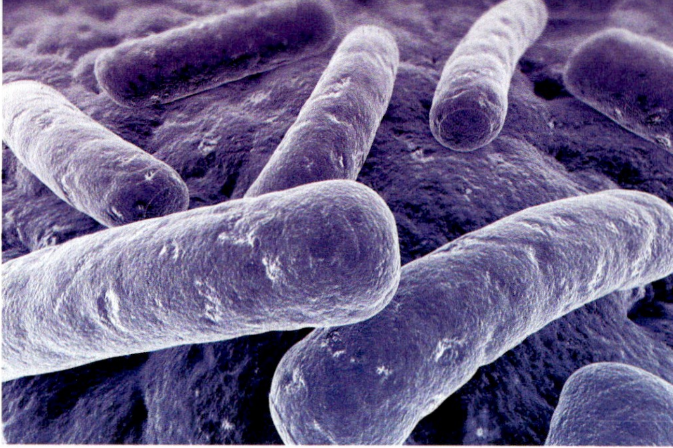

2 Bakterien für Arzneimittel

Natur und Technik – was ist das?

Das Fach Natur und Technik umfasst die vier Fachbereiche Biologie, Chemie, Physik und Technik. Für viele Themen von Natur und Technik braucht es Kenntnisse aus mehreren Fachbereichen.

In Natur und Technik erforschen und entwickeln Forscherinnen und Forscher Neues an der Grenze unseres Wissens und Könnens. Zum Beispiel: ein Solarflugzeug, das um die Welt fliegt [B1]; Bakterien, mit denen Arzneistoffe für Menschen produziert werden [B2]; Autos, die selbstständig steuern.

Neu und doch alltäglich

Auch du begegnest jeden Tag vielen Themen von Natur und Technik: Zahnpasta verhindert das Wachstum von Bakterien im Mund; Jacken halten uns warm; Velohelme schützen den Kopf bei Stürzen. Auch in vielen anderen Alltagssituationen und Berufen nutzen wir Erkenntnisse aus Natur und Technik.
Das Fach Natur und Technik umfasst die drei naturwissenschaftlichen Fachbereiche Biologie, Chemie und Physik sowie die Technik. Jeder Fachbereich stellt eigene Forschungsfragen und versucht, diese auf seine Weise zu beantworten [B5].

Beruf Augenoptikerin: Kenntnisse aus vier Fachbereichen

Lorenz kann von seinem Platz aus die Buchstaben an der Tafel nicht mehr lesen. Warum sieht Lorenz entfernte Dinge plötzlich unscharf? Wie kann Lorenz wieder besser sehen? Lorenz geht ins Optikergeschäft, um seine Sehschärfe testen zu lassen. Dort arbeitet Regina. Nach der Lehre als Augenoptikerin bildet sie sich zur Optometristin weiter: Sie untersucht Sehprobleme und stellt Brillen her.

Zuerst untersucht Regina mit einem Mikroskop Lorenz' Augen [B3]. Dabei überprüft sie jene Stellen im Auge, die für die Sehstärke wichtig sind. Anschliessend bestimmt Regina mithilfe eines Sehtests die Stärke für Lorenz' Brillengläser.

Beim Aussuchen der passenden Brille erklärt Regina die Vorteile einer Brillenfassung aus Kunststoff. Eine besondere Eigenschaft von Kunststoff ist, dass er beim Erhitzen biegsam wird. So kann die Brille optimal an die Kopfform angepasst werden.
Die vorgefertigten Brillengläser (Halbfabrikate) bestellt Regina bei einer Firma, die Brillengläser herstellt. Anschliessend bringt sie die Gläser mit der Diamantschleifmaschine in ihre endgültige Form [B4].
Ein paar Tage später kann Lorenz seine neue Brille das erste Mal aufsetzen. Er macht ein Selfie mit Blitzlicht. Seine Augen sind auf dem Foto kaum zu erkennen! Überall hat es weisse Stellen auf den Brillengläsern. Regina erklärt ihm, dass dies mit den Lichtstrahlen zu tun hat.

Um Kunden zu beraten und Brillen herzustellen, braucht Regina Kenntnisse aus allen vier Fachbereichen von Natur und Technik: aus Biologie, Chemie, Physik und Technik.

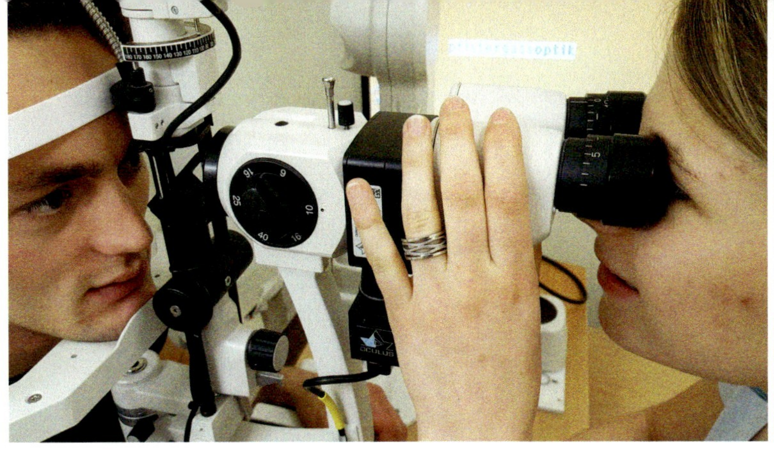

3 Augenuntersuchung mit einem Mikroskop

4 Diamantschleifmaschine zum Bearbeiten von harten Gläsern

Fachbereich		*Beispiel einer Forschungsfrage*
Biologie		**Sehen Fruchtfliegen mit ihren Augen genau so wie wir Menschen?**
Chemie		**Wie stellt man aus Sand Glas her?**
Physik		**Was passiert mit einem Lichtstrahl, wenn er auf Wasser trifft?**
Technik		**Wie entwickelt und benützt man ein Gerät, um Zucker im Blut zu messen?**

5 Die vier Fachbereiche von Natur und Technik

AUFGABEN

1 △ Notiere die vier Fachbereiche von Natur und Technik.

2 □ Zu welchem Fachbereich gehören die folgenden Fragen? Begründe deine Antworten. Tipp: In der Tabelle [B5] findest du Hinweise.
a) Wie stellt man einen Stoff her, der in der Dunkelheit leuchtet?
b) Hören Eulen mit ihren Ohren genau so wie wir Menschen?
c) Wie muss ein Hörgerät entwickelt werden, damit es klein genug ist, um es im Ohr zu tragen?
d) Warum erscheint Milch im Licht weiss?

3 □ Betrachte Bild 3 und Bild 4. Ordne die Bilder je einem Fachbereich von Natur und Technik zu. Begründe deine Wahl in 1–2 Sätzen.

4 ■ Lies den Abschnitt «Beruf Augenoptikerin: Kenntnisse aus vier Fachbereichen». Ordne je eine Textstelle den Fachbereichen Physik und Chemie zu. Begründe in 1–2 Sätzen.

5 ◇ Wähle einen Gegenstand oder ein Gerät aus der «Natur und Technik»-Sammlung deines Schulhauses. Ordne diese den Fachbereichen von Natur und Technik zu. Begründe deine Wahl. Diskutiert darüber in der Klasse.

Der Experimentierzyklus

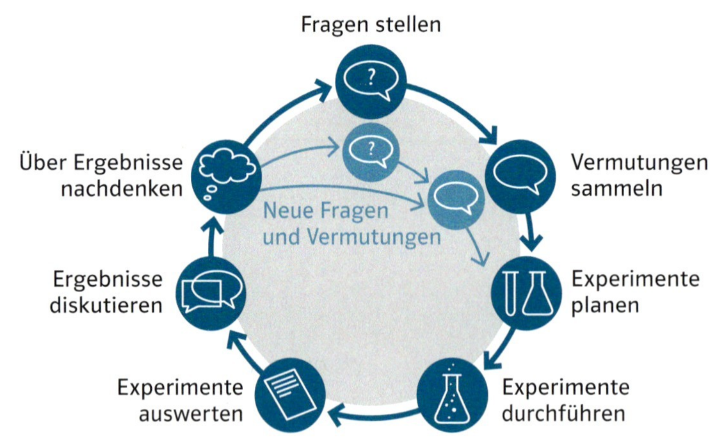

1 Die sieben Phasen des Experimentierzyklus

Warum ist der Himmel blau? Kann ein verletztes Herz von selbst heilen? Naturwissenschaftlerinnen und Naturwissenschaftler stellen Fragen an die Natur. Auf der Suche nach Antworten führen sie auch Experimente durch. Die Durchführung ist Teil des Experimentierzyklus [B1].

Die Naturwissenschaftlerinnen und Naturwissenschaftler überlegen sich, was mögliche Antworten auf ihre Forschungsfrage sein könnten. Dazu formulieren sie ↗Vermutungen. Anschliessend planen sie Experimente, um ihre Vermutungen zu überprüfen. Während des Experiments beobachten sie genau und halten ihre Beobachtungen in einem Protokoll fest. So können sie später die Experimente auswerten, die Ergebnisse veröffentlichen und mit anderen darüber diskutieren. Bestätigen die Ergebnisse eine Vermutung nicht, werden neue Vermutungen formuliert. Während des Experimentierzyklus ergeben sich oft neue Fragen. Diese Fragen können in einem neuen Experimentierzyklus untersucht werden.

AUFGABEN

1 △ **Nenne die verschiedenen Tätigkeiten im Experimentierzyklus.**

2 □ **Bild 2 zeigt Schülerinnen und Schüler beim Experimentieren. Suche für jedes der Bilder eine passende Phase im Experimentierzyklus. Begründe deine Wahl stichwortartig.**

3 □ **Diskutiert zu zweit. Ist der Experimentierzyklus ein abgeschlossener Kreis? Betrachtet dazu Bild 1.**

2 Schülerinnen und Schüler in verschiedenen Phasen des Experimentierzyklus

Fachtexte lesen – und verstehen

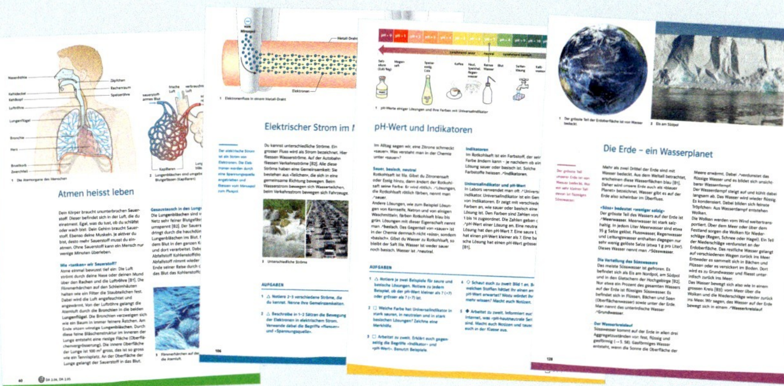

1 In «Prisma» findest du Fachtexte zu verschiedenen Themen.

Wie fliesst das Blut durch unseren Körper? Wie kommt der Strom in die Steckdose? Warum schwimmen Holzstämme auf dem Wasser?
In «Prisma» findest du Texte mit Antworten zu vielen Fragen. Diese vier Leseschritte helfen dir, Fachtexte zu verstehen.

Material
1 Blatt Papier (bzw. Journal), kleine Post-it-Zettel, Stift

BEGEGNEN

Worum geht es?
Was weiss ich schon?
Was will ich wissen?

Leseschritt 1: Begegnen

- Lies Titel und Zwischentitel. Schau dir die Abbildungen an. Worum geht es?
- Weisst du schon etwas über das Thema oder hast du eine Frage dazu? Mache dir Notizen auf dem Blatt.
- Lies die Aufgaben zum Text.
- Lies den Text einmal zügig durch («überfliegen»).

BEARBEITEN

Welche Textstellen sind wichtig?
Welche verstehe ich nicht?

Leseschritt 2: Bearbeiten

- Lies den Text nun langsam, Abschnitt für Abschnitt. Schau dir dabei auch die Abbildungen an. Achte auf Textstellen, die zu deinen Fragen und den Aufgaben passen.
- Mache Randnotizen mit Post-it-Zetteln: Notiere zu jedem Abschnitt wichtige Stichwörter. Klebe den Zettel neben den Abschnitt.
- Gibt es Wörter oder Stellen im Text, die du nicht verstehst? Notiere sie auf dem Blatt. Finde heraus, was sie bedeuten: Frage nach oder schaue im Glossar des Themenbuchs, in einem Lexikon/Wörterbuch oder im Internet nach.
- Ist dir eine Abbildung unklar? Lies noch einmal die dazu passende Textstelle oder frage nach.

VERARBEITEN

Wie fasse ich das Wichtigste zusammen?

Leseschritt 3: Verarbeiten

- Betrachte im Text die Zwischentitel und die fett gedruckten Wörter. Lies deine Randnotizen.
- Schau dir die Abbildungen an.
- Lies den Merksatz in der Randspalte.
- Fasse nun in eigenen Worten das Wichtigste zusammen. Du kannst dafür auch Diagramme, Mindmaps (→ S. 69), Tabellen, beschriftete Zeichnungen oder Formeln erstellen.

ÜBERPRÜFEN

Habe ich das Wichtigste verstanden?

Leseschritt 4: Überprüfen

- Überlege: Was ist das Wichtigste im Text, in den Abbildungen? Was habe ich Neues gelernt?
- Überprüfe, ob du deine Fragen und die Aufgaben zum Text beantworten kannst.
- Besprecht eure Ergebnisse in der Klasse.

Physik im Bild

Physikerinnen und Physiker befassen sich mit grundlegenden Erscheinungen in der Natur. Zum Beispiel: Was ist Licht? Das Verständnis über die Natur des Lichtstrahls hilft uns, die Funktionsweise der Lochkamera zu verstehen.

1 Die Lochkamera

Material

Schwarzes Zeichenpapier (A4), Transparentpapier (ca. 10 × 10 cm), Bleistift, Lineal, Schere, Weissleim oder Leimstift, Klebeband, Kerze

Bauanleitung

1. Übertrage das Schnittmuster aus Bild 1 auf ein schwarzes Zeichenpapier. Achte genau auf die Massangaben und die Linienart.

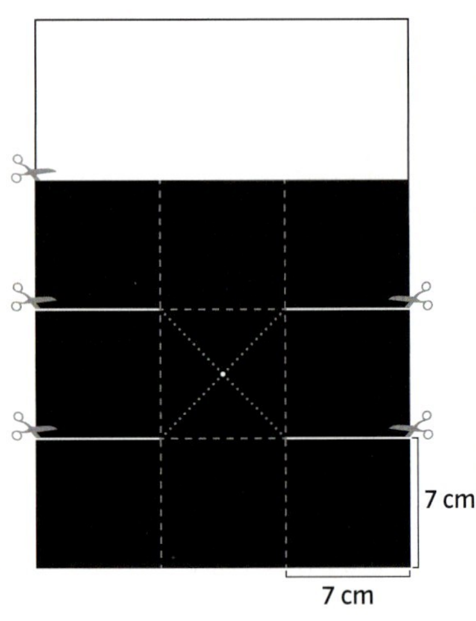

1 Schnittmuster

2. Schneide vorsichtig entlang der durchgezogenen Linien.

3. Mache exakt in der Mitte ein Loch mit einem gespitzten Bleistift oder einer Zirkelspitze (ca. 1 mm). Zeichne dazu feine Hilfslinien wie in Bild 1.

2 Ausgeschnittene Form

4. Falte alle gestrichelten Linien (Falzlinien) mithilfe eines Lineals.

5. Klebe die überlappenden Quadrate mit Leim zusammen. Die offene Seite deines Würfels soll gegenüber dem kleinen Loch liegen.

3 Der zusammengeklebte Würfel

6. Schneide ein 7 × 7 cm grosses Stück Transparentpapier aus und schliesse damit die offene Seite. Am besten nimmst du dafür Klebeband.

Experimentieranleitung

1. Arbeite in einem dunklen Raum.

2. Stelle eine brennende Kerze etwa 15 cm vor das kleine Loch deiner Lochkamera [B4]. Was siehst du auf dem Transparentpapier? Halte deine Beobachtung in 2–3 Sätzen und mit einer beschrifteten Skizze fest.

3. Variiere den Abstand zwischen Kerze und Lochkamera. Notiere deine Beobachtungen mit «Je-desto-Sätzen».

4. Geht zu zweit nach draussen. Könnt ihr draussen auch Bilder erzeugen? Diskutiert Schwierigkeiten und Lösungsmöglichkeiten. Gebt euch gegenseitig Tipps.

5. Kehrt zurück ins Zimmer: Haltet 1–2 Schwierigkeiten fest, die aufgetaucht sind. Wie habt ihr sie gelöst? Notiert.

Auftrag

a) Übertrage die Skizze von Bild 4 in dein Journal. Zeichne das Bild der Kerze ein.
b) Überlege dir, wie sich Grösse und Ort des Bildes möglichst genau konstruieren lassen.

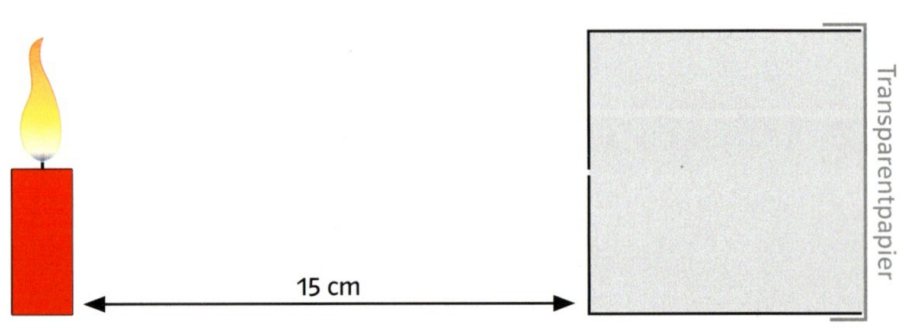

4 Lochkamera und Kerze

Wir erstellen ein Experimentierprotokoll

Zur Durchführung eines Experiments gehört auch die Erstellung eines Experimentierprotokolls. Das Experimentierprotokoll dient dazu, alle Schritte des Experiments zu dokumentieren, sodass auch andere dein Experiment und deine Ergebnisse nachvollziehen können. Ein Experimentierprotokoll soll übersichtlich dargestellt und klar gegliedert sein. Die Auswertung eines Experiments gelingt nur, wenn alle Beobachtungen und Messergebnisse genau festgehalten werden.

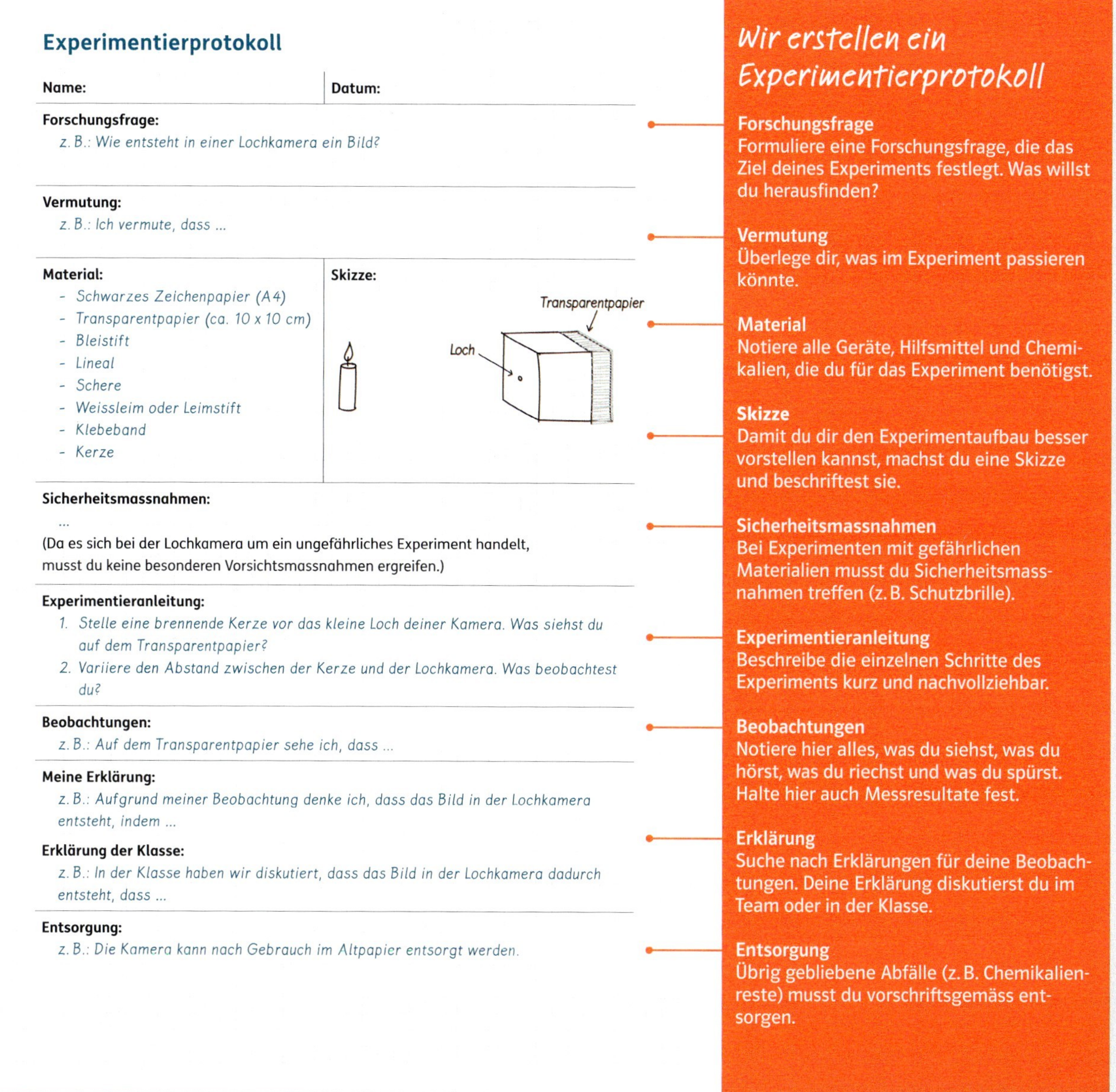

Experimentierprotokoll

Name: | **Datum:**

Forschungsfrage:
z. B.: Wie entsteht in einer Lochkamera ein Bild?

Vermutung:
z. B.: Ich vermute, dass ...

Material:
- *Schwarzes Zeichenpapier (A4)*
- *Transparentpapier (ca. 10 x 10 cm)*
- *Bleistift*
- *Lineal*
- *Schere*
- *Weissleim oder Leimstift*
- *Klebeband*
- *Kerze*

Skizze:

Sicherheitsmassnahmen:
...
(Da es sich bei der Lochkamera um ein ungefährliches Experiment handelt, musst du keine besonderen Vorsichtsmassnahmen ergreifen.)

Experimentieranleitung:
1. *Stelle eine brennende Kerze vor das kleine Loch deiner Kamera. Was siehst du auf dem Transparentpapier?*
2. *Variiere den Abstand zwischen der Kerze und der Lochkamera. Was beobachtest du?*

Beobachtungen:
z. B.: Auf dem Transparentpapier sehe ich, dass ...

Meine Erklärung:
z. B.: Aufgrund meiner Beobachtung denke ich, dass das Bild in der Lochkamera entsteht, indem ...

Erklärung der Klasse:
z. B.: In der Klasse haben wir diskutiert, dass das Bild in der Lochkamera dadurch entsteht, dass ...

Entsorgung:
z. B.: Die Kamera kann nach Gebrauch im Altpapier entsorgt werden.

Wir erstellen ein Experimentierprotokoll

Forschungsfrage
Formuliere eine Forschungsfrage, die das Ziel deines Experiments festlegt. Was willst du herausfinden?

Vermutung
Überlege dir, was im Experiment passieren könnte.

Material
Notiere alle Geräte, Hilfsmittel und Chemikalien, die du für das Experiment benötigst.

Skizze
Damit du dir den Experimentaufbau besser vorstellen kannst, machst du eine Skizze und beschriftest sie.

Sicherheitsmassnahmen
Bei Experimenten mit gefährlichen Materialien musst du Sicherheitsmassnahmen treffen (z. B. Schutzbrille).

Experimentieranleitung
Beschreibe die einzelnen Schritte des Experiments kurz und nachvollziehbar.

Beobachtungen
Notiere hier alles, was du siehst, was du hörst, was du riechst und was du spürst. Halte hier auch Messresultate fest.

Erklärung
Suche nach Erklärungen für deine Beobachtungen. Deine Erklärung diskutierst du im Team oder in der Klasse.

Entsorgung
Übrig gebliebene Abfälle (z. B. Chemikalienreste) musst du vorschriftsgemäss entsorgen.

AB 1.01

Biologie braucht Licht

1 Biologin bei einer Beobachtung auf dem Feld

Wenn du einen Apfelkern in die Erde steckst und ab und zu wässerst, wird daraus ein kleines Pflänzchen (Keimling). Der Keimling findet seinen Weg durch die Erde an die Oberfläche und wächst zu einem Baum heran. Hast du dir schon mal überlegt, ob Pflanzenkeimlinge immer gerade nach oben wachsen [B1]? Mit solchen und ähnlichen Fragen befassen sich Biologinnen und Biologen.

1 Das Bohnenlabyrinth

Material

Kartonschachtel (z. B. Schuhschachtel, mind. 25 cm lang), dünner Karton, kleiner Blumentopf mit Erde, Bohnen (= Samen), Schere und Cutter, Klebeband

Experimentieranleitung

1. Führe die Aufträge a–c aus.

2. Fülle den Blumentopf mit reichlich Erde. Gib drei Bohnen dazu. Bedecke die Bohnen mit einer dünnen Schicht Erde. Giesse ein wenig Wasser darüber. Die Erde sollte feucht, aber nicht nass sein.

3. Stelle die Kartonschachtel hochkant auf.

4. Schneide oben in die Schachtel ein Loch von etwa 5 cm Durchmesser.

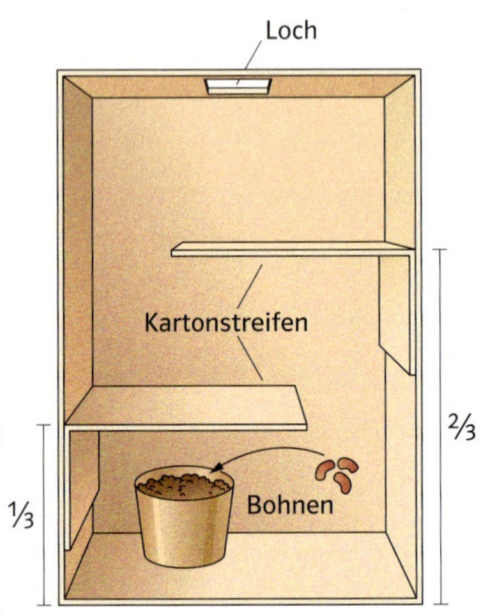

2 Aufbau des Experiments

5. Schneide aus dem dünnen Karton zwei Streifen. Sie sollten die gleiche Breite und Tiefe haben wie die Kartonschachtel. Falte beide Kartonstreifen zu einem «L».

6. Klebe den kürzeren Teil des ersten Kartonstreifens an die Innenwand der Kartonschachtel (auf etwa ⅓ der Höhe, der Blumentopf sollte darunter Platz haben) [B2]. Wichtig: Den Kartonstreifen sehr gut an die Kartonwand kleben; zwischen Kartonstreifen und Wand darf kein Spalt entstehen.

7. Klebe den zweiten Kartonstreifen an die gegenüberliegende Wand der Schachtel (etwa auf ⅔ der Höhe). Jetzt hast du ein Bohnenlabyrinth.

8. Stelle den Blumentopf in die Schachtel. Verschliesse die Schachtel lichtdicht (das Loch oben bleibt offen).

9. Stelle die Kartonschachtel an einen Ort mit Sonnenlicht – am besten vor ein Fenster.

10. Warte 1–2 Wochen. In dieser Zeit wächst der Bohnenkeimling. Kontrolliere regelmässig, dass die Erde feucht ist. Notiere deine Beobachtungen in einem Beobachtungsprotokoll, wie auf der gegenüberliegenden Methodenseite beschrieben.

Auftrag

a) Bereite ein Beobachtungsprotokoll vor, wie auf der Methodenseite gegenüber beschrieben. Notiere eine Forschungsfrage, die du mit diesem Experiment untersuchen kannst.
b) Notiere im Beobachtungsprotokoll deine Vermutungen.
c) Führe das Experiment durch. Notiere deine Beobachtungen im Protokoll. Haben sich deine Vermutungen bestätigt?
d) Handelt es sich hier um eine Kurzzeitbeobachtung oder um eine Langzeitbeobachtung? Begründe deine Antwort.

Naturwissenschaftliches Beobachten

Auf dem Waldboden wachsen im Frühling viele Jungpflanzen. Als Erstes werden ihre grünen Keimblätter sichtbar [B1]. Manchmal sind die Keimblätter auch gelblich verfärbt. Sind dir solche Jungpflanzen auch schon aufgefallen? Wenn du genau hinschaust, entdeckst du viele Einzelheiten, die du bisher vielleicht nicht wahrgenommen hast. Dabei wendest du die älteste Arbeitsmethode der Naturwissenschaften an: das Beobachten.

1 Junge Buchenkeimlinge auf dem Waldboden

Beobachten ist mehr

Das **naturwissenschaftliche ↗Beobachten** ist mehr als einfaches «Hinsehen». Du musst dir überlegen, worauf du achten willst. Zu einer Beobachtung gehört deshalb immer eine **Forschungsfrage** – zum Beispiel: «Gibt es Jungpflanzen mit gelben Keimblättern überall auf dem Waldboden oder nur an bestimmten Stellen?» Meist ergeben sich beim genauen Hinsehen noch weitere Fragen: Welche Farbe und Form hat der Stiel dieser Pflanzen? Wachsen diese Pflanzen gleich weiter wie solche mit grünen Keimblättern?

Beobachtungen brauchen Zeit

Wenn du eine Frage aufgestellt hast, kann die eigentliche Beobachtung beginnen. Dafür braucht es etwas Geduld und Zeit, denn Pflanzen wachsen langsam.

Kurz- und Langzeitbeobachtungen

Bei Beobachtungen unterscheidet man zwischen **↗Kurzzeitbeobachtungen** und **↗Langzeitbeobachtungen**. Beobachtest du beispielsweise einmalig eine bestimmte Stelle mit Jungpflanzen, so handelt es sich um eine Kurzzeitbeobachtung. Möchtest du dagegen die Entwicklung dieser Jungpflanzen im Laufe mehrerer Tage oder gar Wochen verfolgen, so liegt eine Langzeitbeobachtung vor. Dafür musst du in regelmässigen Abständen den Beobachtungsort aufsuchen.

Das Beobachtungsprotokoll

Zu einer Beobachtung gehört immer auch ein **Beobachtungsprotokoll**. Deswegen dürfen Notizblock und Stift nicht fehlen. Damit notierst du im Beobachtungsprotokoll deine Beobachtungen und ergänzt sie mit Zeichnungen und/oder Fotos. Wichtig ist, dass du nur das notierst, was du wirklich beobachtest. In einem Beobachtungsprotokoll sollen keine Erklärungen stehen.
Ein vollständiges Beobachtungsprotokoll enthält auch Angaben zu den Bedingungen, unter denen du deine Beobachtung durchgeführt hast. Das sind mindestens das Datum, der Ort und das Objekt der Beobachtung. Dazu gehören aber auch eine Frage, deine Beobachtungen und wann oder in welchem Zeitraum du die Beobachtung durchgeführt hast. Anhand eines solchen Beobachtungsprotokolls lassen sich die Beobachtungen leicht wiederholen und überprüfen.

AUFGABEN

1 △ Notiere die wichtigsten Punkte, die in ein vollständiges Beobachtungsprotokoll gehören.

2 Welche der folgenden Forschungsfragen eignen sich für eine Kurzzeitbeobachtung? Welche für eine Langzeitbeobachtung? Begründe deine Antwort in 1–2 Sätzen.
- □ a) Reagieren Regenwürmer auf Licht?
- □ b) Sind Regenwürmer in jeder Jahreszeit gleich aktiv?
- □ c) Welche Materialien verwenden Vögel für den Nestbau?
- □ d) Bauen Vögel ihr Nest jedes Jahr am selben Ort?
- ■ e) Reagieren Vogelembryonen im Ei auf Geräusche von aussen?
- ■ f) Ab welchem Alter reagieren Vogelembryonen im Ei auf Geräusche von aussen?

3 ◇ Notiere 2–3 weitere Forschungsfragen, die du durch naturwissenschaftliches Beobachten beantworten kannst. Diskutiert eure Fragen in der Klasse.

Chemie macht Farbe

Chemikerinnen und Chemiker untersuchen Stoffe. Sie mischen aber auch verschiedene Stoffe und lassen diese miteinander reagieren. Man spricht von einer «chemischen Reaktion». Dabei entstehen neue Stoffe, die auch neue Eigenschaften haben. Zum Beispiel eine neue Farbe. Chemikerinnen und Chemiker arbeiten immer nach einer Anleitung und verbessern diese bei Bedarf.

1 Fotopapier selber herstellen

Material

Schutzbrille, Zeitungspapier, weisses Papier (A4, max. 20 Stück), Becherglas (250 ml), vorbereitete Ammonium-Eisencitrat-Lösung (20 ml), vorbereitete Blutlaugensalz-Lösung (20 ml), dicker Pinsel

Experimentieranleitung

1. Schütze dein Pult mit Zeitungspapier. Breite das weisse Papier (max. 20 Blätter) auf dem Zeitungspapier aus.

2. Verdunkle das Schulzimmer. Es darf kein Sonnenlicht reinkommen. Etwas Neonlicht darf leuchten.

3. Mische die beiden Lösungen im Becherglas.

4. Bestreiche mit dem Pinsel die Papierblätter mit der gemischten Lösung.

5. Lasse das Papier trocknen (ca. 45 min). Die Papierblätter sind jetzt lichtempfindlich! Bewahre sie lichtgeschützt auf (z. B. in einer verschlossenen Schublade).

Auftrag

Welche Farbe haben die Papierblätter? Beschreibe deine Beobachtung in 1–2 Sätzen.

2 Wir belichten das Papier

Material

Fotopapier, verschiedene Gegenstände (z. B. Pflanzenblätter, beschriebene Folien, Scherenschnitt), schwarzes Papier, fliessendes Wasser

Experimentieranleitung

1. In diesem Experiment brauchst du Sonnenlicht, um dein Bild zu belichten. Am besten experimentierst du bei schönem Wetter.

2. Das Fotopapier ist lichtempfindlich. Bedecke es darum mit einem schwarzen Papier. Erst kurz bevor du die Gegenstände darauflegst, nimmst du das schwarze Papier weg.

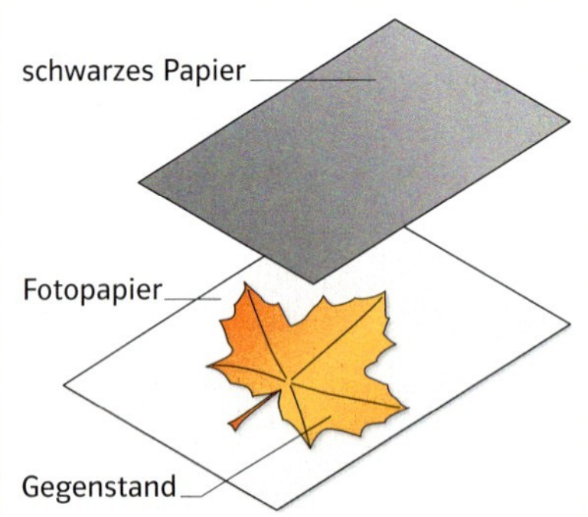

1 Belichtung vorbereiten

3. Stelle das Fotopapier mit den Gegenständen ans Sonnenlicht.

4. Warte, bis sich das Papier um die Gegenstände herum dunkelblau verfärbt (bei direkter Sonneneinstrahlung ungefähr 4 min). Nimm die Gegenstände weg und bedecke das Fotopapier sofort wieder mit dem schwarzen Papier.

5. Halte das Fotopapier solange unter leicht fliessendes Wasser, bis keine Gelbfärbung mehr sichtbar ist.

6. Trockne das Fotopapier an der Luft.

Auftrag

a) Diskutiert zu zweit. Wie könnt ihr auf dem Fotopapier verschiedene Blautöne herstellen? Notiert eure Überlegungen.
b) Was ist verantwortlich für die hellere oder dunklere Blaufärbung? Notiere deine Vermutungen in 2–3 Sätzen.
c) Arbeitet zu zweit. Plant mithilfe der gegenüberliegenden Methodenseite ein Experiment zur Frage in Auftrag a).

2 Fertiges Bild mit den «Fotografien» zweier Pflanzenblätter

 AB 1.02

Ein Experiment planen

Ein Experiment kann nur gelingen, wenn es sorgfältig geplant wird. Hier siehst du, welche Schritte du beachten sollst.

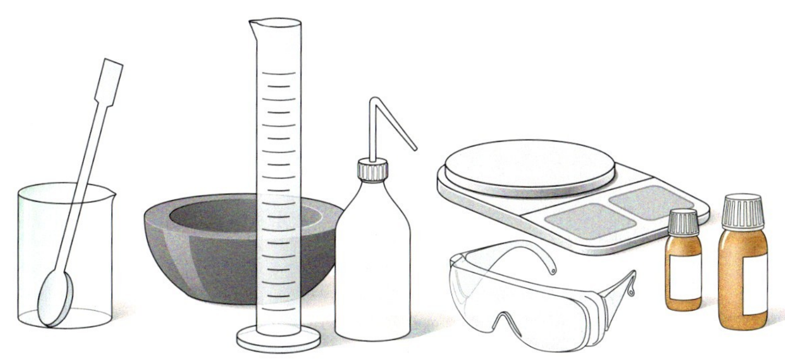

2 Überlege, was du für dein Experiment benötigst.

1. Frage und Vermutung notieren

Mit einem Experiment überprüfst du Vermutungen, die du zu einer **Forschungsfrage** formuliert hast. Nach dem Experiment vergleichst du das Ergebnis des Experiments mit deinen Vermutungen. Möglicherweise kannst du dann deine Frage beantworten. Formuliere daher vor der Durchführung des Experiments eine Forschungsfrage und notiere deine Vermutungen. Die Frage ist zugleich Thema des Experiments. Eine mögliche Forschungsfrage zum Experiment «Wir belichten das Papier» wäre zum Beispiel: «Wie entstehen hellere und dunklere Blautöne auf dem Fotopapier?».

1 Wie entstehen hellere und dunklere Blautöne auf dem Fotopapier?

2. Materialliste erstellen

Überlege zuerst, welche Materialien du zur Durchführung deines Experiments benötigst. Notiere diese in einer Materialliste. Die meisten Geräte und Stoffe findest du in der Sammlung deiner Schule (z. B. in den Kisam-Kisten).

3. Experimentaufbau skizzieren

Mache eine Skizze zu deinem Experiment und beschrifte die Skizze mit den Fachbegriffen. Anhand dieser Skizze wird später das Experiment aufgebaut.

4. Sicherheitsmassnahmen treffen

Denke bei der Verwendung von gefährlichen Stoffen und Chemikalien an die Schutzmassnahmen wie das Tragen einer Schutzbrille. Auch die richtige Entsorgung der Abfälle darfst du bei der Planung nicht vergessen.

5. Experimentierprotokoll vorbereiten

Zu jedem Experiment gehört ein Experimentierprotokoll [B3]. Dieses wird schon vor dem Experiment vorbereitet (→ S. 19). Beachte, welche Teile des Experimentierprotokolls bearbeitet werden müssen. Beobachtungen und Erklärungen werden erst später eingetragen.

EXPERIMENTIERPROTOKOLL

Forschungsfrage
…
Vermutung
…
Material
…
Skizze

Sicherheitsmassnahmen
…
Experimentieranleitung
…
Beobachtungen
…
Erklärungen
…

3 Experimentierprotokoll

Technik hell erleuchtet

Technikerinnen und Techniker bauen oft zuerst einen ↗Prototyp. An einem Prototyp werden Stärken und Schwächen einer Erfindung erkennbar. Anschliessend wird die technische Erfindung verbessert.

1 Licht aus der LED

Material

Leuchtdiode (LED) (3,3 V mit weissem Licht), Knopfbatterie (3 V, z. B. CR 2032)

Experimentieranleitung

Schiebe die Knopfbatterie zwischen die ↗Anode und die ↗Kathode der Leuchtdiode, sodass diese leuchtet.

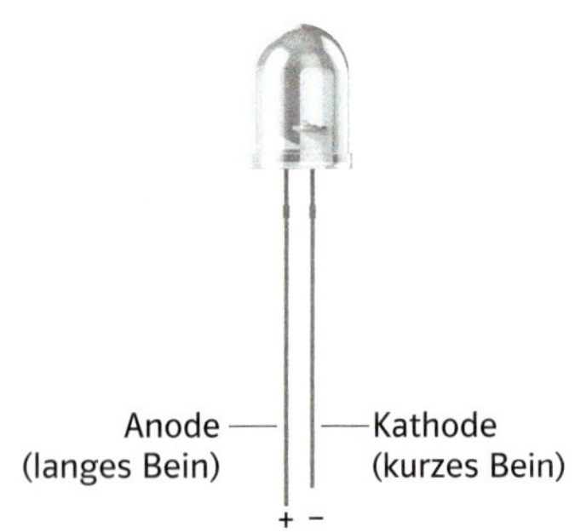

1 Leuchtdiode (LED)

Auftrag

Wann leuchtet die ↗Leuchtdiode und wann nicht? Notiere deine Beobachtungen.

2 Bau einer Mini-Taschenlampe

Material

Karton (A6, 250 g), Schere, Lineal, Lochzange oder Locheisen (5 mm), weisse LED (5 mm, 3,3 V), Knopfbatterie (3 V, z. B. CR 2032), Klebeband, doppelseitiges Klebeband, PET-Flasche, wasserfester Filzstift (fein)

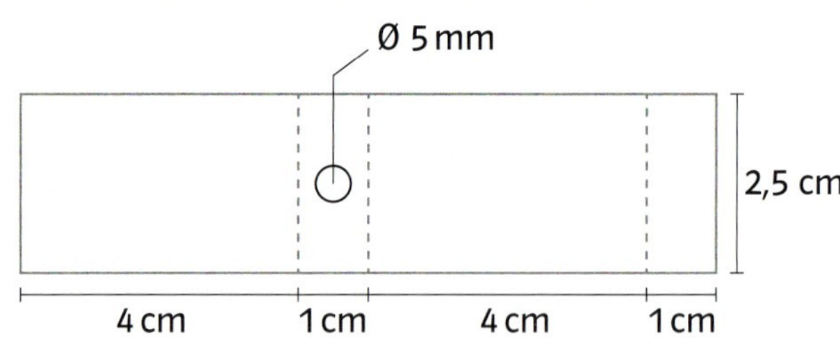

2 Schnittmuster

Bauanleitung

1. Baue einen Prototyp einer Mini-Taschenlampe. Übertrage dazu das Schnittmuster von Bild 2 auf den Karton.

2. Schneide das Schnittmuster mit der Schere aus.

3. Stanze das Loch für die LED mit der Lochzange oder dem Locheisen aus.

4. Rille die Falzlinien (gestrichelte Linien) mit dem Scherenrücken. Nimm ein Lineal zu Hilfe.

5. Biege den Karton entlang der Falzstellen.

6. Befestige die LED und die Knopfbatterie mit doppelseitigem Klebeband.

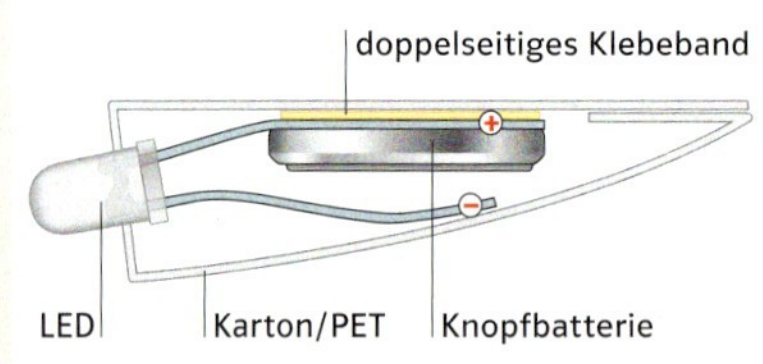

3 Anordnung von Batterie und LED

7. Teste deine Taschenlampe: Die Leuchtdiode soll aufleuchten, wenn du auf das Lampengehäuse (Karton) drückst.

8. Verbinde die Enden des Kartons mit Klebeband.

Testen und entwickeln

9. Testet zu zweit eure Prototypen. Notiert die Stärken und Schwächen des Prototyps.

10. Überlegt, wie ihr den Prototyp verbessern könnt. Notiert eure Idee in 2–3 Sätzen.

11. Baut zu zweit eine verbesserte Taschenlampe. Setzt dabei eure Ideen in die Praxis um. Statt Karton verwendet ihr nun PET. Schneidet dazu eine leere PET-Flasche auf. Die Batterie und die LED nehmt ihr aus dem Prototyp.

4 Fertige Mini-Taschenlampe aus PET

Auftrag

Stellt die verbesserte Taschenlampe der Klasse vor. Erklärt, worin die Stärken eurer neuen Taschenlampe liegen.

Recherchieren für einen Kurzvortrag

Mit folgenden fünf Schritten lernst du, einen Kurzvortrag vorzubereiten:

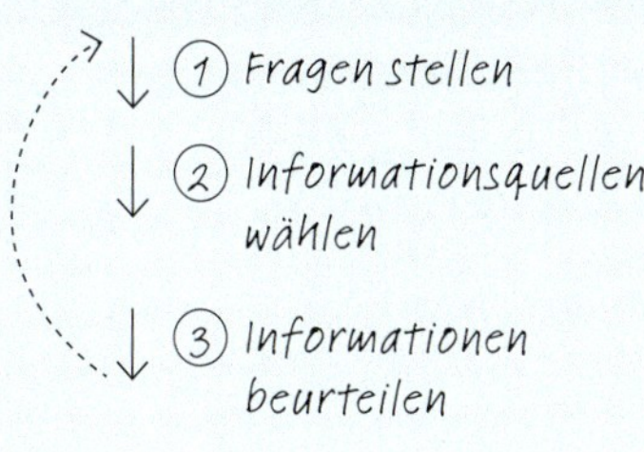

1 Verschiedene Leuchtmittel

1. Fragen stellen

Notiere in einem ersten Schritt deine Fragen. Was willst du herausfinden? Welches sind die zentralen Stichworte, zu denen du recherchieren willst?

2. Informationsquellen wählen

Informationsquellen für deine Suche sind zum Beispiel Lexika, Sachbücher, Zeitungen und das Internet. Wähle eine oder mehrere Quellen aus und benutze sie, um Informationen zu deinem Thema zu suchen. Suche zum Beispiel im Bibliothekskatalog oder im Internet nach dem Stichwort «Leuchtmittel».

3. Informationen beurteilen

Oft findet man eine Fülle von Texten zu einem Thema. Aber welche Informationen sind hilfreich? Während du recherchierst, können die folgenden Fragen eine Hilfe sein:

Sind die vorliegenden Informationen …
… zielführend?
… bedeutend?
… vertrauenswürdig?

Wie kann man vertrauenswürdige Informationen von anderen unterscheiden? Prüfe deine Informationsquellen anhand der folgenden Kriterien:

Vertrauenswürdige Informationsquellen …
… haben einen bekannten Autor.
… stimmen mit andern Quellen überein.
… geben an, woher sie ihre Informationen haben.

Wenn du keine befriedigenden Informationen zu deinem Thema gefunden hast, musst du deine Fragen oder Stichworte anpassen. Dazu gehst du zurück zu Punkt 1.

4. Informationen verarbeiten

Nun geht es darum, in deinem Informationsmaterial Schwerpunkte zu setzen. Das gelingt dir, indem du wichtige Dinge und Stichworte markierst oder auf einem Blatt Papier notierst. So kannst du Zentrales von Nebensächlichem trennen.

5. Text zusammenstellen

Nun stellst du den Kurzvortrag zusammen. Notiere dir dazu Stichworte oder kurze Sätze in der richtigen Reihenfolge. Auch Skizzen können dir als Gedankenstütze dienen. Notiere dir zu deinen Informationen jeweils die Quelle.

AUFGABEN

1 ◇ **Recherchiere für einen Kurzvortrag (5 min). Thema des Kurzvortrags sind Leuchtmittel (LED, Glühbirnen, Halogenlampen, Energiesparlampen). Wähle ein Leuchtmittel aus, zu dem du einen Vortrag halten möchtest. Folge anschliessend den fünf Schritten auf dieser Seite.**

2 ◇ **Halte den Kurzvortrag (5 min). Wenn ihr den Vortrag zu zweit hält, müsst ihr euch absprechen, wer welchen Teil vorträgt. Übt euren Vortrag und bittet eine andere Person um ein Feedback. Tipp: Veranschaulicht euren Vortrag mit Bildern, Skizzen und Gegenständen.**

TESTE DICH SELBST

Natur und Technik – was ist das?
Ich kann Forschungsfragen den verschiedenen Disziplinen von Natur und Technik zuordnen. (→ S. 14–15)

Ich kann die Bedeutung von Natur und Technik für meinen Alltag an Beispielen aufzeigen. (→ S. 14–15)

Ich kann Berufe nennen, für die man Kenntnisse aus mehreren Disziplinen von Natur und Technik braucht. (→ S. 14–15)

Experimentierzyklus
Ich kann mit dem Experimentierzyklus beschreiben, wie Naturwissenschaftlerinnen und Naturwissenschaftler zu ihren Erkenntnissen kommen. (→ S. 16)

Ich kann zu verschiedenen Stationen des Experimentierzyklus Beispiele aus der Biologie, der Chemie und der Physik nennen. (→ S. 16)

Experimentierprotokoll
Ich kann in einem Experimentierprotokoll beschreiben, wie ich ein Experiment durchführe und welche neuen Erkenntnisse ich dabei gewonnen habe. (→ S. 19)

Ich kann zwischen einer Beobachtung und einer Erklärung unterscheiden. (→ S. 19)

Naturwissenschaftliches Beobachten
Ich kann ein Experiment genau beobachten und meine Beobachtungen in einem Protokoll dokumentieren. (→ S. 21)

Ich kann den Unterschied zwischen Kurzzeitbeobachtung und Langzeitbeobachtung erklären und je ein Beispiel nennen. (→ S. 21)

Ich kann für verschiedene Forschungsfragen entscheiden, welche Beobachtungsart (Langzeit oder Kurzzeit) passend ist. (→ S. 21)

Ein Experiment planen
Ich kann anhand von fünf Schritten erklären, worauf es beim Planen eines Experiments ankommt. (→ S. 23)

Recherchieren für einen Kurzvortrag
Ich kann sinnvolle Informationsquellen für eine Recherche wählen und die gewonnenen Informationen beurteilen. (→ S. 25)

Ich kann die Informationen aus einer Recherche verarbeiten und einen Kurzvortrag zusammenstellen. (→ S. 25)

Physik im Bild
Ich kann grob in eigenen Worten erklären, wie in einer Lochkamera ein Bild entsteht. (→ S. 18)

Biologie braucht Licht
Ich kann am Beispiel der Bohne erklären, wie ein Pflanzenkeimling seinen Weg durch die Erde an die Oberfläche findet. (→ S. 20)

Chemie macht Farbe
Ich kann am Beispiel des Experiments «Wir belichten das Papier» beschreiben, welche Wirkung das Sonnenlicht auf das Fotopapier hat. (→ S. 22)

Ich kann den Zusammenhang zwischen der Stärke der Sonneneinstrahlung und der Intensität der Blaufärbung auf dem Fotopapier beschreiben. (→ S. 22)

Technik hell erleuchtet
Ich kann in wenigen Sätzen erklären, wie Technikerinnen und Techniker bei der Entwicklung eines technischen Geräts vorgehen und warum sie zuerst einen Prototyp bauen. (→ S. 24)

WEITERFÜHRENDE AUFGABEN

1 ◆ Arbeitet zu zweit. Informiert euch im Internet: Für welche Berufe ist das Fach Natur und Technik wichtig? Notiert eine Liste mit 2–3 Beispielen und einer kurzen Begründung. (→S. 14–15)

2 ■ Nenne die verschiedenen Phasen des Experimentierzyklus und ordne anschliessend die Bilder A–C [B1] einer Stelle im Experimentierzyklus zu. Begründe deine Wahl. (→S. 16)

3 Arbeitet in kleinen Gruppen.
◇ a) Stellt euch folgendes Experiment vor: Alex gibt einige Teeblättchen aus einem Teebeutel in kohlensäurehaltiges Mineralwasser. Was wird passieren? Diskutiert eure Vermutungen und notiert sie.
◇ b) Führt Alex' Experiment durch: Füllt ein Glas oder einen durchsichtigen Plastikbecher zu ¾ mit kohlensäurehaltigem Mineralwasser. Öffnet einen Teebeutel und gebt die Hälfte der Teeblättchen dazu. Was beobachtet ihr? Beschreibt einander eure Beobachtungen und notiert sie.
Tipp: Filmt das Experiment mit einer Kamera, einem Smartphone oder einem Tablet. Indem ihr anschliessend den Film verlangsamt und heranzoomt, könnt ihr noch genauere Beobachtungen machen.
◇ c) Welche Vermutungen haben sich bestätigt? Welche nicht? Diskutiert in der Klasse.
◆ d) Findet in der Gruppe eine neue Frage, notiert neue Vermutungen und plant in groben Zügen ein Experiment, um die Vermutungen zu überprüfen. (→S. 16, 23)

4 ◇ Notiere je zwei Fragen für eine Kurzzeitbeobachtung und für eine Langzeitbeobachtung. Begründe die Wahl deiner Fragen in 1–2 Sätzen. (→S. 20–21)

5 ■ Stell dir vor: Du stellst verschiedene Gegenstände (Folie, Stoff eines Sonnenschirms, blaue Folie, dünnes T-Shirt) auf dein Fotopapier und legst sie 4 Minuten an die Sonne. Welcher Gegenstand hinterlässt die hellste Blaufärbung auf dem Papier? Sortiere die Gegenstände nach der vermuteten Helligkeit der Blaufärbung. Beginne mit dem Gegenstand, der die hellste Blaufärbung erzeugen wird. Begründe deine Reihenfolge in 1–2 Sätzen. (→S. 22)

6 ◆ Ein Forschungsteam hat nach langer Experimentierzeit eine sensationelle Entdeckung gemacht. Überlege dir, welche Probleme auftauchen könnten, wenn das Team keine sauberen Experimentierprotokolle geführt hat. Notiere 2–3 Probleme. (→S. 16, 19)

1 Drei Situationen aus dem Experimentierzyklus

2 Unser Körper

- Welcher Körperteil ist am beweglichsten?
- Wie viele Knochen hat der Mensch?
- Was passiert in meinem Körper, wenn ich einatme?
- Warum ist der Herzschlag lebenswichtig?

Beweglich und kräftig

1 Bist du beweglich?

Experimentieranleitung
Stelle beide Beine zusammen und versuche, mit gestreckten Beinen auf und ab zu hüpfen.

Auftrag
a) Wie ist es dir gelungen? Vergleicht eure Beobachtungen in der Klasse.
b) Diskutiert in der Klasse, wie es euch besser gelingen könnte.

2 Übungen an der Wand

Bevor du mit dem Experiment beginnst: Lies die Experimentieranleitung ganz durch und notiere deine Vermutungen.

Material
1 Münze

Experimentieranleitung
1. Lege eine Münze etwa einen halben Meter von einer Wand entfernt auf den Boden.

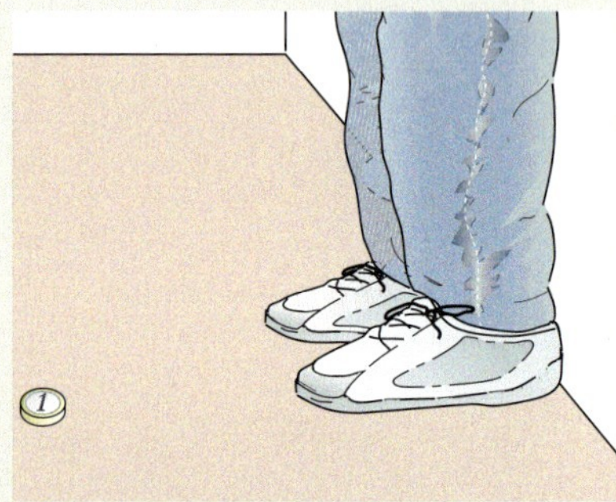

1 Eine Münze aufheben

2. Stelle dich mit dem Rücken zur Wand vor die Münze. Die Fersen sollen dabei die Wand berühren, die Füsse sind zusammen. Versuche nun, die Münze aufzuheben, ohne in die Knie zu gehen und ohne dich irgendwo abzustützen.

3. Nun stellst du dich so an die Wand, dass dein linker Fuss und deine linke Schulter die Wand berühren. Du darfst dich nirgendwo abstützen.

2 Auf einem Bein stehen

4. Versuche, das rechte Bein 5 Sekunden anzuheben.

Auftrag
a) Was ist das Ergebnis deiner Bemühungen bei den beiden Übungen?
b) Notiere mögliche Erklärungen in 2–3 Sätzen.

3 Kräfte messen

Material
Personenwaage, Getränkekiste mit vollen PET-Flaschen (1,5 l), Lineal

Experimentieranleitung
Versuche, die Getränkekiste 10 cm vom Boden hochzuheben. Du darfst dabei Flaschen zusätzlich in die Kiste stellen oder aus der Kiste herausnehmen. Gehe beim Heben in die Knie, wie auf Bild 3 gezeigt. So gehst du sicher, dass du den Rücken nicht falsch belastest.

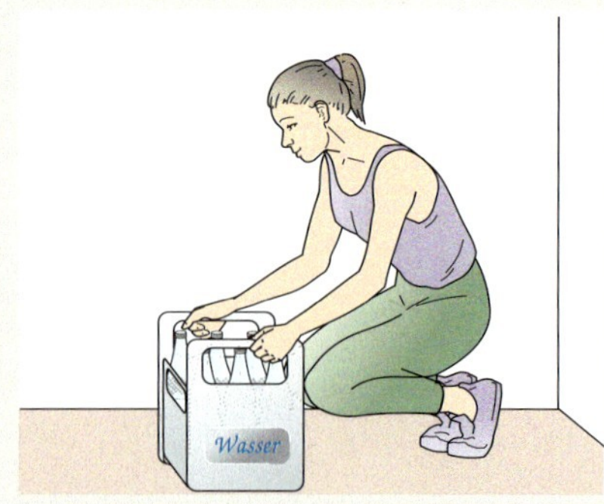

3 Getränkekisten heben

Auftrag
a) Vergleicht in der Klasse die Menge der hochgehobenen Flaschen. Wie erklärt ihr euch die unterschiedlichen Ergebnisse?
b) Macht eine genauere Auswertung des Experiments:
- Erstellt an der Tafel eine Tabelle wie im Beispiel gezeigt [B4].
- Tragt von jeder Person das Körpergewicht und das Gewicht der gehobenen Flaschen in die Tabelle ein. Hinweis: Eine Wasserflasche wiegt 1,5 kg oder 1500 g.
- Berechnet, wie viel ihr pro 1000 g Körpergewicht gehoben habt.
- Vergleicht die Ergebnisse und diskutiert sie in der Klasse. Was stellt ihr fest?

c) Wie müsste man einen fairen Wettkampf im Gewichtheben organisieren? Diskutiert in der Klasse.

Name	Körpergewicht in kg	Gewicht der gehobenen Flaschen in Gramm	So viel Gramm hebt die Person pro kg Körpergewicht
Felix	50	10 x 1500 = 15 000	15 000 : 50 = 300
Vanessa	…	…	…
…			

4 Tabelle zu Experiment 3

Unser Skelett

Wenn wir auf die Welt kommen, haben wir über 350 Knochen. Viele Knochen wachsen im Laufe der Zeit zusammen, sodass ein erwachsener Mensch ungefähr 206 Knochen besitzt.

Aufrecht und beweglich

Das ↗**Skelett** stützt deinen Körper und gibt ihm zusammen mit den Muskeln die Form. Ohne Skelett könntest du nicht aufrecht gehen. Eine besondere Rolle spielt dabei die ↗**Wirbelsäule:** Sie ist die tragende Stütze des ganzen Skeletts.
↗**Gelenke** verbinden die meisten Knochen miteinander und machen das Skelett beweglich. So können wir laufen, greifen und kauen.

Wertvolles gut geschützt

Das Skelett ist für die Organe ein Schutzpanzer. Der Schädel umgibt das Gehirn wie ein sicheres Gehäuse. Die Rippen bilden den ↗**Brustkorb** und schützen Herz, Leber und Lunge. Die Wirbelsäule schützt das Rückenmark. Hier liegen wichtige Nervenbahnen, die im Inneren der Wirbelsäule verlaufen.

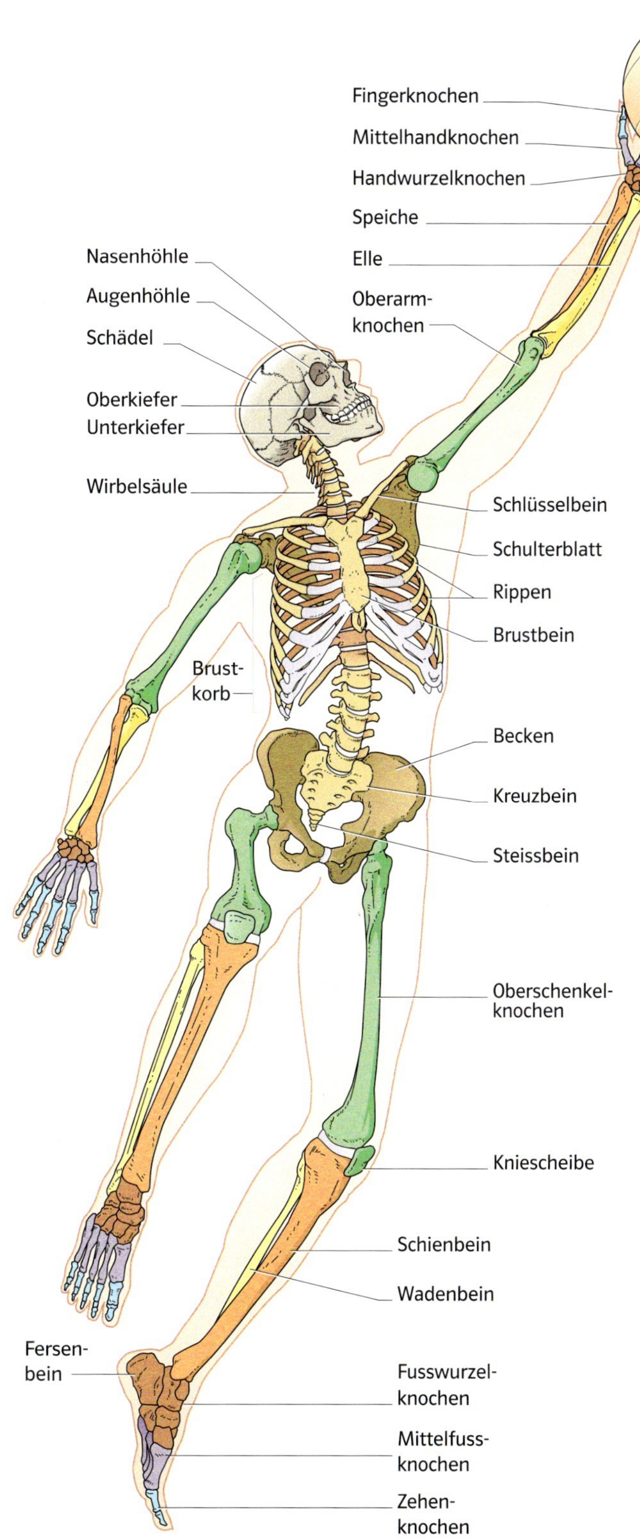

1 Das Skelett eines erwachsenen Menschen

AUFGABEN

1. △ **Arbeitet zu zweit. Das Skelett erfüllt verschiedene Aufgaben. Nennt sie und beschreibt sie.**

2. ■ **Rippenbrüche führen zu Schmerzen beim Atmen, beim Husten oder bei Druck auf den Brustkorb. Sie heilen meistens gut und innerhalb von wenigen Wochen. Wann sind Rippenbrüche weniger harmlos? Notiere.**

3. ■ **Betrachte das Skelett in Bild 1. An welchen Stellen sind Skelett-Teile nach der Geburt zu einem Knochen zusammengewachsen? Woran erkennst du das? Notiere.**

4. ◆ **Warum wachsen manche Knochen erst nach der Geburt zusammen? Notiere deine Vermutungen in 2–3 Sätzen.**

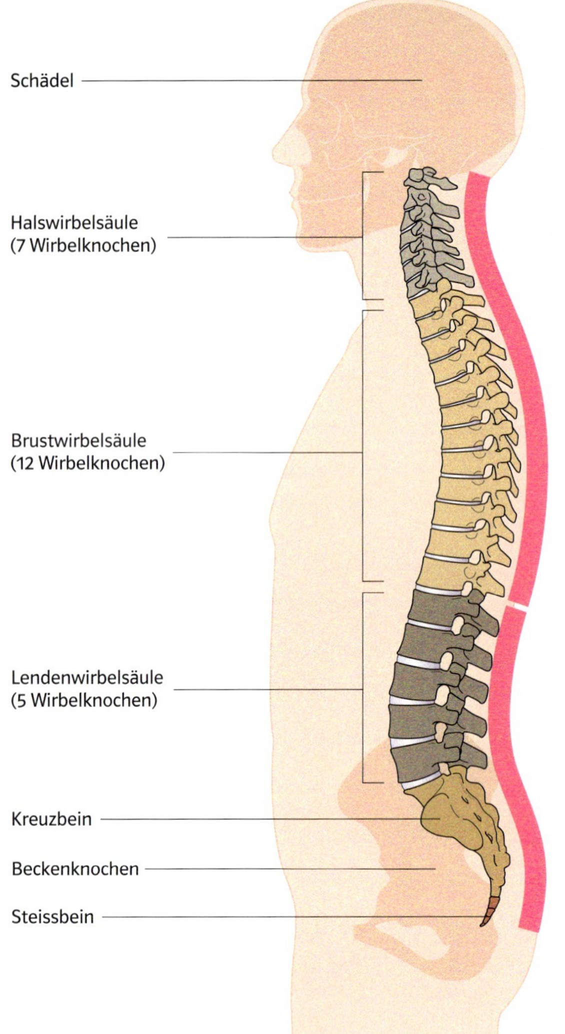

1 Die Wirbelsäule des Menschen im Seitenprofil

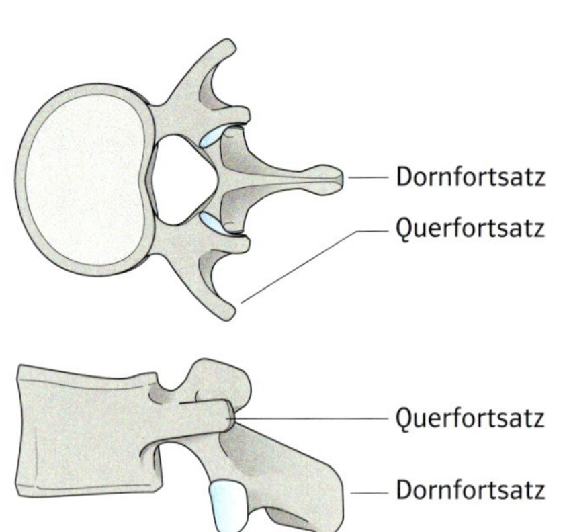

2 Wirbel von oben (oben) und von der Seite (unten)

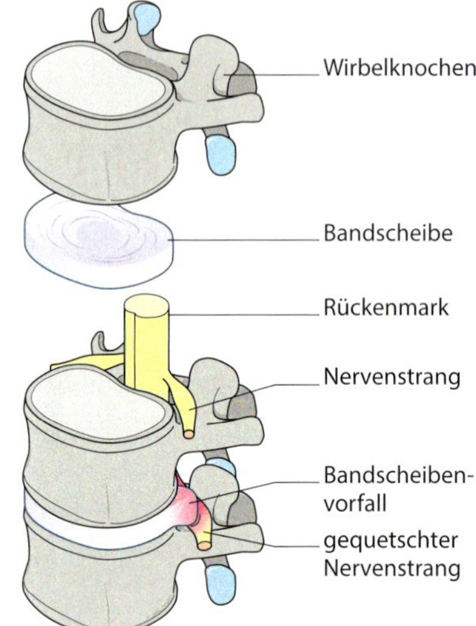

3 Wirbel mit gesunder Bandscheibe (oben) und Bandscheibenvorfall (unten)

Die Wirbelsäule

Die Wirbelsäule verbindet Schädel und Beckenknochen und verläuft durch die Mitte des Körpers. Die Form der Wirbelsäule sieht aus wie zwei lang gezogene «S». Sie ist also nicht gerade. Diese besondere Form kommt durch unseren aufrechten Gang zustande. Die Wirbelsäule besteht aus vielen einzelnen **Wirbeln** und den **Bandscheiben**.

Die Wirbel im **Kreuzbein** und im **Steissbein** [B1] sind fest miteinander verwachsen. In den Wirbelknochen verläuft der Wirbelkanal. Hier liegt gut geschützt das Rückenmark. Aussen an den ↗**Wirbelfortsätzen** (Dornfortsatz, Querfortsatz) [B2] setzen die Rückenmuskeln an.

Bandscheiben – Stossdämpfer des Körpers

Zwischen den Wirbeln liegen die **Bandscheiben** [B3]. Sie sind für die Beweglichkeit der Wirbelsäule wichtig. Bandscheiben sind Gelkissen, die wie die Stossdämpfer im Auto wirken. Sie puffern Stösse und Erschütterungen ab. Dabei werden sie tagsüber «plattgedrückt» und verlieren etwas Wasser. Während des Schlafs wird die Wirbelsäule entlastet und der Druck auf die Bandscheiben ist geringer. Sie nehmen wieder etwas Flüssigkeit auf.

Manches nimmt der Rücken krumm

Stundenlanges Sitzen, einseitige oder falsche Belastungen, aber auch Übergewicht belasten den Rücken. Oft sind Rückenschmerzen die Folge. Solche Belastungen können im Laufe der Zeit zu Haltungsschäden führen [B4, B5].

Falsche Belastung des Rückens kann auch zu einem **Bandscheibenvorfall** führen [B3]. Dabei reisst eine Bandscheibe ein und es tritt etwas von der Gelmasse aus. Diese drückt dann auf die Nerven im Rückenmark. Das verursacht starke Schmerzen.

Die Wirbelsäule des Menschen besteht aus einzelnen Wirbeln und den Bandscheiben. Eine gesunde Wirbelsäule ist wie ein doppeltes «S» gebogen. Sie hält den Körper aufrecht und federt Stösse ab.

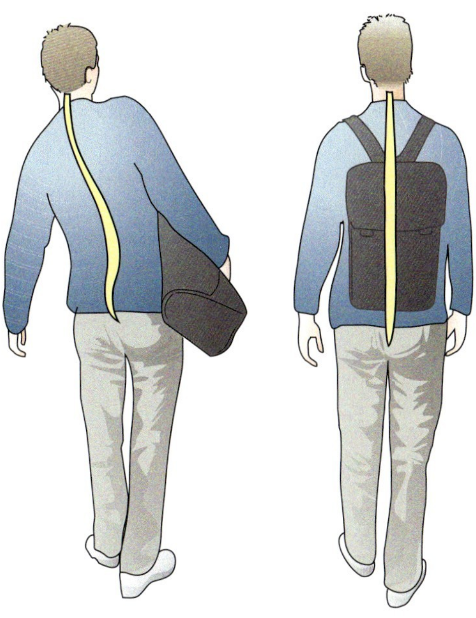

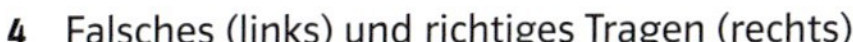

4 Falsches (links) und richtiges Tragen (rechts)

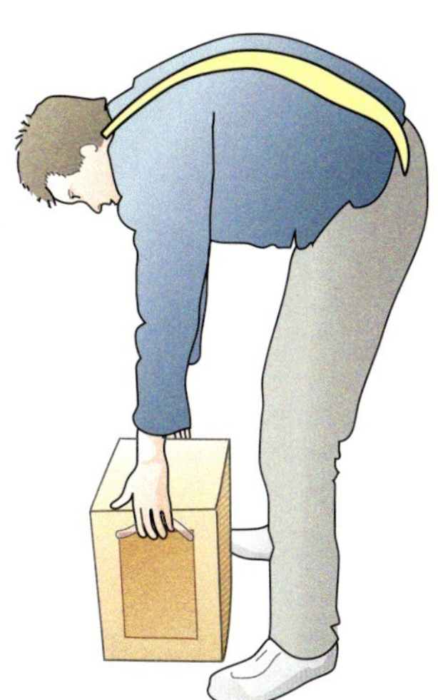

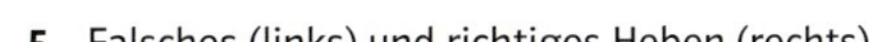

5 Falsches (links) und richtiges Heben (rechts)

AUFGABEN

1 △ **Welche Aufgaben hat die Wirbelsäule? Lies im Text nach und studiere die Bilder 1 und 3. Notiere 3–4 Sätze.**

2 □ **Arbeitet zu zweit. Betrachtet die Bilder 1, 2 und 3. Tastet euch gegenseitig mit den Fingerspitzen die Wirbelsäule ab. Benennt den Teil der Wirbel, den ihr fühlen könnt.**

3 □ **Arbeitet zu zweit. Eine Person macht folgende Bewegungen:**
- **den Oberkörper so weit wie möglich nach vorne und nach hinten beugen**
- **den Oberkörper so weit wie möglich zur Seite drehen**

Die zweite Person beobachtet und notiert: Welche Abschnitte der Wirbelsäule (Halswirbelsäule, Brustwirbelsäule und Lendenwirbelsäule) sind besonders beweglich? Welche weniger?

4 ■ **Erkläre anhand von Bild 3 den Bandscheibenvorfall und die Nervenquetschung. Notiere 3–4 Sätze.**

5 ◇ **Miss deine Körpergrösse am Morgen und am Abend. Notiere die Messwerte. Vergleicht eure Ergebnisse in der Klasse. Könnt ihr die Veränderung begründen?**

→ AB 2.02 I + II

Lernen mit Modellen

↗Modelle kennst du aus dem Alltag, zum Beispiel die Modelleisenbahn oder das Modell unserer Erde (Globus). Am Globus kannst du sehen, dass die Erde rund ist und wo die Kontinente und die Ozeane liegen [B1]. Der Globus stellt die Erde dar, aber er ist doch ganz anders als sie. Die Ozeane sind bloss aufgezeichnet und ihre Strömung kannst du nicht sehen. Auch die Atmosphäre fehlt: Wetterphänomene lassen sich mit einem Globus nicht darstellen. Modelle zeigen also nicht die ganze Wirklichkeit. Sie haben meist nur die Eigenschaften, die sie brauchen, um einen bestimmten Zweck zu erfüllen.

1 Der Globus ist ein Modell der Erde.

Modelle in Naturwissenschaften und Technik

Wenn du den Globus vor eine Lampe stellst und drehst, kannst du sehen, dass immer nur eine Seite beleuchtet wird. Die andere Seite liegt im Schatten. So kannst du dir gut vorstellen, wie die Sonne auf die Erde scheint. Das Modell mit Globus und Lampe hilft dir, Tag und Nacht zu verstehen. Du kannst damit etwas über Sonne und Erde lernen und sogar vorhersagen, in welchen Ländern als Nächstes die Sonne aufgeht.

In der Technik und in den Naturwissenschaften haben Modelle den Zweck, komplizierte Phänomene zu erklären. Naturwissenschaftlerinnen und Naturwissenschaftler arbeiten oft mit Modellen. Wie Experimente dienen ihnen Modelle dazu, bestimmte Fragen zu beantworten.

Sachmodelle und Denkmodelle

↗**Sachmodelle** bilden etwas nach. Das Modell der Wirbelsäule [B2] ist ein Sachmodell. Es zeigt, wie die Wirbelsäule aufgebaut ist. So kannst du dir anschauen, wie die Wirbelsäule aussieht, obwohl sie sonst in deinem Körper und nicht sichtbar ist.

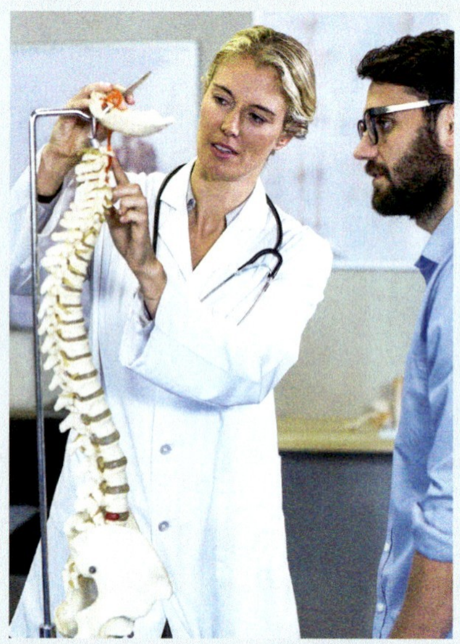

2 Ein Modell der Wirbelsäule hilft, die Erklärung der Ärztin zu verstehen.

↗**Denkmodelle** helfen, uns Phänomene vorzustellen, die sich nur schwer beobachten und beschreiben lassen. Wir brauchen Denkmodelle zum Beispiel, um uns elektrischen Strom vorzustellen. Der elektrische Strom ist nicht sichtbar, er riecht nicht und wir können ihn auch nicht anfassen. Man sagt, er fliesst durch Kabel, aber er ist doch keine Flüssigkeit. Es ist sehr schwierig zu erklären, was Strom eigentlich ist und woraus er besteht. Damit wir uns das Fliessen des Stroms besser vorstellen können, gibt es das Wasserstrom-Modell (→ S. 106–107). Mit diesem Denkmodell können wir manche Phänomene des Stroms erklären und sie besser verstehen.

AUFGABEN

1 △ **Schau dir den Globus in Bild 1 an. Überlege, welche Eigenschaften er mit der Erde gemeinsam hat. In welchen Eigenschaften unterscheiden sich Globus und Erde? Notiere je 2–3 Gemeinsamkeiten und Unterschiede.**

2 □ **Besorgt euch Sachmodelle, die einen Teil des menschlichen Körpers darstellen, zum Beispiel ein Skelett, ein Modell des Ohrs oder des Herzens. Welchen Zweck erfüllt das Modell? Hat es alle Eigenschaften, die dafür nötig sind? Was zeigt das Modell nicht? Diskutiert in der Klasse darüber.**

3 ■ **Arbeitet zu zweit. Ordnet a–c dem richtigen Modelltyp zu (Sachmodell oder Denkmodell). Begründet eure Wahl jeweils in einem Satz.**
a) Ein Fischauge aus Glas und Kunststoff.
b) Lichtstrahlen bestehen aus Lichtteilchen.
c) Zucker besteht aus Zuckerteilchen. Diese sind wie in einem Gitter angeordnet.

Reise ins Innere des Knochens

«Knochenhart» sagt man, wenn etwas sehr stabil und fest ist. Knochen sind aber nicht starr und tot, sondern leben. Sie sind fest und elastisch zugleich. Sie wachsen erst als biegsame ↗**Knorpel** heran. Später werden sie fest. Man sagt, die Knorpel verknöchern. Du wächst mit deinen Knochen. Aber auch wenn du nicht mehr wächst – deine Knochen werden ständig erneuert. Deshalb können sie auch nach einem Knochenbruch wieder zusammenwachsen. Auch Knochen müssen ernährt werden. Ein Stoff, der für die Festigkeit der Knochen wichtig ist, heisst **Calcium**. Wie andere Nährstoffe gelangt Calcium über Blutgefässe in die Knochen.

Wie sind Knochen aufgebaut?

Wenn du einen Knochen vor dir hast, siehst du etwas Weisses. Das ist die **Knochensubstanz**. Sie verleiht dem Knochen seine Festigkeit, aber auch seine elastischen Eigenschaften. Um die Knochensubstanz liegt wie ein Strumpf die **Knochenhaut** [B1]. In der Knochenhaut hat es Blutgefässe und Nerven. Das spürst du, wenn du einen Schlag vor das Schienbein bekommst.
Lange Knochen an den Armen und Beinen sind röhrenförmig (Röhrenknochen). Auf der Aussenseite sind sie fest. Das Röhreninnere besteht aus weichem **Knochenmark**. Die Knochenenden enthalten viele **Knochenbälkchen** [B1]. Das sind kleine Balken aus Knochensubstanz, die wie ein Gerüst netzartig angeordnet sind. Sie machen die Knochen stabil und doch leicht.

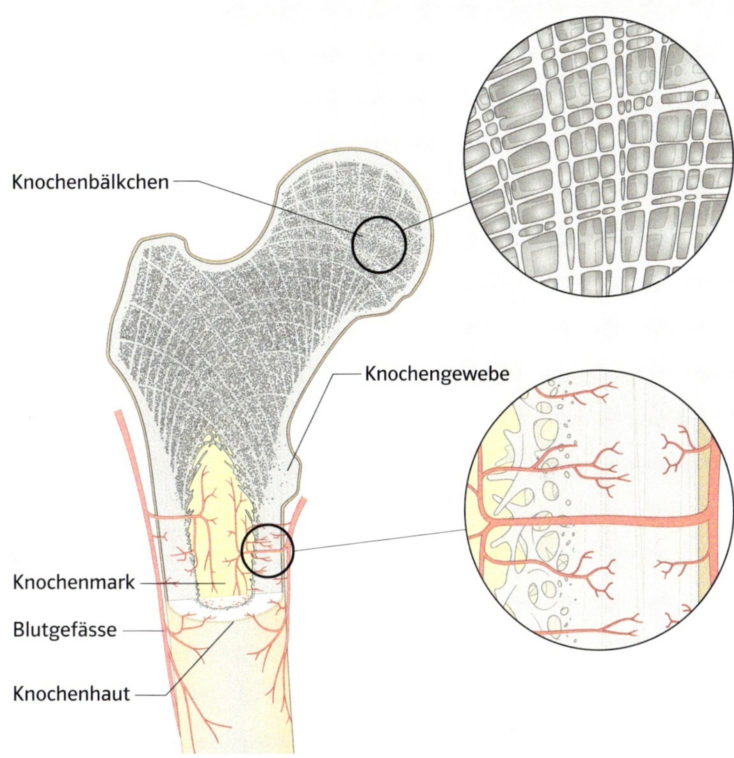

1 Aufbau des Oberschenkelknochens

Die Knochen sind fest und elastisch zugleich. Sie erneuern sich ständig.

AUFGABEN

1 △ Arbeitet zu zweit. Beschreibt einander den Aufbau eines Oberschenkelknochens mithilfe von Bild 1.

2 ■ «Knochen leben.» Erkläre diese Aussage in 2–3 Sätzen.

3 □ Nimm Arbeitsblatt 2.3 und markiere und beschrifte die Knochen, die bei den folgenden Knochenbrüchen betroffen sind: Schlüsselbeinbruch, Oberarmbruch, Oberschenkelhalsbruch, Rippenbruch, Schienbeinbruch, Speichenbruch. Tipp: Falls du nicht alle Knochen kennst, kannst du auf S. 31 nachschauen.

4 ◆ Bitte einen Metzger, einen grossen Röhrenknochen längs aufzuschneiden. Fertige eine Skizze an und beschrifte sie mit Fachbegriffen aus dem Text.

Kisam

E13 Starke Röhre
E23 Elastisch und doch stabil
Was macht unsere Knochen stabil, was macht sie elastisch? Mit diesen Experimenten findest du es heraus!

Ganz schön gelenkig

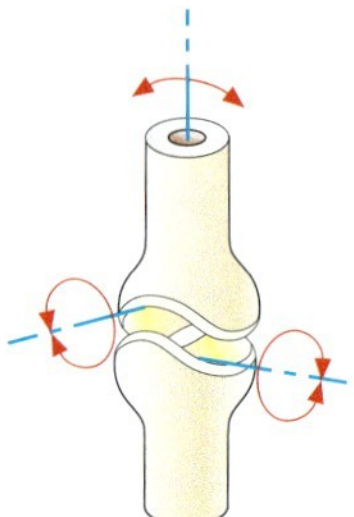

1 Scharniergelenk

Das ↗**Gelenk** bildet eine bewegliche Verbindung zwischen den starren Knochen. Laufen, Springen, Tanzen oder Schwimmen: Für diese Bewegungen gibt es ganz unterschiedliche Gelenke [B1–B4].

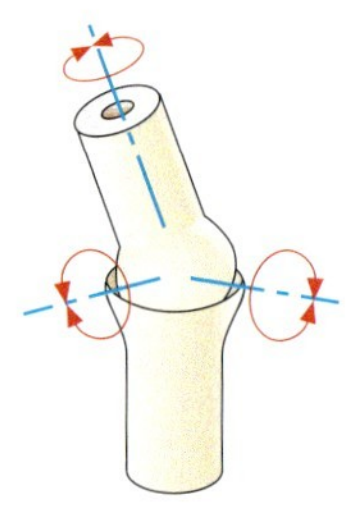

2 Sattelgelenk

Gelenke machen beweglich

An Türen findest du Scharniere. Durch sie kannst du die Tür auf- und zumachen. Die Gelenke an deinen Fingern funktionieren ähnlich. Mit diesen **Scharniergelenken** [B1] kannst du zum Beispiel deinen Zeigefinger beugen und strecken. Ein **Sattelgelenk** [B2] gibt es nur am Daumen. Es lässt sich in zwei Richtungen bewegen: zur Seite sowie auf und ab.

Deine Oberarm- und Oberschenkelknochen kannst du mithilfe eines **Kugelgelenks** [B3] in alle Richtungen bewegen. Drehst du den Kopf, bewegt sich in der ↗Wirbelsäule ein zapfenförmiger Wirbel in dem dazu passenden Wirbel mit Öffnung. Dieses Gelenk nennt man **Drehgelenk** [B4].

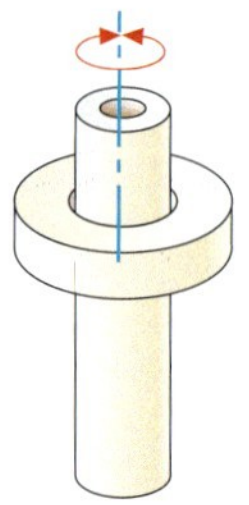

3 Kugelgelenk

4 Drehgelenk

Was bewegt sich, wenn wir uns bewegen?

Alle Gelenke sind ähnlich aufgebaut [B5]. Der gewölbte **Gelenkkopf** des einen Knochenteils passt in die Vertiefung des anderen, die **Gelenkpfanne**. Die Enden sind glatt und mit elastischem ↗Knorpel gepolstert. Zusammen mit der **Gelenkschmiere** sorgt Knorpel dafür, dass sich die Knochen leicht gegeneinander bewegen lassen. Die **Gelenkkapsel** und die ↗Bänder halten die Knochen an den Gelenken zusammen.

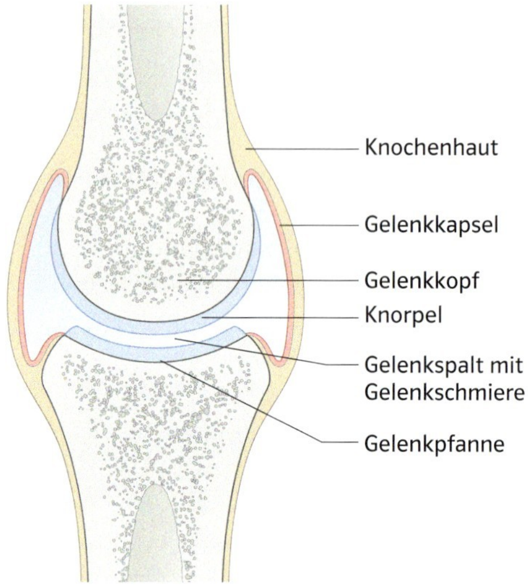

5 Aufbau eines Gelenks

AUFGABEN

1 △ **Notiere je ein Beispiel für ein Scharniergelenk, ein Kugelgelenk, ein Drehgelenk und ein Sattelgelenk im Körper.**

2 ▲ **Arbeitet zu zweit. Notiert die verschiedenen Bestandteile eines Gelenks. Erklärt euch gegenseitig, welche Funktion sie im Gelenk haben. Benutzt dazu die Fachbegriffe aus dem Text.**

3 □ **Arbeitet zu zweit. Untersucht an eurem Körper die Gelenke, die ihr in Aufgabe 1 bestimmt habt: Die eine Person bewegt vorsichtig die Gelenke der anderen Person. Überprüft die Dreh- und Beugebewegungen anhand von Bild 1–4.**

4 ◇ **Viele Gegenstände, die ihr täglich benutzt, verfügen über Gelenke. Untersucht zu zweit die Gelenke eines Velos. Geht dabei folgendermassen vor:**
a) Listet die vier Gelenktypen in einer Tabelle untereinander auf.
b) Ordnet 3–4 Bestandteile des Velos dem jeweils passenden Gelenktyp zu.
c) Fallen euch weitere Gegenstände ein, die einem Gelenktyp gleichen? Fügt sie eurer Tabelle hinzu.

Gelenke sind die bewegliche Verbindung von Knochen. Für die verschiedenen Bewegungen gibt es unterschiedliche Gelenktypen.

Das hat Hand und Fuss

Unsere Hände sind die beweglichsten Körperteile. Die extreme Beweglichkeit der Hand wird durch 27 Knochen und 36 Gelenke ermöglicht [B1]. Eine Besonderheit unserer Hände ist, dass der Daumen allen anderen Fingern gegenübersteht. Dadurch können wir unsere Hände wie eine Greifzange einsetzen.

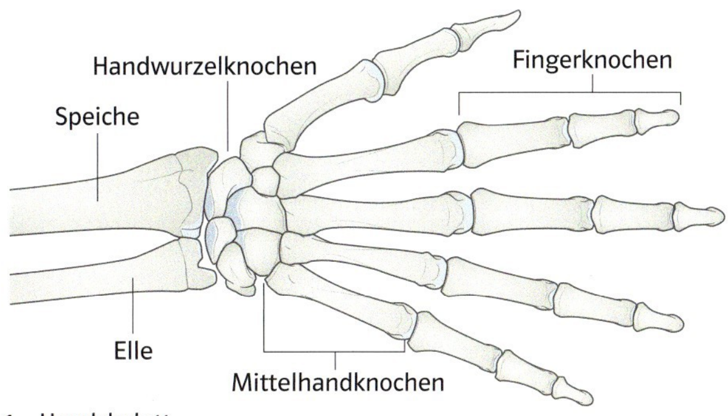

1 Handskelett

So weit die Füsse tragen

Die **Fussknochen** gehören zu den Knochen, die am stärksten belastet werden. Sie tragen oft über viele Stunden das Körpergewicht. Das Fussgewölbe verteilt das Körpergewicht auf Ballen und Ferse wie bei einer Brücke [B2, B3]. Diese besondere Konstruktion unserer Füsse hilft uns, beim aufrechten Gehen das Gleichgewicht zu halten.

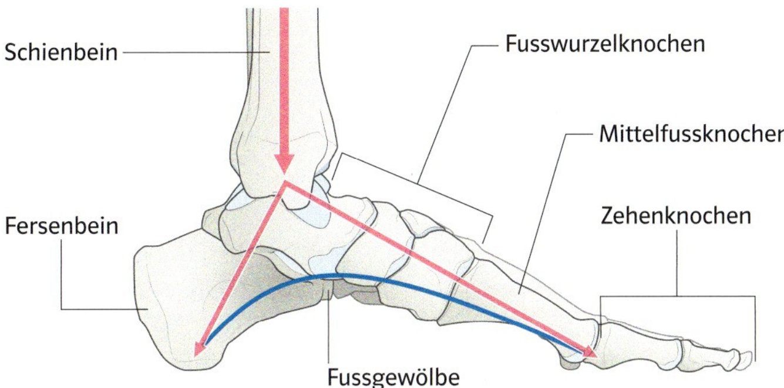

2 Fuss-Skelett

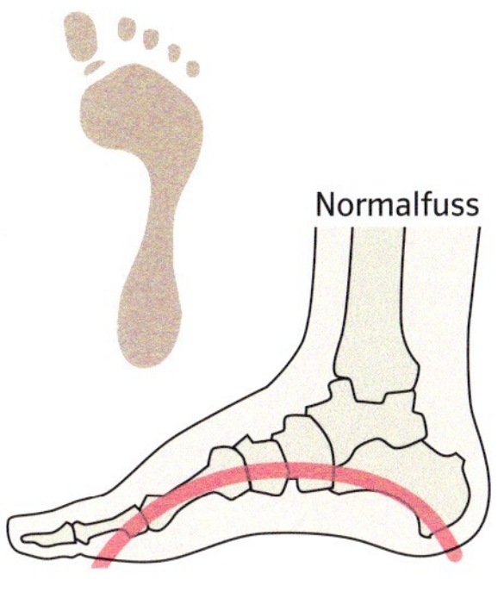

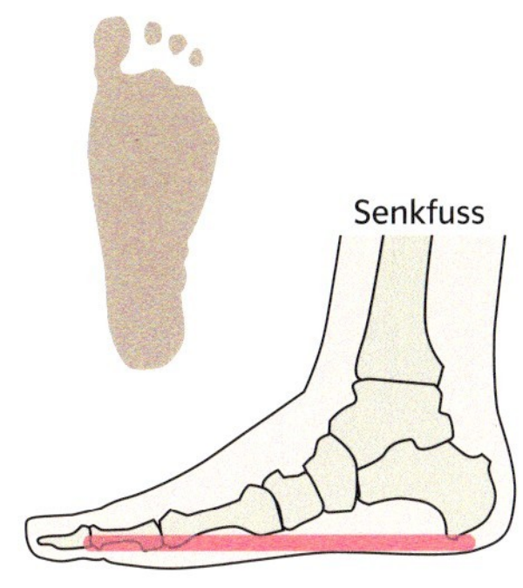

3 Verschiedene Formen des Fuss-Skeletts: Normalfuss und Senkfuss

AUFGABEN

1 ☐ **Arbeitet zu zweit. Öffnet einen Knopf (z. B. Jacke, Hose), ohne den Daumen zu benützen. Erklärt einander eure Beobachtungen.**

2 ☐ **Mit unseren Händen können wir problemlos einen Stift halten und damit schreiben. Und mit unseren Füssen?**
a) Probiere mit deinen Füssen deinen Namen zu schreiben.
b) Diskutiert zu zweit. Warum ist das Schreiben mit den Füssen viel schwieriger als mit den Händen?

3 ◆ **Begründe, warum ein Senkfuss (auch «Plattfuss») die Wirbelsäule auf Dauer mehr belastet als ein Normalfuss.**

E14 Bogenstark
Wie ist ein gesunder Fuss gebaut? Das findest du mit diesem Experiment heraus.

Ganz schön stark – die Muskulatur

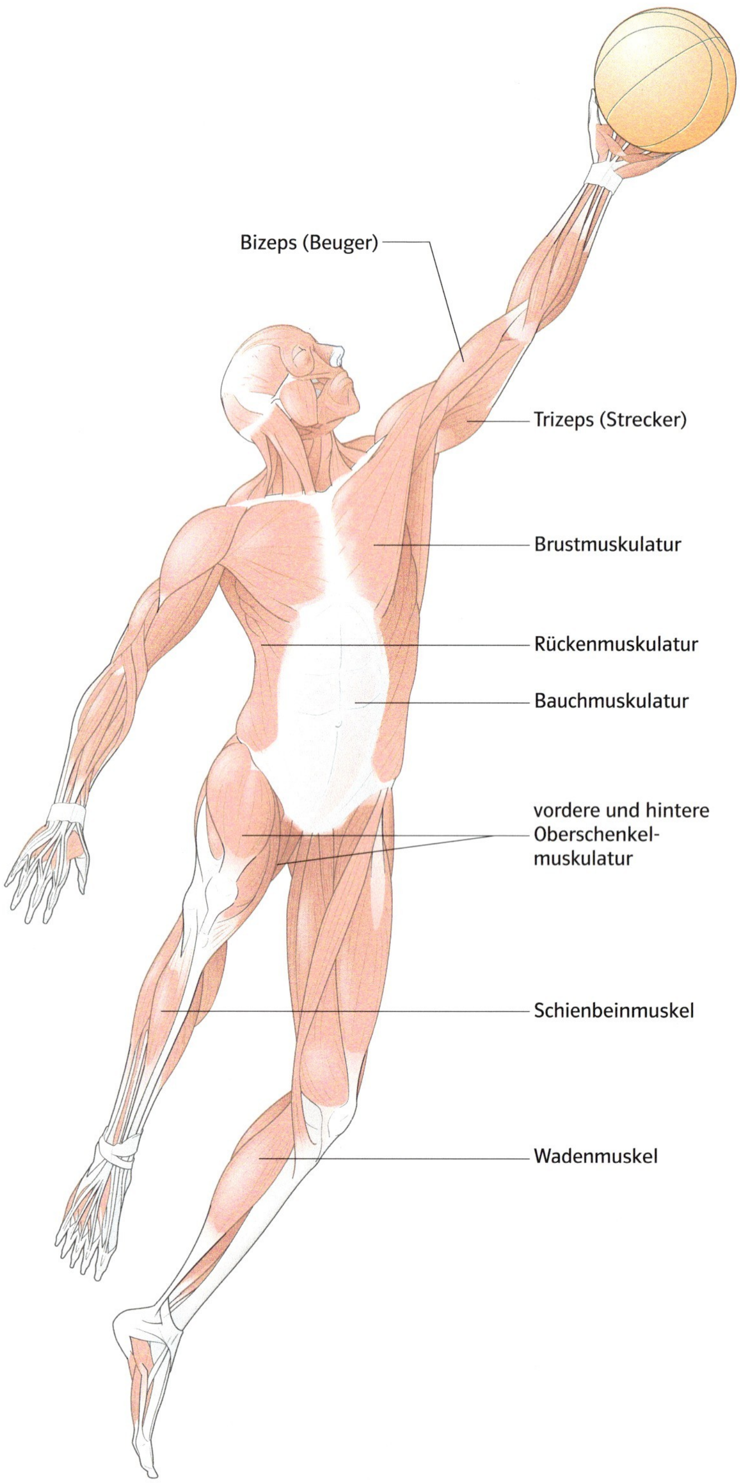

Bizeps (Beuger)
Trizeps (Strecker)
Brustmuskulatur
Rückenmuskulatur
Bauchmuskulatur
vordere und hintere Oberschenkelmuskulatur
Schienbeinmuskel
Wadenmuskel

1 Die Muskulatur des Menschen. Hier sind einzelne Skelettmuskeln benannt.

Für jede Bewegung brauchen wir Muskeln – egal, ob wir blinzeln oder einen Dauerlauf machen. Einige Muskeln arbeiten auch dann, wenn wir uns nicht oder nur wenig bewegen.

Es gibt drei Arten von Muskeln: die Skelettmuskeln, die Muskeln, die ↗Organe bewegen, sowie der Herzmuskel. **Skelettmuskeln** [B1]kannst du mit dem Willen steuern. Du brauchst sie, um deinen Körper zu bewegen. Die anderen Muskeln kannst du nicht mit deinem Willen bewegen, sie arbeiten nicht willentlich. Das merkst du zum Beispiel daran, dass dein ↗Herz vor einer Prüfung etwas schneller schlägt oder dein Magen sich nach dem Essen spürbar bewegt.

Aufbau eines Skelettmuskels

Skelettmuskeln bestehen aus vielen winzig kleinen **Muskelfasern**, die zu **Muskelfaserbündeln** zusammengefasst sind [B2]. Mehrere dieser Bündel bilden einen Muskel. Aussen umgibt sie eine **Muskelhaut**. Zwischen den Muskelfaserbündeln liegen Blutgefässe. Sie versorgen die Muskelfasern mit Sauerstoff und Nährstoffen. Straffe und zähe ↗**Sehnen** befestigen den Skelettmuskel an den Knochen, die bewegt werden sollen.

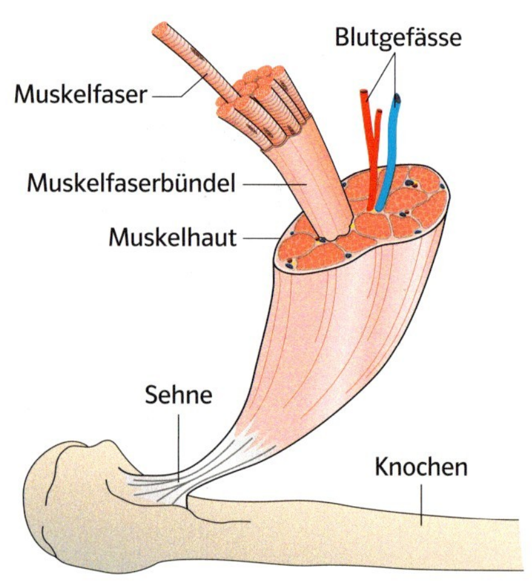

2 Aufbau eines Skelettmuskels

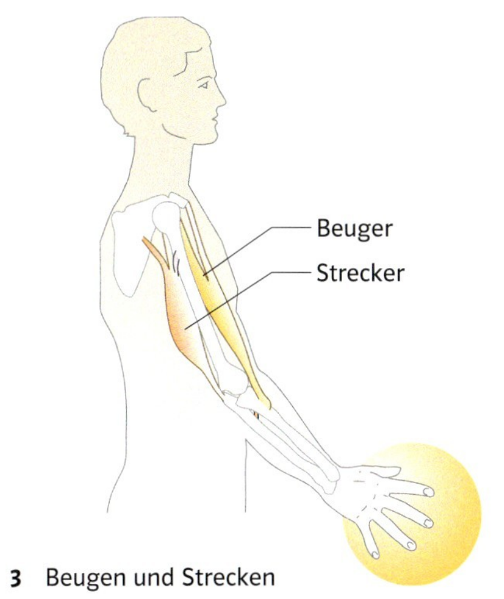

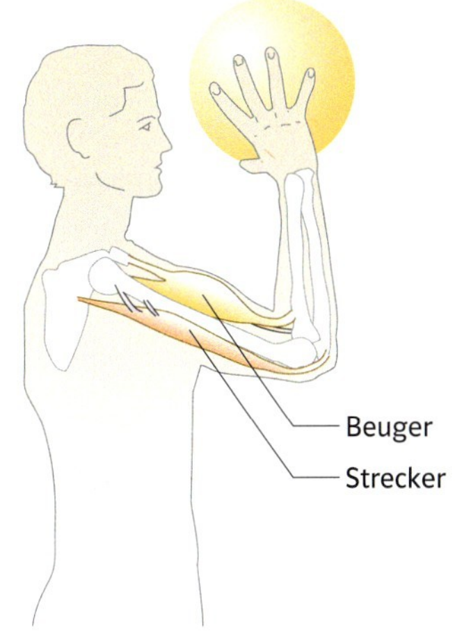

3 Beugen und Strecken

Der Skelettmuskel besteht aus Muskelfaserbündeln, die von Muskelhaut umhüllt sind. Sehnen befestigen die Skelettmuskeln an den Knochen.
Viele Muskeln arbeiten mit einem Gegenmuskel zusammen. Man nennt sie Gegenspieler.

So arbeitet ein Muskel

Muskeln ziehen sich zusammen, wenn du sie anspannst. Dabei werden sie kürzer, fester und dicker. Entspannt sich der Muskel, wird er wieder länger und dünner. Je mehr man einen Muskel trainiert, desto kräftiger kann er werden.

Muskeln sind Teamarbeiter

Viele Skelettmuskeln arbeiten paarweise. Beugst du deinen Arm, wird der Unterarm an den Oberarm herangezogen [B3]. Der Muskel, der sich dabei zusammenzieht, ist der **Beugemuskel** (Bizeps) am Oberarm. Um den Arm wieder zu strecken, zieht sich an der Rückseite des Oberarms der **Streckmuskel** (Trizeps) zusammen. Dadurch wird der Beugemuskel wieder länger und dünner, er ist entspannt. Der Unterarm wird vom Oberarm weggestreckt. Zur Bewegung an einem Gelenk gehören immer mindestens zwei Muskeln – wie der Beugemuskel und der Streckmuskel. Man nennt sie **Gegenspieler**.

AUFGABEN

1 △ Welche Muskelarten gibt es? Welche kannst du mit deinem Willen bewegen? Welche nicht? Notiere.

2 □ Drücke mit der Handfläche erst von unten, dann von oben gegen eine Tischplatte. Befühle dabei die Oberseite und die Unterseite deines Oberarms.
a) Nenne die Muskeln, die an der einen oder der anderen Aktion beteiligt sind.
b) Beschreibe die Veränderungen der beteiligten Muskeln.

3 ◆ Auch in deinen Augen gibt es Muskeln. Was passiert, wenn plötzlich helles Licht (z. B. einer Taschenlampe) auf das Auge fällt?
a) Probiert das zu zweit aus. Führt einander eine Taschenlampe von unten zu den geöffneten Augen und beobachtet, was passiert.
b) Diskutiert eure Beobachtungen. Benutzt folgende Begriffe: Muskelart, willentlich, nicht willentlich, Gegenspieler.

4 ◆ Zerschneide ein altes Elektrokabel. Vergleiche den Aufbau des Kabels mit dem Aufbau eines Skelettmuskels [B2]. Ist das Kabel ein gutes Modell für einen Skelettmuskel? Was fehlt? Notiere 3–4 Sätze.

AB 2.05 I + II

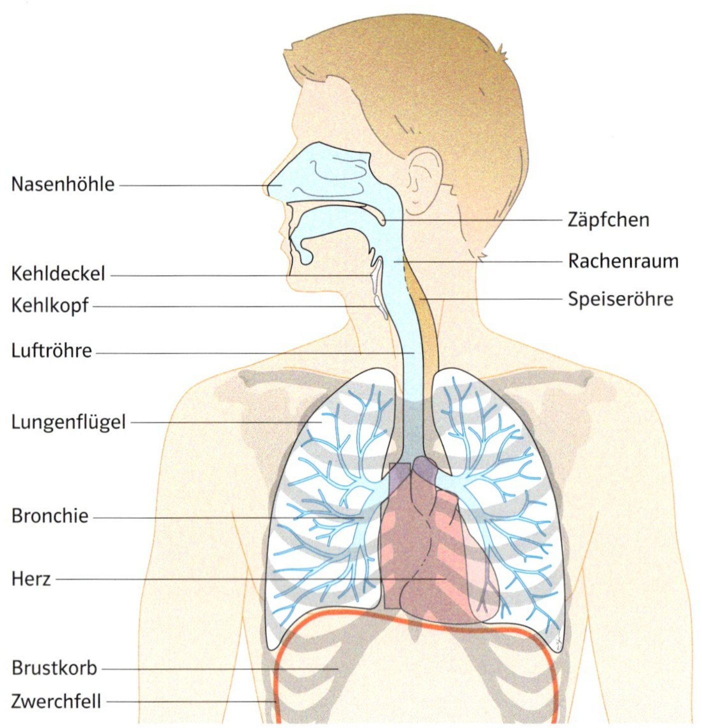

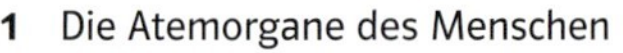

1 Die Atemorgane des Menschen

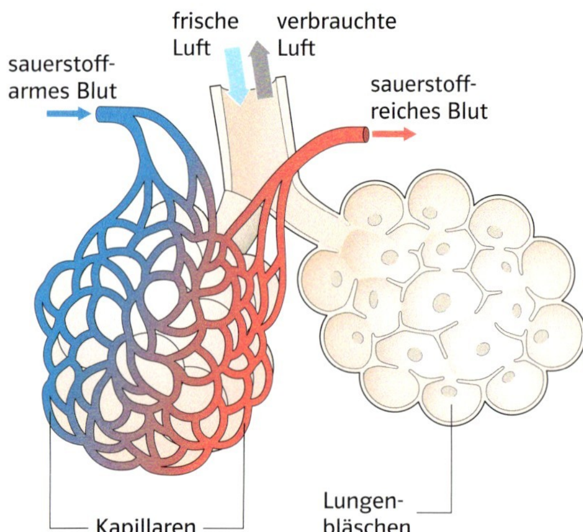

2 Lungenbläschen sind umgeben von feinen Blutgefässen (Kapillaren).

Atmen heisst leben

Dein Körper braucht ununterbrochen **Sauerstoff**. Dieser befindet sich in der Luft, die du einatmest. Egal, was du tust, ob du schläfst oder wach bist: Dein Gehirn braucht Sauerstoff. Ebenso deine Muskeln. Je aktiver du bist, desto mehr Sauerstoff musst du einatmen. Ohne Sauerstoff kann ein Mensch nur wenige Minuten überleben.

Wie «tanken» wir Sauerstoff?

Atme einmal bewusst tief ein: Die Luft strömt durch deine Nase oder deinen Mund über den **Rachen** und die **Luftröhre** [B1]. Die Flimmerhärchen auf den Schleimhäuten halten wie ein Filter die Staubteilchen fest. Dabei wird die Luft angefeuchtet und angewärmt. Von der Luftröhre gelangt die Atemluft durch die **Bronchien** in die beiden **Lungenflügel**. Die Bronchien verzweigen sich wie ein Baum in immer feinere Ästchen. Am Ende sitzen winzige **Lungenbläschen**. Durch diese feine Bläschenstruktur im Inneren der Lunge entsteht eine riesige Fläche (Oberflächenvergrösserung). Die innere Oberfläche der Lunge ist 100 m^2 gross, das ist so gross wie ein Tennisplatz. An der Oberfläche der Lunge gelangt der Sauerstoff in das Blut.

Gasaustausch in den Lungenbläschen

Die **Lungenbläschen** sind von einem dichten Netz sehr feiner Blutgefässe (↗Kapillaren) umspannt [B2]. Der Sauerstoff aus der Luft dringt durch die hauchdünnen Wände der Lungenbläschen ins Blut. Nun wird er mit dem Blut in den ganzen Körper transportiert und dort verarbeitet. Dabei entsteht der Abfallstoff Kohlenstoffdioxid. Diesen Abfallstoff nimmt wieder das Blut auf. Am Ende seiner Reise durch den Körper liefert das Blut das Kohlenstoffdioxid bei den

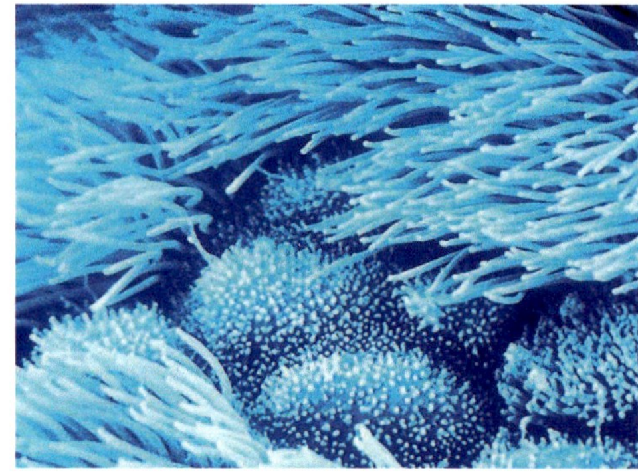

3 Flimmerhärchen auf den Schleimhäuten filtern die Atemluft.

DA 2.04, DA 2.05

Lungenbläschen ab. Von dort wird das Kohlenstoffdioxid aus dem Körper ausgeatmet.

Atmen mit Bauch und Brust

Die Lunge funktioniert wie ein Blasebalg. Beim Einatmen vergrössert sich der Brustraum, beim Ausatmen verkleinert er sich. So wird Atemluft in den Körper eingesaugt oder herausgepresst. Die vielen kleinen Muskeln zwischen den Rippen heben und senken den ↗**Brustkorb**. So wird der Lungenraum vergrössert und verkleinert. Das ist die **Brustatmung** [B4]. Das Zwerchfell, eine Muskelschicht zwischen Lunge und Bauchraum, kann sich heben und senken. Das ist die **Bauchatmung** [B5].

Ausser Atem

In Ruhe atmest du ungefähr 15-mal in der Minute ein und aus. Beim Laufen geht dein Atem schneller: bis zu 80-mal in der Minute. Atmest du normal, nimmst du etwa einen halben Liter Luft auf. Bei einem tiefen Atemzug können es bis zu vier Liter sein.

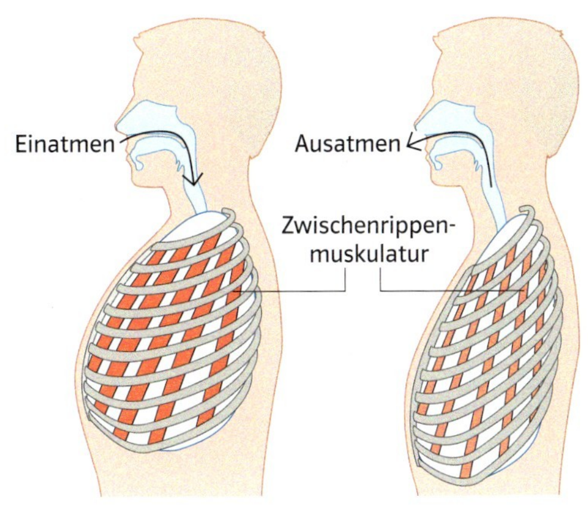

4 Brustatmung

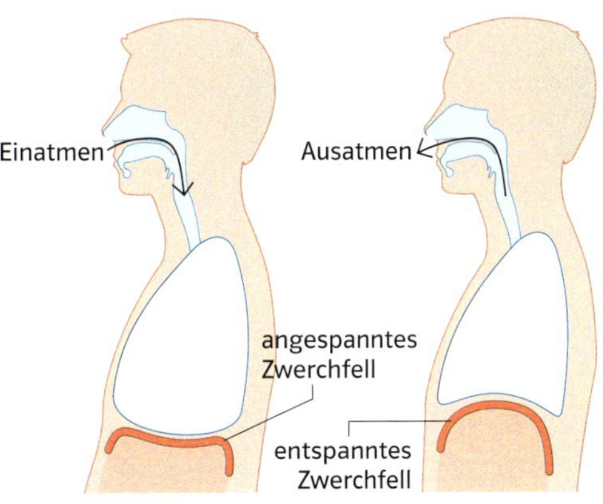

5 Bauchatmung

Ohne Sauerstoff kann der Mensch nicht leben. Der Sauerstoff der Luft gelangt über die Lunge in das Blut. Das Blut verteilt den Sauerstoff im Körper. Es transportiert den Abfallstoff Kohlenstoffdioxid in die Lunge, wo es ausgeatmet wird.

AUFGABEN

1 △ Beschreibe mithilfe von Bild 1 den Weg der Atemluft von der Nase bis in die Lungenflügel. Verwende die Fachbegriffe aus dem Text.

2 Betrachte Bild 2 und lies den Abschnitt «Gasaustausch in den Lungenbläschen».
△ a) Fasse die Vorgänge in den Lungenbläschen in 4–5 Sätzen zusammen.
□ b) Baue mit einem Erlenmeyerkolben und blauer und roter Knete ein Modell eines Lungenbläschens.
□ c) Diskutiert eure Modelle in der Klasse. Was zeigen die Modelle nicht?

3 □ a) Welche Arten von Atmung gibt es beim Menschen? Beschreibe in 2–3 Sätzen, wie sich die beiden Arten unterscheiden. Verwende dabei Fachbegriffe. Nimm auch die Bilder 4 und 5 zu Hilfe.
◆ b) Überlege, warum es diese Atembewegungen [B4, B5] überhaupt braucht. Besprecht eure Vermutungen zuerst zu zweit und diskutiert anschliessend in der Klasse.

4 ◇ a) Erkläre, was mit «Oberflächenvergrösserung» gemeint ist und wie es in der Lunge dazu kommt.
◇ b) Warum ermöglicht es die Oberflächenvergrösserung, mehr Sauerstoff ins Blut aufzunehmen?
◆ c) Überlege, wo es in der Natur oder im Alltag sonst noch Oberflächenvergrösserungen gibt.

E10 Bist du fit?
Wie viel Luft hat in deiner Lunge Platz? Teste dich selbst!

→ AB 2.06 I + II

Experimente zur Atmung

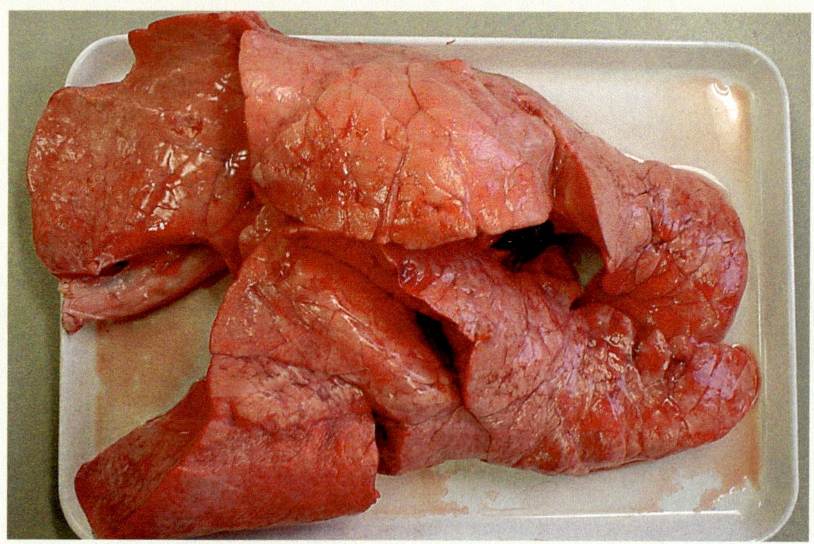

1 Schweinelunge mit Luftröhre

1 Eine Lunge unter der Lupe

Material
Einweg-Handschuhe, Schweinelunge mit Luftröhre [B1], Präparierschale, Lupe, reissfester Bindfaden, Gummischlauch mit Glasrohr an der einen und Mundstück an der anderen Seite

Experimentieranleitung

1. Ziehe die Einweg-Handschuhe an.

2. Lege die Lunge in die Präparierschale und untersuche sie. Benutze dazu die Lupe und befühle das Gewebe. Drehe die Lunge, damit du sie von allen Seiten betrachten kannst.
   - Aus wie vielen Teilen besteht die Lunge?
   - Erscheint die Farbe überall gleich?
   - Erscheint die Oberfläche überall gleich?

3. Versuche mithilfe der Bilder 1 und 2 auf Seite 40 zu benennen, was du siehst.

4. Schiebe den Gummischlauch mit dem Glasrohr voran durch die Luftröhre in die Schweinelunge.

5. Binde die Luftröhre und das Glasrohr mit dem Bindfaden fest zusammen.

6. Blase Luft durch den Gummischlauch in die Lunge und beobachte, was passiert.

Auftrag
a) Du hast die Lunge genau untersucht und angeschaut. Halte nun deine Beobachtungen in einer Skizze fest. Beschrifte die Skizze mit Fachbegriffen der Bilder 1 und 2 auf Seite 40.
b) Skizziere eine besonders interessante Stelle detailliert, indem du den Ausschnitt vergrössert darstellst.
c) Vergleicht und diskutiert eure Skizzen in der Klasse.

2 Atemfrequenz und Pulsfrequenz bestimmen

Die Atemfrequenz ist die Anzahl deiner Atemzüge in der Minute. Die Pulsfrequenz ist die Anzahl der Pulsschläge in der Minute.

Material
Stoppuhr

Experimentieranleitung

1. Bildet Dreiergruppen. Lest zuerst den Auftrag durch.

2. Bestimmt, wer die körperlichen Aktivitäten ausführt. Das ist die Versuchsperson. Bestimmt auch, wer die Pulsfrequenz misst und wer die Atemfrequenz.

3. Die Versuchsperson führt eine der Aktivitäten aus dem Auftrag aus.

4. Sofort danach ermitteln die anderen beiden die Atemfrequenz und die Pulsfrequenz der Versuchsperson. Für die Atemfrequenz zählt ihr, wie oft die Versuchsperson in 30 Sekunden ein- und ausatmet. Für die Pulsfrequenz legt ihr die Finger auf das Handgelenk oder an den Hals der Versuchsperson und zählt den Puls. Multipliziert beide Werte mit 2.

5. Erstellt eine Tabelle, in die ihr die Messwerte der Versuchsperson eintragt.

6. Ermittelt die Messwerte für alle Aktivitäten aus dem Auftrag.

Auftrag
Ermittelt der Reihe nach die Atemfrequenz und die Pulsfrequenz für folgende Aktivitäten:
a) in Ruhe auf einem Stuhl sitzend,
b) nach zügigem Gehen,
c) nachdem ihr eine Zeit lang gerannt oder auf der Stelle gesprungen seid.
d) Tragt eure Messwerte in die Tabelle ein.

 AB 2.07

Diagramme erstellen – Atmung und Puls

Wenn du etwas misst oder zählst, erhältst du einen **Messwert**. Ein Messwert besteht aus einer Zahl und einer Einheit. Die Zahl gibt die Menge an und die Einheit sagt, was gezählt oder gemessen wurde. Legst du zum Beispiel die Fingerspitzen an dein Handgelenk oder deinen Hals, kannst du die Pulsschläge zählen. So kannst du messen, wie oft dein Herz in der Minute schlägt. Dieses Mass heisst **Pulsfrequenz**.

Ein Messwert – und nun?

Ein Messwert allein sagt nicht viel aus. Spannend wird es, wenn du einen Messwert mit anderen vergleichst. Um Messwerte zu vergleichen, kann man sie in eine **Tabelle** eintragen [B1]. Wenn aber sehr viele Messwerte in einer Tabelle aufgelistet sind, ist es oft wieder schwierig, die Messwerte miteinander zu vergleichen.

Diagramm

In einem **Diagramm** können Messwerte zusammengeführt und anschaulich dargestellt werden. In Bild 2 ist die durchschnittliche Ruhepulsfrequenz für verschiedene Altersgruppen in einem Punkt-Diagramm eingetragen. Du kannst an der unterschiedlichen Lage der Punkte ganz einfach erkennen, dass die Pulsfrequenz sich im Laufe des Lebens ändert. Der höchste Wert (Maximalwert) ist bei den Säuglingen zu finden. Das heisst, dass Säuglinge den schnellsten Pulsschlag haben. Den niedrigsten Wert (Minimalwert) haben die Erwachsenen. Das heisst, ihr Herz schlägt am langsamsten. Mit Diagrammen ist es also einfacher, Messwerte zu vergleichen.

Altersgruppe	Säuglinge	1–3 Jahre	3–7 Jahre	7–12 Jahre	Erwachsene	Senioren
Ruhepulsfrequenz [Pulsschläge in der Minute]	125	110	100	90	70	80

1 Die Ruhepulsfrequenz bei verschiedenen Altersgruppen

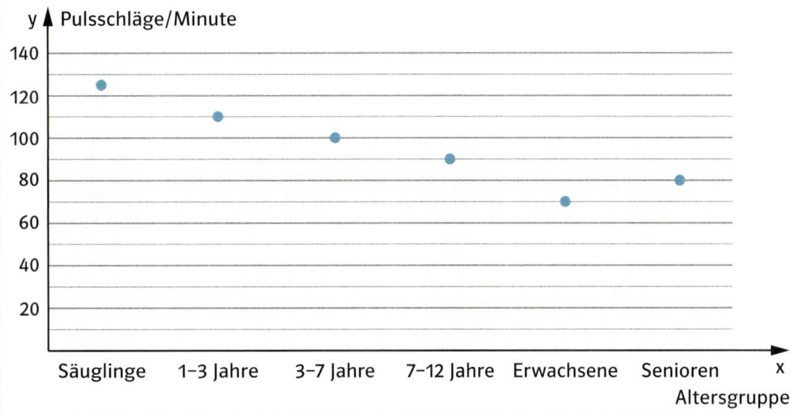

2 Punkt-Diagramm der Ruhepulsfrequenz bei verschiedenen Altersgruppen

Wie wird aus Messwerten ein Diagramm?

In vielen Diagrammen werden Messwerte als Punkte in einem Koordinatensystem dargestellt. Ein Koordinatensystem hat zwei Achsen: An einer Achse stehen die Messbedingungen (z. B. Altersgruppe), an der anderen Achse wird der Messwert eingetragen (Anzahl Pulsschläge in der Minute) [B2].

In ein Diagramm können auch Messwerte aus zwei verschiedenen Experimenten eingetragen werden. Du kannst so sehen, ob zwischen den Messwerten aus den beiden Experimenten ein Zusammenhang besteht.

AUFGABEN

1 ▲ **Betrachte das Diagramm [B2]. Welche Ruhepulsfrequenz erwartest du bei deiner Lehrerin oder deinem Lehrer?**

2 ■ **In der Tabelle [B1] fehlt deine Altersgruppe (13–18 Jahre). Welche Ruhepulsfrequenz erwartest du für deine Altersgruppe? Hinweis: Die Bilder 1 und 2 helfen dir, einen Wert zu finden.**

3 ◇ **Ihr habt zu dritt eure Atemfrequenz und eure Pulsfrequenz gemessen und in eine Tabelle eingetragen (Experiment 2). Nun folgt die Auswertung des Experiments.**
a) Übertragt die Messwerte aus der Tabelle in ein Diagramm. An der x-Achse notiert ihr die Aktivitäten. An der y-Achse tragt ihr in zwei verschiedenen Farben eure Messwerte zur Atemfrequenz und zur Pulsfrequenz ein.
b) Diskutiert eure Ergebnisse in der Klasse. Denkt mithilfe eures Diagramms darüber nach, wie Atem- und Pulsfrequenz zusammenhängen.

Das Blut

Blut besteht aus flüssigen und festen Bestandteilen. Es transportiert Sauerstoff, Nährstoffe und Abfallstoffe und schützt vor Fremdkörpern und Krankheitserregern.

↗**Blut** ist auf den ersten Blick eine rote Flüssigkeit. Lässt man es aber längere Zeit in einem Glas stehen, setzen sich am Boden feste Bestandteile ab. Das sind die **Blutkörperchen**. Darüber wird das gelbliche ↗**Blutplasma** sichtbar. Es besteht hauptsächlich aus Wasser. Fünf bis sechs Liter Blut durchströmen ständig deinen Körper.
Unser Blut versorgt alle Körperteile mit Sauerstoff und Nährstoffen und transportiert Abfallstoffe fort. Ausserdem hilft es, die Körpertemperatur zu regulieren, Krankheitserreger zu bekämpfen und Wunden zu verschliessen. Blut enthält flüssige und feste Bestandteile [B1].

Rote Blutkörperchen sind Sauerstoff-Taxis

Jeder Tropfen Blut enthält viele Millionen **rote Blutkörperchen**. Sie können Sauerstoff und Kohlenstoffdioxid aufnehmen und wieder abgeben und geben dem Blut seine rote Farbe. Die roten Blutkörperchen leben etwa vier Monate. Im Knochenmark werden ständig neue Blutkörperchen gebildet.

1 Blutbestandteile und ihre Aufgaben

Weisse Blutkörperchen – Polizei im Blut

Die **weissen Blutkörperchen** bekämpfen Fremdkörper und Krankheitserreger im Körper. Sie werden wenige Tage bis mehrere Jahre alt.

Blutplättchen bilden Pflaster

Die **Blutplättchen** sind die kleinsten Blutkörperchen. Sie lassen das Blut gerinnen, wenn du dich verletzt. Dieser Schorf ist wie ein Pflaster und schützt die Wunde. Die Blutplättchen werden nur wenige Tage alt.

Ohne Plasma geht nichts

Alle Blutkörperchen schwimmen im ↗Blutplasma. Das Plasma hält das Blut flüssig. In ihm sind Nährstoffe und Abfallstoffe (z. B. Kohlenstoffdioxid) gelöst.

Blutspender als Lebensretter

Wenn wir nach einem Unfall, bei einer Operation oder durch Krankheit viel Blut verlieren, kann das lebensbedrohlich sein. In einem solchen Fall bekommen wir eine Bluttransfusion. Deshalb gibt es regelmässig Blutspendeaktionen. Das meiste gespendete Blut wird zu Blutkonserven verarbeitet. Man hält es gekühlt in Krankenhäusern auf Vorrat, um Menschen bei grossem Blutverlust zu helfen.

AUFGABEN

1 △ **Notiere, welche Aufgaben das Blut ausser dem Sauerstofftransport auch noch hat.**

2 △ **Erstelle eine Tabelle zu den Blutkörperchen. Trage Namen und Aufgabe ein und mache jeweils eine Skizze.**

3 ◆ **Berechne, wie oft sich deine roten Blutkörperchen bereits neu gebildet haben.**

4 ◇ **Informiere dich, wer in der Schweiz Blut spenden darf und wer nicht. Begründe, warum Zehnjährige noch kein Blut spenden dürfen. Notiere die Ergebnisse deiner Recherche in 4–5 Sätzen.**

 AB 2.08 I + II

Das Herz – Motor des Lebens

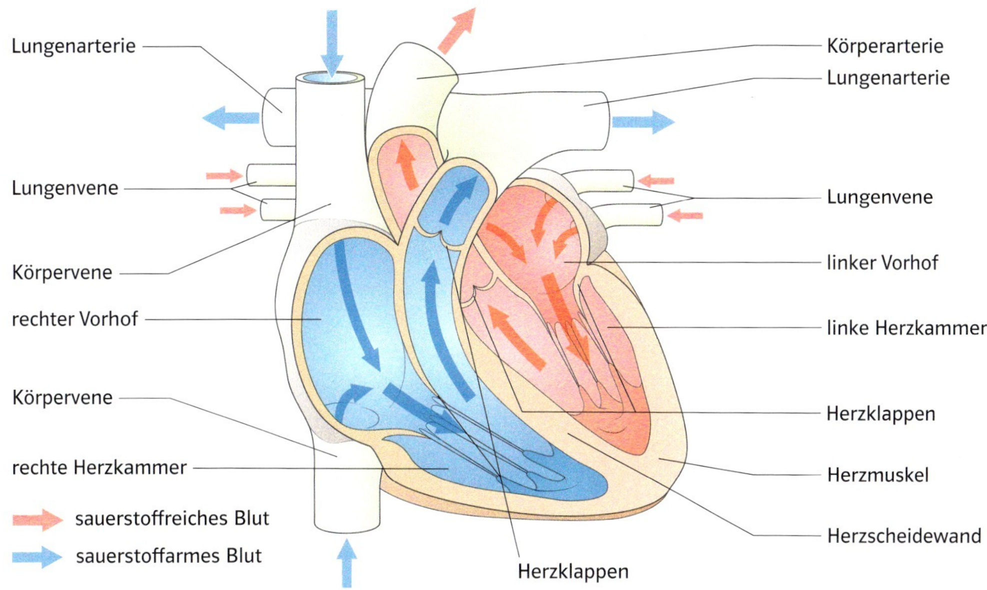

1 Der Blick ins Herz: Das Herz ist in zwei Hälften geteilt. Jede Hälfte ist in einen Vorhof und eine Herzkammer unterteilt.

Das ↗**Herz** liegt in der Mitte des Brustkorbs mit der Spitze nach links – gut geschützt von den Rippen. Das Herz ist ein etwa faustgrosser Muskel. Der Herzmuskel arbeitet wie eine starke Pumpe, die das Blut durch den ganzen Körper pumpt.

Immer im Gleichschlag

Innen ist das Herz durch die **Herzscheidewand** in zwei Hälften geteilt [B1]. Die beiden Hälften haben verschiedene Aufgaben: Die **rechte Herzhälfte** pumpt sauerstoffarmes Blut aus dem Körper in die Lunge. Dort nimmt das Blut wieder Sauerstoff auf. Die **linke Herzhälfte** pumpt das sauerstoffreiche Blut aus der Lunge in den Körper. Der Herzmuskel zieht sich als Ganzes rhythmisch zusammen. Die beiden Herzhälften arbeiten also gleichzeitig.

Dein Herz schlägt und schlägt

Legst du dein Ohr an den Brustkorb einer vertrauten Person, kannst du hören, wie das Herz schlägt. Dieser hörbare Herzschlag entsteht, wenn das Herz mit jedem Zusammenziehen das Blut durch den Körper pumpt. Je mehr du dich anstrengst, desto kräftiger und schneller schlägt dein Herz.

Das Herz pumpt ein Leben lang Blut durch den Körper. Durch die Herzscheidewand ist das Herz in zwei Herzhälften geteilt.

AUFGABEN

1 □ **Untersuche das Modell eines Herzens. Suche die Teile, die in Bild 1 beschriftet sind. Was zeigt das Modell nicht?**

2 ■ **Verfolge anhand von Bild 1 den Weg des Bluts durch das Herz. Fahre in der begonnenen Weise fort: obere/untere Körpervene – rechter Vorhof – rechte Herzkammer – ... Notiere alle Stationen, die das Blut durchläuft, bis es durch die Körperarterie wieder in den Körper gepumpt wird.**

3 ◆ **Erkläre in 4–5 Sätzen, welche Folgen ein Loch in der Herzscheidewand hat.**

Der Blutkreislauf

Dein ↗Herz schlägt Tag und Nacht, 70- bis 80-mal in der Minute. Dabei pumpt es in einer Minute dein ganzes Blut einmal durch den Körper. Das Blut kommt dabei immer wieder an den gleichen Orten vorbei. Es fliesst also im Kreis. Man spricht deshalb vom ↗**Blutkreislauf**.

Der Blutkreislauf

Der Blutkreislauf wird von Herz, Blutgefässen und Blut gebildet. Er besteht aus zwei Teilen: dem Lungenkreislauf und dem Körperkreislauf. Im ↗**Lungenkreislauf** wird das kohlenstoffdioxidreiche Blut aus dem Körper durch die rechte Herzhälfte in die Lunge gepumpt. Dort wird es mit Sauerstoff angereichert. Das sauerstoffreiche Blut fliesst dann wieder zum Herzen zurück. Der ↗**Körperkreislauf** transportiert das sauerstoffreiche Blut zu allen Organen des Körpers. Das Blut gibt Sauerstoff und Nährstoffe an den Körper ab und nimmt Kohlenstoffdioxid auf. Das kohlenstoffdioxidreiche Blut gelangt wieder zur rechten Herzhälfte zurück. Beide Kreisläufe funktionieren nur gemeinsam.

1 Das Blutgefäss-System: sauerstoffreiches Blut (rot), sauerstoffarmes Blut (blau)

100 000 km Leitungen für das Blut

Dein Blut fliesst in den Blutgefässen. Das Blutgefäss-System durchzieht den Körper wie ein riesiges Leitungsnetz [B1]. Es gibt drei Arten von Blutgefässen: Arterien, Kapillaren und Venen.
Die ↗**Arterien** haben dicke Muskelwände. Durch sie wird Blut unter hohem Druck vom Herzen weg transportiert. An den grossen Arterien (z. B. am Hals oder am Handgelenk) kannst du den Herzschlag als ↗**Puls** spüren. Deshalb nennt man die Arterien auch Schlagadern.

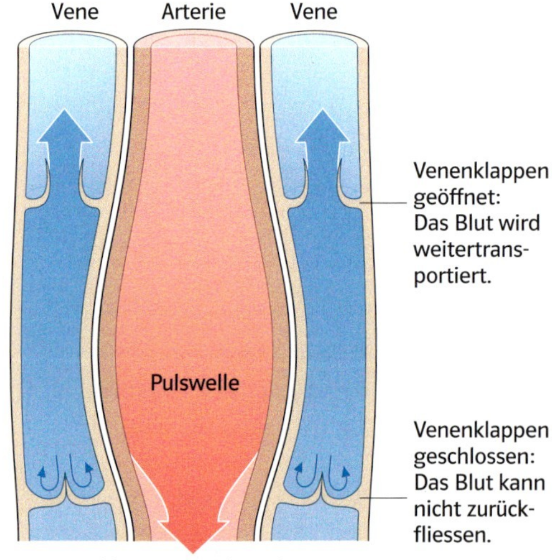

2 Venenklappen machen die Venen zu Einbahnstrassen.

Die **Aorta** ist die grösste Arterie des Körpers. Bei Erwachsenen kann sie einen Durchmesser von etwa drei Zentimetern haben. Die Arterien verzweigen sich immer weiter und werden dabei immer feiner und dünner. In den Organen sind die Blutgefässe so fein, dass nur noch ein rotes Blutkörperchen hindurchpasst. Das Blut fliesst hier deshalb sehr langsam. Diese haarfeinen Blutgefässe heissen ↗**Kapillaren** [B1 (unten), B3]. Ihre Wände sind so dünn, dass hier der Austausch von Sauerstoff und Kohlenstoffdioxid zwischen ↗Blut und ↗Organen stattfinden kann.

Wenn das Blut den Sauerstoff abgeliefert hat, fliesst es in den ↗**Venen** zum Herzen zurück. Die Venen besitzen dünnere Wände als die Arterien. In ihnen wird das Blut unter geringerem Druck zum Herzen transportiert. **Venenklappen** machen die Venen zu «Einbahnstrassen»: Das Blut kann nicht zurückfliessen [B2].

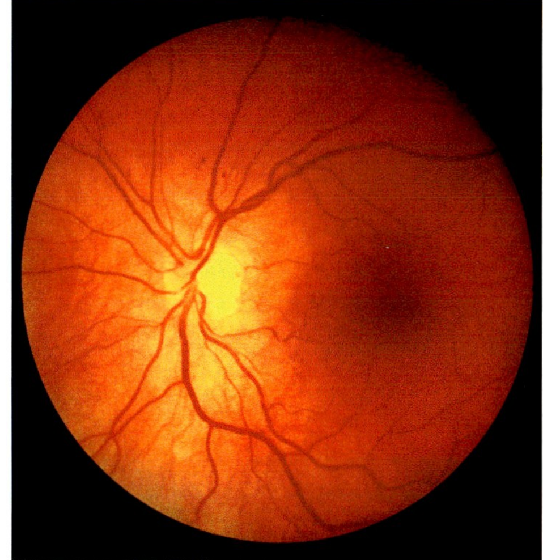

3 Kapillaren sind feinste Blutgefässe, die auch unsere Augen mit Sauerstoff versorgen.

Das Herz, die Blutgefässe und das Blut bilden zusammen den Blutkreislauf. Der Blutkreislauf kann unterteilt werden in den Lungenkreislauf und den Körperkreislauf.
Arterien, Venen und Kapillaren sind verschiedene Typen von Blutgefässen.

AUFGABEN

1 △ Was transportieren Arterien zu den Organen des Körpers? Was transportieren Venen vom Körper zurück zum Herzen? Notiere.

2 ▲ Erkläre anhand der Bilder 1 und 2 den unterschiedlichen Aufbau der Arterien, Venen und Kapillaren. Notiere 3–4 Sätze.

3 □ Arbeitet zu zweit. Beschreibt einander mithilfe von Bild 1 den Weg des Blutes durch den Körper. Beginnt in der linken Herzkammer. Verwendet die Fachbegriffe aus dem Text (fettgedruckt) und aus Bild 1.

4 ■ Spielt in der Klasse ein Modell zum Blutkreislauf:
a) Steckt feste Bereiche für die Lunge, das Gehirn und das Herz am Schulzimmerboden ab. Markiert alle nötigen Blutgefässe am Schulzimmerboden.
b) Teilt die Klasse in Spielertypen ein:
Typ 1: 10 bis 15 Schülerinnen oder Schüler spielen Blut. Sie dürfen sich im Schulzimmer bewegen und tragen zu Spielbeginn entweder Kohlenstoffdioxid (blaue Zettel) oder Sauerstoff (rote Zettel) mit sich.
Typ 2: 2 Schülerinnen oder Schüler befinden sich an einem fest abgesteckten Ort, der die Lunge darstellt. Sie haben zu Beginn des Spiels Sauerstoff und tauschen diesen nach und nach gegen Kohlenstoffdioxid.
Typ 3: 2 Schülerinnen oder Schüler befinden sich an einem zweiten fest abgesteckten Ort, der das Gehirn darstellt. Sie haben zu Beginn Kohlenstoffdioxid und tauschen diesen danach gegen Sauerstoff.
c) Diskutiert: Was zeigt das Modell gut? Was zeigt das Modell weniger gut? Was könnte man verbessern?

Die Haut

Die **Haut** eines erwachsenen Menschen hat eine Fläche von etwa 2 m^2. Sie wiegt etwa 10 kg. Sie ist damit unser grösstes Organ. Die Haut grenzt deinen Körper nach aussen hin ab. Sie ist eine schützende Barriere zwischen deinem Körper und deiner Umwelt. Zugleich nimmst du über die Haut deine Umwelt wahr.

Die Haut ertastet die Umwelt

Du spürst den Stuhl, auf dem du sitzt, oder den Wind, der über deine Wange streicht. Mit deinen Händen kannst du Gegenstände ertasten. Man bezeichnet die Haut deshalb auch als «Tastorgan». In der Haut liegen viele **Sinnesempfänger**, durch die wir unsere Umwelt wahrnehmen.

Die Haut hat viele Aufgaben

Die Haut umgibt den Körper als schützende Hülle. Sie hält Kälte und Hitze ab. Zudem bewahrt sie den Körper vor dem Austrocknen. Sie bildet eine Barriere gegenüber Fremdkörpern und Krankheitserregern. Die Haut schützt uns auch vor Druck, vor Stössen

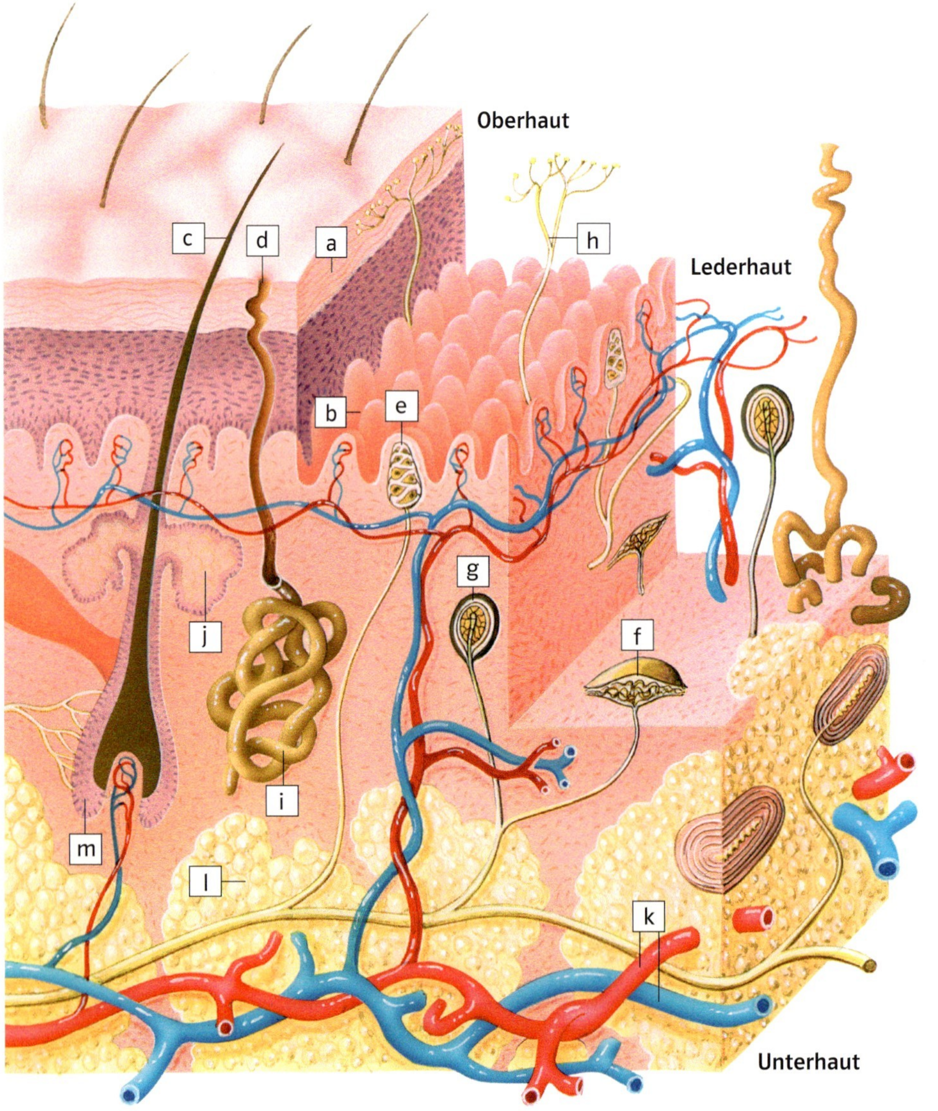

a Hornschicht
b Pigmentschicht
c Haar
d Pore
e Tastkörperchen
f Wärmekörperchen
g Kältekörperchen
h freie Nervenenden
i Schweissdrüse
j Talgdrüse
k Arterie und Vene
l Unterhautfettgewebe
m Haarwurzel

1 Aufbau der menschlichen Haut

und Reibung. Haare und Fingernägel werden von der Haut gebildet. Sie sind ein zusätzlicher Schutz.
Die Haut ist nicht nur ein Sinnesorgan und eine Schutzhülle. Sie hat noch weitere Aufgaben. Die **Schweissdrüsen** in der Haut helfen zum Beispiel mit, die Körpertemperatur zu regulieren. Die Fettpolster in der Haut dienen als Energiereserve.

Die Schichten der Haut

Deine Haut besteht aus drei Schichten: Oberhaut, Lederhaut und Unterhaut [B1].

Die **Oberhaut** bildet die äusserste Grenze zwischen dir und deiner Umwelt. Zuäusserst in der Oberhaut liegt die **Hornschicht**. Sie besteht aus abgestorbenen, verhornten Hautzellen. Wenn du draussen viel barfuss läufst, wird die Hornschicht an deinen Füssen so dick, dass du sie gut sehen kannst. Sie schützt deine Füsse vor spitzen Steinen.

Die etwa 1 mm dicke **Lederhaut** ist reissfest und elastisch. In der Lederhaut liegen viele **Sinnesempfänger**, wie zum Beispiel die Tastkörperchen. Durch die Tastkörperchen nehmen wir Druck und Berührungen wahr. In der Haut der Fingerspitzen hat es sehr viele Tastkörperchen. Deshalb bist du dort besonders empfindlich.
Weitere Sinnesempfänger in der Lederhaut sind die Wärmekörperchen und die Kältekörperchen, durch die wir Temperaturveränderungen wahrnehmen.

Wenn wir uns verletzen, senden die freien Nervenenden unserem Gehirn ein Schmerzsignal. Das ist nötig, damit wir Verletzungen bemerken und unseren Körper schützen.

Die **Unterhaut** ist die dickste der drei Hautschichten. In ihr wird Fett eingelagert. Das Fett schützt vor Kälte und vor Stössen und Schlägen. Es dient ausserdem als Energiereserve.

Zu viel Sonne schadet

Manche Menschen liegen im Sommer stundenlang in der Sonne, damit ihre Haut braun wird. Die Farbstoffe (Pigmente) schützen deine Haut vor den im Sonnenlicht enthaltenen UV-Strahlen. Die sind schädlich für die Haut und verursachen **Sonnenbrand**. Im Laufe von Jahren kann dadurch **Hautkrebs** entstehen. Veränderungen von Hautflecken oder Muttermalen können erste Anzeichen für diese gefährliche Krankheit sein.

Die Haut ist unser grösstes Organ. Sie besteht aus der Oberhaut, der Lederhaut und der Unterhaut. Zu viel Sonne kann der Haut schaden.

AUFGABEN

1 △ **Beschreibe den Aufbau der Haut anhand von Bild 1. Notiere 3–4 Sätze.**

2 □ **«Die Haut ist unser grösstes Sinnesorgan.» Erkläre diese Aussage mithilfe von Bild 1.**

3 ◇ **Weshalb solltest du am Meer und im Hochgebirge besonders auf ausreichenden Sonnenschutz achten? Notiere deine Vermutungen in 2–3 Sätzen.**

4 ◆ **Informiere dich über Hautkrebs: Wodurch kann er entstehen und wie kannst du dich schützen? Überlege, woher du verlässliche Informationen bekommen kannst. Notiere die Ergebnisse deiner Recherche in mindestens 5 Sätzen.**

Kisam

E11 Empfindlich, oder was?
E12 Isolationswirkung von Stoffen
An welchen Stellen ist deine Haut besonders empfindlich? Und wie schützen sich Tiere vor Kälte? Erforsche das mit diesen Experimenten.

DA 2.07, DA 2.08 AB 2.11

Unser Skelett
Ich kann die Aufgaben des Skeletts erklären und die Bestandteile der Wirbelsäule nennen. (→S. 31–33)

Lernen mit Modellen
Ich kann erklären, was ein Modell ist, und beschreiben, wie sich ein Modell von der Wirklichkeit unterscheidet. (→S. 34)

Ich kann den Unterschied zwischen Sachmodell und Denkmodell erklären. (→S. 34)

Ich kann mithilfe eines Sachmodells erklären, wie Gelenke aufgebaut sind und wie sie funktionieren. (→S. 34, S. 36)

Ganz schön gelenkig
Ich kann verschiedene Gelenktypen unterscheiden. Ich kann an der Zeichnung eines Gelenks folgende Teile benennen:
- Gelenkkopf
- Gelenkpfanne
- Gelenkkapsel

(→S. 36)

Ganz schön stark
Ich kann mit einer beschrifteten Skizze zeigen, wie Skelettmuskeln aufgebaut sind und wie sie an den Knochen befestigt sind. (→S. 38)

1 Rote Blutkörperchen, weisse Blutkörperchen sowie Blutplättchen

Ich kann das Gegenspielerprinzip erklären. (→S. 39)

Atmen heisst leben
Ich kann den Aufbau einer Lunge mit einer beschrifteten Skizze erklären. Ich kann zeigen, wo der Gasaustausch stattfindet. (→S. 40–41)

Diagramme erstellen
In einem Diagramm kann ich den Minimalwert und den Maximalwert bestimmen und erklären, was diese Begriffe bedeuten. Ich kann Messwerte in ein Diagramm eintragen. (→S. 43)

Das Blut
Ich kann folgende Begriffe erklären:
- Rote Blutkörperchen
- Weisse Blutkörperchen
- Blutplättchen
- Blutplasma

(→S. 44)

Der Blutkreislauf
Auf einem Bild des Blutkreislaufs kann ich den Körperkreislauf und den Lungenkreislauf voneinander abgrenzen. (→S. 46–47)

Ich kann erklären, welche Aufgaben Körperkreislauf und Lungenkreislauf haben. (→S. 46)

Ich kann die Aufgabe des Herzens erklären. (→S. 45)

Ich kann folgende Begriffe erklären:
- Arterien
- Venen
- Kapillaren

(→S. 46–47)

Die Haut
Ich kann die drei Schichten der Haut benennen. (→S. 49)

Ich kann ausführlich darlegen, welche Aufgaben die Haut erfüllt. (→S. 48–49)

WEITERFÜHRENDE AUFGABEN

1 ☐ Das Skelett hat unterschiedliche Aufgaben. Zum einen stützt es den Körper, zum anderen schützt es die Organe. Nenne 3 Teile des Skeletts und gib an, welche der beiden Funktionen sie haben. (→S. 31)

2 ☐ Was muss nach einem Knochenbruch neu wachsen, wenn der Knochen verheilen soll? Notiere. (→S. 35)

3 ■ Entscheide für die folgenden Modelle, ob es sich um Denkmodelle oder Sachmodelle handelt.
a) ein Modell der Lungenbläschen aus Tennisbällen und Knete
b) ein Modell der Skelettmuskeln aus einem Elektrokabel
c) den Blutkreislauf als Theater spielen
(→S. 34)

4 ◆ Du hast den Auftrag, ein Modell eines Rabenvogels herzustellen. Welchen Zweck soll dein Modell erfüllen? Was zeigst du, was nicht? Notiere 3–4 Sätze und mache eine Skizze deines Modells. (→S. 34)

5 ☐ Beschreibe den Aufbau eines Skelettmuskels. Verwende dabei die Fachbegriffe. (→S. 38)

6 ☐ Nenne drei Muskeln, die arbeiten, auch wenn du dich nicht bewegst. (→S. 38)

7 ☐ Warum müssen wir atmen? Erkläre in 3–4 Sätzen die Hauptaufgaben der Atmung. (→S. 40, S. 46–47)

8 ◇ Erkläre den Blutfluss in den Venen mithilfe von Bild 2. (→S. 47)

9 ■ Erkläre in 3–4 Sätzen, wie sich die Haut an deinen Fusssohlen von deiner Gesichtshaut unterscheidet. (→S. 49)

10 ◆ In Zusammenhang mit den Lungenbläschen hast du das Prinzip der Oberflächenvergrösserung kennen gelernt. Wo kommen in der Haut Oberflächenvergrösserungen vor? Überlege, welchen Vorteil diese Oberflächenvergrösserungen haben. (→S. 40)

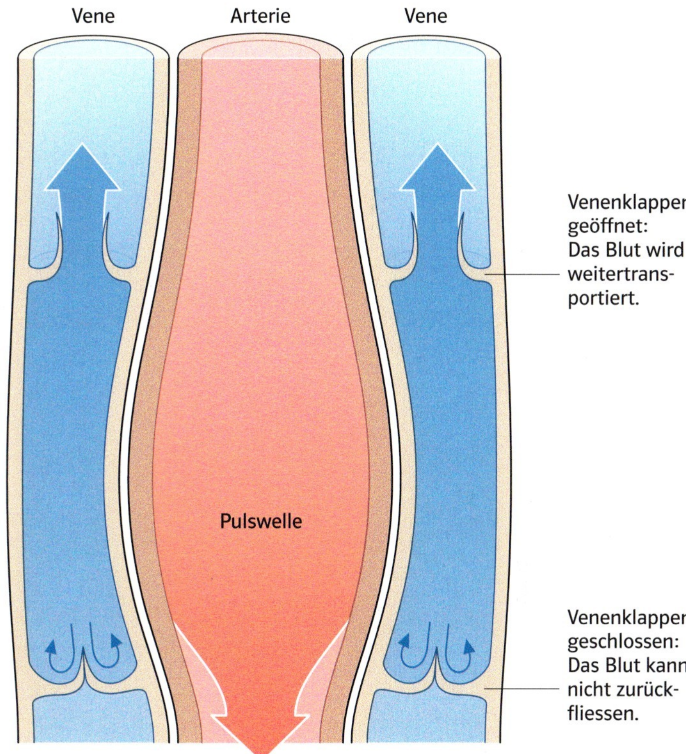

2 Erkläre den Blutfluss in den Venen.

3 Stoffe und ihre Eigenschaften

- Warum werden Löffel aus unterschiedlichen Stoffen hergestellt?
- Warum besteht ein Stromkabel aus Kupferdraht und Kunststoff?
- Warum nennen wir Rotkohl auch Blaukraut?
- Warum ist ein Liter Eis schwerer als ein Liter Wasserdampf?

1 Auch Flüssigkeiten und Gase sind Stoffe.

2 Ähnliche Gegenstände aus verschiedenen Stoffen

Der Begriff «Stoff»

Gegenstände bestehen aus festen Stoffen. Flüssigkeiten und Gase sind ebenfalls Stoffe. Stoffe unterscheiden sich in ihren Eigenschaften. Einige Stoffeigenschaften können wir mit unseren Sinnen erkennen, für andere brauchen wir Hilfsmittel.

Im Alltag verwenden wir das Wort «Stoff» für viele Dinge: zum Beispiel Hosenstoff, Klebstoff oder Unterrichtsstoff.
Anders in den Naturwissenschaften: Hier ist ein ↗Stoff zunächst einfach das Material, aus dem ein Gegenstand besteht. Eine Halskette besteht aus Silber, ein Stuhl aus Holz. Die Halskette und der Stuhl sind die Gegenstände. Das Silber und das Holz sind die Stoffe. Ähnlich besteht ein Zuckerwürfel aus dem Stoff Zucker und ein Salzkorn aus dem Stoff Kochsalz. Es gibt aber nicht nur feste Stoffe. Auch Flüssigkeiten und Gase sind Stoffe. Ein Regentropfen besteht zum Beispiel aus Wasser und die Füllung in einem Ballon besteht aus Helium [B1].

Gegenstände und Stoffe

Ein Gegenstand kann aus unterschiedlichen Stoffen gefertigt sein. Es gibt Löffel aus Holz, Kunststoff oder Metall [B2]. Umgekehrt können unterschiedliche Gegenstände aus demselben Stoff bestehen: Zum Beispiel gibt es Tische, Regale und Stühle aus dem Stoff Holz.

Stoffe haben Eigenschaften

Stoffe zeichnen sich durch ihre Eigenschaften aus: Schokolade ist süss, Zitronensaft ist sauer. Eisen ist hart, Knete ist weich. Orangensaft ist gelb, Kaffee ist schwarz. Unterschiedliche Stoffe haben unterschiedliche Eigenschaften. So sind zum Beispiel Kochsalz und Zucker beide aus farblosen Kristallen aufgebaut. Aber Zucker schmeckt süss und Kochsalz salzig.

Eigenschaften mit den Sinnen erkennen

Viele ↗Stoffeigenschaften können wir mit den Sinnen erkennen: durch Sehen, Riechen, Schmecken oder Fühlen. Mit den Sinnen können wir zum Beispiel untersuchen, welche Farbe ein Stoff hat, wie er riecht, ob er glänzt und ob er rau ist oder glatt.

Eigenschaften mit Hilfsmitteln erkennen

Löst sich Mehl in Wasser? Leitet Kupfer den elektrischen Strom? Ist Eisen magnetisch? Für diese Fragen reichen Untersuchungen mit unseren Sinnen nicht aus. Wir brauchen Hilfsmittel. Für die Frage «Löst sich Mehl in Wasser?» brauchen wir ein Glas mit Wasser, in das wir Mehl geben. Dann beobachten wir, was passiert. Für die Frage «Leitet Kupfer den elektrischen Strom?» brauchen wir eine Batterie, Kabel und ein Lämpchen. Welches Hilfsmittel brauchst du für die Frage «Ist Eisen magnetisch?» [B3]?

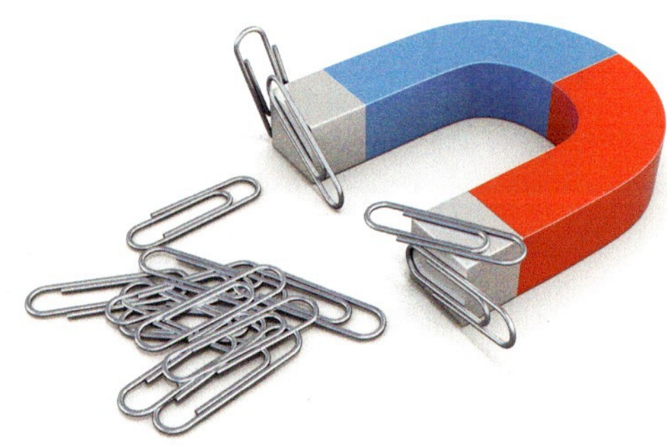

3 Magnet als Hilfsmittel zur Untersuchung von Stoffeigenschaften

Eigenschaften sicher untersuchen

Stoffe können für dich schädlich sein, zum Beispiel giftig. Du darfst im Naturwissenschaftsunterricht Stoffe nie probieren! Anfassen oder riechen darfst du nur, wenn deine Lehrerin oder dein Lehrer es erlaubt.

Stoffeigenschaften und Verwendung

Ein Küchenschwamm soll Wasser aufsaugen. Und ein Regenschirm? Der soll Wasser abweisen. Ein Regenschirm besteht deshalb aus einem anderen Stoff als ein Küchenschwamm. Möchte man einen Gegenstand herstellen, so fragt man daher zuerst: «Was soll der Gegenstand können?» Dann sucht man einen Stoff mit passenden Eigenschaften.

Ein Beispiel aus der Küche: Bei einer Pfanne soll die Wärme schnell von der Herdplatte zum Essen in der Pfanne kommen. Man braucht also einen Stoff, der Wärme gut weiterleitet. Das tun ↗Metalle (→ S. 68). Darum besteht der Boden einer Pfanne aus Metall [B4]. Aber: Man möchte sich nicht verbrennen, wenn man die Pfanne anfasst. Der Griff darf die Wärme also nicht weiterleiten. Pfannengriffe sind darum aus Kunststoff, denn Kunststoffe leiten Wärme schlecht weiter. Das Gleiche gilt für Stromkabel: Metalle sind gute Leiter für elektrischen Strom, Kunststoffe schlechte. Deswegen ist beim Stromkabel der Metalldraht von einer Hülle aus Kunststoff umgeben. Die Hülle schützt uns vor dem elektrischen Strom [B5].

Stoffe werden für unterschiedliche Zwecke eingesetzt, je nachdem welche Eigenschaften sie haben.

4 Metalle leiten Wärme gut, Kunststoffe schlecht.

5 Metalle leiten elektrischen Strom gut, Kunststoffe schlecht.

AUFGABEN

1 △ **Kennst du Beispiele für feste, flüssige und gasförmige Stoffe? Notiere je zwei Beispiele.**

2 △ **Welche Stoffeigenschaften kannst du mit den Sinnen erkennen? Für welche brauchst du Hilfsmittel? Notiere je drei Beispiele.**

3 □ **Ordne jedem Gegenstand (Tisch, Nagel, Schuh, Haarband) einen Stoff (Leder, Gummi, Eisen, Holz) zu: Zeichne dazu eine Tabelle mit zwei Spalten: links die Gegenstände, rechts die passenden Stoffe.**

4 □ **Arbeitet zu zweit. Erklärt euch gegenseitig den Aufbau einer Pfanne [B4] und den eines Stromkabels [B5].**

5 ◇ **Arbeitet zu zweit. Gegenstände können aus unterschiedlichen Stoffen bestehen: Es gibt Bälle aus Leder und Bälle aus Kunststoff. Notiert weitere Beispiele. Überlegt: Warum besteht der Gegenstand aus diesem Stoff?**

6 ◆ **«Stoffe sind alles, zum Beispiel Wasser, Luft, Kraft oder Wärme.» Stimmt das? Diskutiert zu zweit. Sucht im Text die passenden Stellen. Notiert eure Überlegungen.**

Stoffe untersuchen

1 Auf einen Blick

Material
Gegenstände aus deinem Etui, aus deinem Portemonnaie, aus deiner Schultasche (z. B. Stifte, Münzen, Radiergummi)

Experimentieranleitung
Betrachte die verschiedenen Gegenstände. Ordne sie nach ihrer Farbe, nach ihrem Glanz und nach ihrem Material.

Auftrag
a) Was fällt dir auf, wenn du die Gegenstände ordnest? Gibt es Gegenstände, die zu verschiedenen Gruppen gehören? Notiere deine Beobachtungen.
b) Gibt es Gegenstände, die ursprünglich geglänzt haben und mit der Zeit matt geworden sind? Aus welchem Material bestehen diese Gegenstände? Notiere deine Vermutungen.
c) Woran könnte es liegen, dass die Gegenstände nicht mehr glänzen? Notiere deine Vermutungen in 2–3 Sätzen.

2 Wonach riecht es?

Material
Mehrere undurchsichtige Kunststoff-Behälter mit verschiedenen Stoffproben (z. B. Zimt, Muskatnuss, Curry, Kaffeepulver, Nelken, Pfefferminze, Essig, Wasser)

Experimentieranleitung
1. Schliesse deine Augen.

2. Öffne nacheinander die Behälter und prüfe den Geruch der verschiedenen Stoffe. Fächle dazu mit der einen Hand über der Öffnung des Gefässes.

1 Geruchsprobe

! Auch wenn der Geruch sehr schwach ist, nie direkt mit der Nase an einem Behälter riechen.

3. Öffne die Augen und schaue nach, um welchen Stoff es sich handelt.

Auftrag
Welche Stoffproben konntest du problemlos und schnell erkennen? Welche nicht? Warum? Notiere deine Beobachtungen in 2–3 Sätzen.

3 Tasten und fühlen

Material
Kugeln aus verschiedenen Stoffen (z. B. Holz, Glas, Styropor®, Gummi, Eisen, Watte, Wolle), Behälter, Tuch

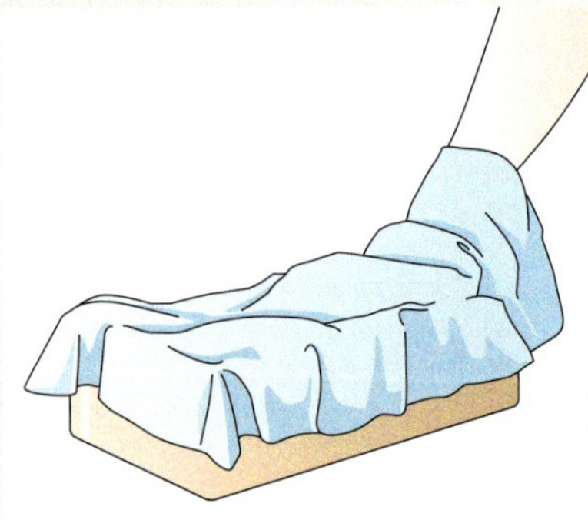

2 Tasten und fühlen

Experimentieranleitung
1. Lege die Kugeln in den Behälter. Decke den Behälter mit dem Tuch zu.

2. Taste die Gegenstände mit den Fingern ab.

3. Ordne die Gegenstände danach, ob sie sich warm oder kalt anfühlen.

4. Nimm das Tuch weg und schaue dir deine Ordnung an. Decke den Behälter wieder zu.

5. Wiederhole die Schritte 2–4. Diesmal ordnest du die Kugeln danach, ob sie sich rau oder glatt anfühlen.

6. Ordne nun die Kugeln danach, ob sie sich hart oder weich anfühlen.

Auftrag
Notiere 2–3 Sätze über die gemachten Erfahrungen.

4 Stoffe unter der Lupe

Material
Lupe oder Stereolupe (alternativ: Smartphone mit Nahlinsen-Aufsatz), schwarzes Papier, Spatel, Zucker, Kochsalz, Mehl

Experimentieranleitung
1. Lege das schwarze Papier auf das Pult oder unter die Stereolupe.

2. Streue nebeneinander je eine Spatelspitze Zucker, Kochsalz und Mehl auf das schwarze Papier. Betrachte die drei verschiedenen Proben unter der Lupe oder der Stereolupe.

3. Vergleiche die drei Proben. Was fällt dir auf? Notiere deine Beobachtungen in 2–3 Sätzen.

Auftrag
a) Skizziere einen vergrösserten Zuckerkristall und einen Kochsalzkristall.
b) Beschreibe das Aussehen der beiden Kristalle in je 2–3 Sätzen.

5 Stoffe in der Feuerprobe

Material
Eternitplatte, Gasbrenner, Schutzbrille, Tiegelzange, verschiedene Stoffproben (Papierstreifen, Holzstäbchen, Aluminiumfolie, Eisennagel, Eisenwolle, Glasstab, Magnesiastäbchen)

Experimentieranleitung
1. Betrachte die verschiedenen Stoffproben. Ordne sie danach, ob sie brennbar sind oder nicht (Stoffeigenschaft: ↗Brennbarkeit). Notiere deine Vermutungen.

2. Ergreife einen Gegenstand mit der Tiegelzange und halte ihn in die Gasflamme (max. 5 sec). Wenn der Stoff nicht brennt: Lege ihn auf die Eternitplatte zum Auskühlen. Wenn der Stoff brennt: Lasse ihn fertig brennen.

! Die Stoffe können recht lange heiss bleiben.

Auftrag
a) Vergleiche deine Vermutungen mit dem durchgeführten Experiment. Bei welchen Stoffen hast du richtig vermutet? Bei welchen nicht? Notiere die Ergebnisse des Experiments mit einer anderen Stift-Farbe.
b) Notiere weitere Beobachtungen.
c) Arbeitet zu zweit. Gibt es Stoffe, die überraschenderweise brennen? Sucht eine mögliche Erklärung und notiert sie.

6 Test mit dem Magneten

Material
Magnet, Gegenstände aus deinem Etui, aus deinem Portemonnaie, aus deiner Schultasche (z. B. Stifte, Münzen, Radiergummi)

Experimentieranleitung
1. Halte die Gegenstände nacheinander an den Magneten. Sortiere die Gegenstände nach magnetisch und nichtmagnetisch. Notiere das Ergebnis.

2. Überprüfe die aussortierten Gegenstände nochmals mit dem Magneten. Ist der ganze Gegenstand magnetisch? Oder nur ein Teil? Notiere.

Auftrag
a) Aus welchem Material besteht wohl der magnetische Teil? Notiere deine Vermutungen in 2–3 Sätzen.
b) Gibt es Teile von Gegenständen, die sehr stark auf den Magneten reagieren? Woran könnte dies liegen? Notiere deine Vermutungen in 2–3 Sätzen.

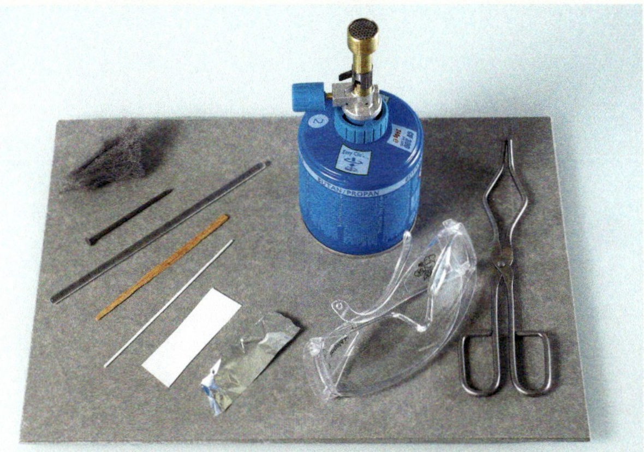

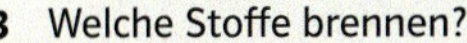

3 Welche Stoffe brennen?

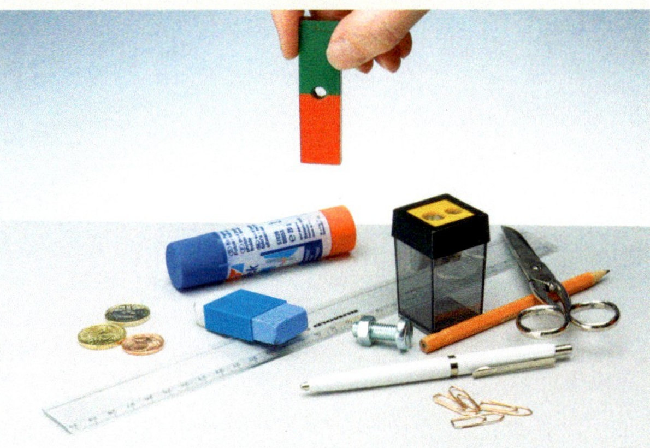

4 Welche Stoffe werden von einem Magneten angezogen?

Die Aggregatzustände

Ein Stoff kann in drei Aggregatzuständen vorkommen: fest, flüssig und gasförmig. Durch Erwärmen oder Abkühlen kann der Aggregatzustand geändert werden.

Wasser kennst du vor allem als Flüssigkeit. Manchmal ist es aber auch fest oder gasförmig. Im Winter gefriert das Wasser in den Pfützen zu festem **Eis**. Im Sommer dagegen verdunstet es aus den Pfützen. Es wird gasförmig und verteilt sich als **Wasserdampf** in der Luft.
Fest, flüssig und gasförmig nennt man die drei ↗**Aggregatzustände**.

Von flüssig zu fest und zurück

Wenn du Eiswürfel brauchst, stellst du flüssiges Wasser ins Tiefkühlfach. Das flüssige Wasser gefriert und wird fest. Man sagt: Es **erstarrt**. Nimmst du nun einen Eiswürfel in die warme Hand, dann wird er wieder zu flüssigem Wasser. Das Eis **schmilzt** [B1].

Von flüssig zu gasförmig und zurück

Wenn du Wasser für Teigwaren erhitzt, fängt es nach einiger Zeit an zu kochen. In den Naturwissenschaften sagt man: Das Wasser siedet. Dabei **verdampft** das flüssige Wasser. Es wird gasförmig und verteilt sich als Wasserdampf in der Küche. Nach einiger Zeit sind die Fensterscheiben beschlagen: Es haben sich winzige Tropfen aus flüssigem Wasser gebildet. Der gasförmige Wasserdampf ist an den kälteren Fensterscheiben flüssig geworden. Er ist **kondensiert** [B1].

Auch andere Stoffe können ihren Aggregatzustand ändern. Bei einer brennenden Kerze kannst du alle drei Aggregatzustände gleichzeitig beobachten: Das feste Kerzenwachs schmilzt und wird flüssig. Das flüssige Wachs steigt den Docht hoch und verdampft zu gasförmigem Wachsdampf. Was bei der Kerze brennt, ist dieser gasförmige Wachsdampf über dem Docht.

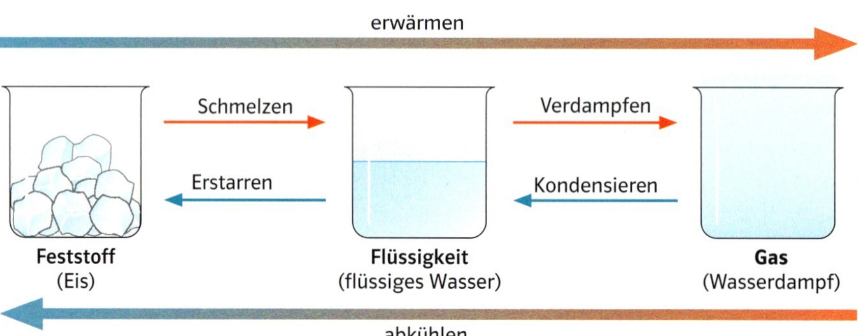

1 Änderung der Aggregatzustände

AUFGABEN

1 △ **Arbeitet zu zweit. Schreibt die fett gedruckten Fachbegriffe (z. B. erstarrt; erstarren) aus dem Text auf ein Blatt Papier. Erklärt euch abwechselnd, was die Wörter bedeuten.**

2 □ **Arbeitet zu zweit. Schaut euch Bild 1 an. Beschreibt euch gegenseitig: Wie wird Eis zu Wasserdampf und Wasserdampf wieder zu Eis? Benutzt die Fachbegriffe.**

3 ◇ **a) Informiert euch zu zweit im Internet: Was bedeuten die Begriffe «Sublimieren» und «Resublimieren» bei den Aggregatzuständen? Schreibt für jeden Begriff eine kurze Erklärung und notiert Beispiele.**
◇ **b) Zeichnet eine ähnliche Abbildung wie Bild 1. Ergänzt die Übergänge «Sublimieren» und «Resublimieren».**

E15 Siedend heiss
E16 Dahinschmelzen
Bei welcher Temperatur siedet Wasser und bei welcher Kerzenwachs? Finde es heraus!

 DA 3.01, DA 3.02

Schmelz- und Siedetemperatur bestimmen

1 Sieden von Wasser
(Kisam E15)

Material
Schutzbrille, Eternitplatte, Gasbrenner, Dreibein, Drahtgewebe, Becherglas (250 ml), destilliertes Wasser, 2 Siedesteinchen, Thermometer, Stoppuhr

1 Bestimmen der Siedetemperatur

Experimentieranleitung
1. Baue das Experiment wie in Bild 1 auf. Fülle das Becherglas zur Hälfte mit destilliertem Wasser und gib die Siedesteinchen hinzu.

2. Zeichne eine Tabelle mit zwei Spalten (Zeit *t* und Temperatur T).

3. Halte das Thermometer schräg in das Wasser im Becherglas und lies die Temperatur ab. Notiere die Zeit und die Temperatur in der Tabelle.

4. Erwärme das Wasser mit der blauen Brennerflamme (Vorsicht, heisser Wasserdampf!).

5. Lies alle 20 Sekunden die Temperatur ab und notiere die Messergebnisse in der Tabelle.

6. Das Experiment ist beendet, wenn die Temperatur 2 Minuten lang ungefähr gleich bleibt.

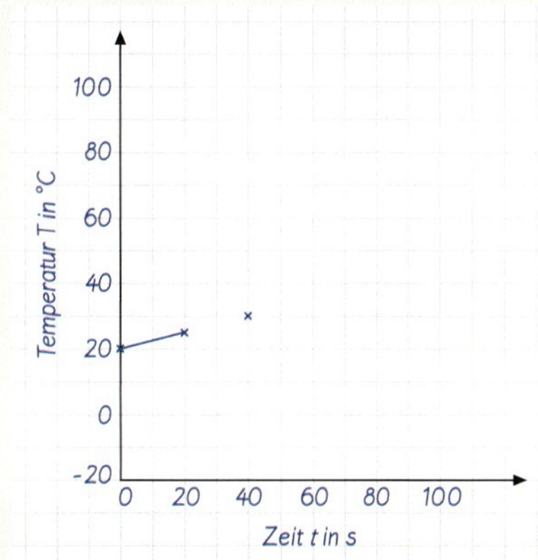

2 Temperatur-Zeit-Diagramm

Auftrag
a) Zeichne ein Temperatur-Zeit-Diagramm wie in Bild 2. Übertrage die Messwerte aus der Tabelle und verbinde die Punkte.
b) Was fällt dir an deiner Temperaturkurve auf? Beschreibe sie in 2–3 Sätzen.
c) Bei welcher Temperatur siedet das Wasser bei deinem Experiment? Woran erkennst du das? Beschreibe in 2–3 Sätzen.
d) Vergleicht die Werte in der Klasse. Was stellt ihr fest?
e) Als Richtwert gilt: Die ↗Siedetemperatur von Wasser liegt bei 100 °C. Aus welchen Gründen liegt der Wert bei euren Experimenten tiefer oder höher? Diskutiert in der Klasse.

2 Schmelzen von Wachs
(Kisam E16)

Material
Schutzbrille, Becherglas (250 ml), Reagenzglashalter, Reagenzglas, Kerze, Messer, Schneidebrett, Thermometer, kochendes Wasser, Stoppuhr

Experimentieranleitung
1. Baue das Experiment auf wie in Bild 3.

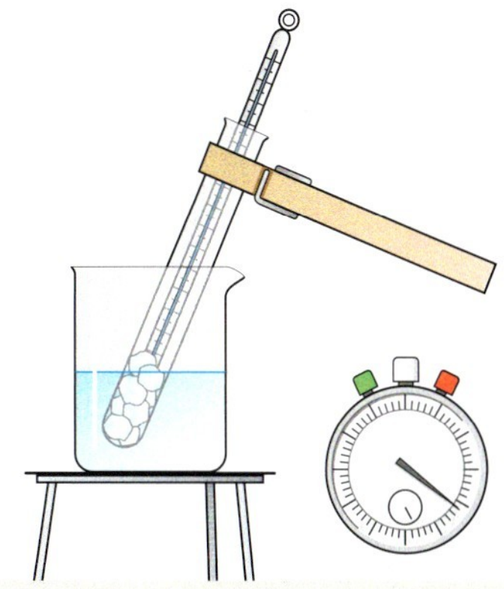
3 Bestimmen der ↗Schmelztemperatur

2. Fülle das Reagenzglas zur Hälfte mit klein geschnittenem Kerzenwachs. Stelle das Thermometer in das Reagenzglas.

3. Zeichne eine Tabelle mit zwei Spalten (Zeit *t* und Temperatur T).

4. Fülle das Becherglas zur Hälfte mit siedendem Wasser.

5. Lies alle 20 Sekunden die Temperatur ab und notiere die Messergebnisse in der Tabelle.

6. Wenn das Kerzenwachs vollständig geschmolzen ist, misst und notierst du noch 2 Minuten weiter. Danach ist das Experiment beendet.

Auftrag
a) Zeichne ein Temperatur-Zeit-Diagramm wie in Bild 2. Übertrage die Messwerte aus der Tabelle und verbinde die Punkte.
b) Was fällt dir an deiner Temperaturkurve auf? Beschreibe sie in 2–3 Sätzen.
c) Bei welcher Temperatur schmilzt Kerzenwachs? Welcher Begriff könnte dazu passen? Notiere.

→ AB 3.02, AB 3.03

Verschwindet Zucker in Wasser?

Einige Stoffe lösen sich in Wasser auf, andere nicht. Es gibt sogar Stoffe, die kann man «löffelweise» in Wasser verschwinden lassen.

1 Welche Stoffe lösen sich?

Material

Reagenzglashalter, 3 Reagenzgläser, 3 Stopfen für die Reagenzgläser, Spatel, Pipette, Zucker, Pflanzenöl, Mehl, Wasser

Experimentieranleitung

1. Fülle die Reagenzgläser etwa 3 cm hoch mit Wasser. Stelle die Reagenzgläser in den Reagenzglashalter.

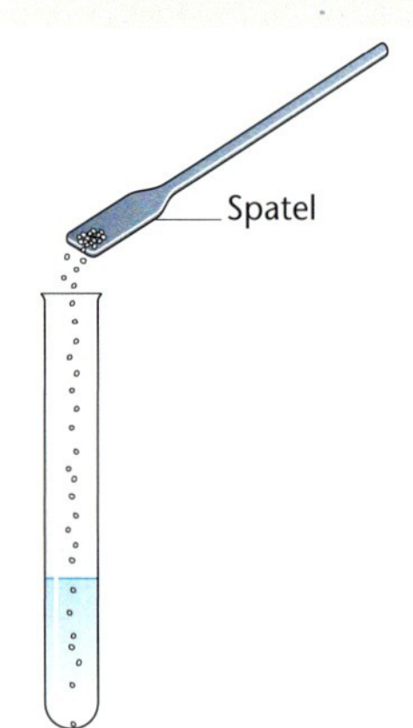

1 Lösen von Zucker und Kochsalz

2. Gib in das erste Reagenzglas eine Spatelspitze Zucker wie in Bild 1. Verschliesse das Reagenzglas mit dem Stopfen. Schüttle es 10 Sekunden und stelle es wieder in den Reagenzglashalter.

3. Wiederhole den Vorgang: Gib in das zweite Reagenzglas Mehl und in das dritte Pflanzenöl. Verwende die Pipette für das Pflanzenöl.

Auftrag

a) Vergleiche die drei Reagenzgläser. Was stellst du fest? Mache eine Skizze der drei Reagenzgläser und von deren Inhalt. Beschreibe deine Beobachtungen in 2–3 Sätzen.
b) Welche der Stoffe sind wasserlöslich, welche nicht? Notiere.

2 Die Löslichkeit von Kochsalz und Zucker in Wasser

Material

Becherglas (250 ml), 2 Reagenzgläser, 2 Stopfen für die Reagenzgläser, Messzylinder, Spatel, Waage, Kochsalz, Zucker, Wasser

Experimentieranleitung

1. Fülle in ein Reagenzglas 10 ml Wasser.

2. Stelle das Reagenzglas auf die Waage. Notiere den angezeigten Wert.

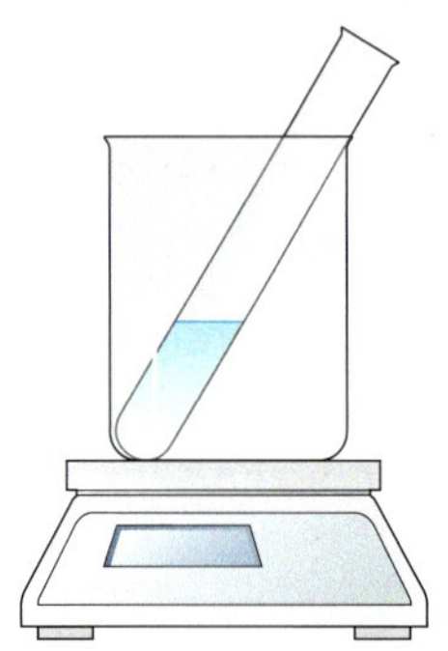

2 Wägen

3. Gib mit dem Spatel eine kleine Portion Kochsalz ins Wasser [B1]. Verschliesse das Reagenzglas mit dem Stopfen und schüttle es kräftig, bis sich das Kochsalz gelöst hat.

4. Gib eine weitere (kleine) Portion Kochsalz hinzu und schüttle das Reagenzglas wieder. Wiederhole den Vorgang so lange, bis sich trotz kräftigen Schüttelns kein Kochsalz mehr löst und am Boden des Reagenzglases einige Kochsalzkristalle zurückbleiben.

5. Wäge das Reagenzglas (ohne Stopfen) erneut und notiere den gemessenen Wert.

6. Wiederhole das Experiment mit Zucker.

Auftrag

a) Subtrahiere den ersten Messwert vom zweiten Messwert. Der berechnete Wert gibt an, wie viel Gramm Kochsalz beziehungsweise Zucker sich in 10 ml Wasser gelöst haben.
b) Berechne, wie viel Gramm Kochsalz und wie viel Gramm Zucker sich in 100 ml Wasser lösen würden.
c) Vergleiche die Ergebnisse von Kochsalz und Zucker. Was stellst du fest? Notiere deine Feststellung in einem Satz.

 → AB 3.04 I + II

Die Löslichkeit

Gibt man Zucker in Wasser, so scheint der Zucker nach einiger Zeit zu verschwinden [B2]. Wenn man die Flüssigkeit probiert, schmeckt sie jedoch süss. Der Zucker ist also nicht verschwunden. Er hat sich im Wasser nur so fein verteilt, dass man ihn nicht mehr sehen kann. Der Zucker hat sich im Wasser **gelöst**. Auch Kochsalz oder Gase (z. B. Sauerstoff) lösen sich in Wasser. Wasser ist ein gutes ↗**Lösungsmittel** für viele Stoffe.

Die Löslichkeit ist eine messbare Stoffeigenschaft

Was löst sich besser in Wasser: Kochsalz oder Zucker? Um zu testen, wie gut sich ein Stoff in Wasser löst, macht man folgenden Test: Man misst, wie viel Gramm sich von einem Stoff in 100 ml Wasser lösen (→ Experiment 2). Dazu gibt man 100 ml Wasser in ein Becherglas und wägt es. Dann gibt man ein wenig von dem Stoff, zum Beispiel Kochsalz, in das Becherglas und rührt um. Löst sich das Kochsalz auf, gibt man etwas mehr dazu und rührt wieder um. Dies macht man so lange, bis sich das Kochsalz nicht mehr löst und etwas Kochsalz am Boden des Becherglas liegen bleibt. Das Kochsalz am Boden nennt man **Bodensatz**. Am Schluss kannst du das Becherglas noch einmal wägen und so feststellen, wie viel Gramm Kochsalz sich im Wasser gelöst haben.

In der Tabelle in Bild 1 ist die ↗**Löslichkeit** von verschiedenen Stoffe in 20 °C warmem Wasser angegeben. Hier kannst du ablesen, dass sich Zucker viel besser in Wasser löst als Kochsalz. In 100 ml Wasser lösen sich 204 g Zucker, aber nur 36 g Kochsalz.

Stoff	Löslichkeit g/100 ml Wasser
Zucker	204
Kochsalz	36
Gips	0,2
Kalk	0,001

1 Löslichkeit von Stoffen in Wasser bei 20 °C

Nicht alle Stoffe lösen sich in Wasser

Was passiert, wenn du Olivenöl in Wasser gibst (→ Experiment 1)? Das Öl schwimmt obenauf [B3]. Wenn du umrührst, verteilen sich sichtbare Öltröpfchen im Wasser. Nach einiger Zeit schwimmt das Öl wieder auf dem Wasser. Öle und Fette lösen sich nicht in Wasser. Sie lösen sich dafür in anderen Lösungsmitteln, zum Beispiel in Benzin.

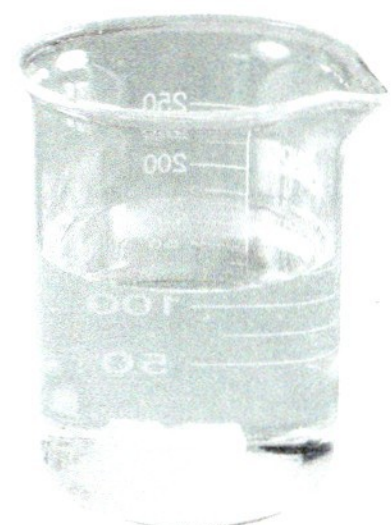

2 Zucker löst sich in Wasser.

3 Öl löst sich nicht in Wasser.

Die Löslichkeit ist eine messbare Stoffeigenschaft. Flüssigkeiten, in denen sich andere Stoffe lösen, heissen Lösungsmittel.

AUFGABEN

1 △ Notiere drei Stoffe, die sich in Wasser lösen, und einen, der sich nicht in Wasser löst.

2 △ Notiere je ein gutes Lösungsmittel für Zucker und Öl.

3 □ Wie kann man die Löslichkeit von Kochsalz messen? Plane dazu ein Experiment (→S. 23, Methode «Ein Experiment planen»).

4 □ Was bedeutet das Wort «Bodensatz»? Mache eine Skizze. Tauscht euch zu zweit aus und erklärt euch gegenseitig eure Skizzen. Verwendet dabei die Begriffe «Lösungsmittel», «lösen» und «Bodensatz».

5 ◇ Lea gibt 20 g Kochsalz in 100 ml Wasser und rührt um. Leon gibt 40 g Kochsalz in 100 ml Wasser und rührt um. Was beobachten Lea und Leon?
a) Stellt zu zweit eine Vermutung auf. Schaut euch dazu die Tabelle in Bild 1 an. Notiert eure Überlegungen.
b) Überprüft eure Vermutung mit einem Experiment.

E17 Lösende Wärme
Kann in warmem Wasser mehr Zucker gelöst werden als in kaltem Wasser? Überprüfe es.

Alles sauer?

1 Wie sauer sind Obst und Gemüse?

Material

Messer, Indikatorpapier, verschiedenes Obst und Gemüse (z. B. Zitrone, Apfel, Tomate, Gurke)

Experimentieranleitung

1. Ordne Obst und Gemüse nach dem vermuteten Säuregehalt. Mach dir Notizen.

2. Schneide das Obst und Gemüse auf und gib jeweils einen Tropfen davon auf ein Stück Indikatorpapier. Ist die Probe zu trocken, kannst du sie zerreiben und einen Brei herstellen.

Auftrag

a) Beobachte die Farbreaktion auf dem Indikatorpapier und bestimme für jede Probe den pH-Wert.
b) Vergleiche die Werte mit deiner Vermutung. Notiere das Ergebnis des Experiments mit einer anderen Stift-Farbe.
c) Ordne das Obst und Gemüse aufgrund deiner Ergebnisse in sauer, basisch und neutral. Lege dazu eine Tabelle an. Was stellst du fest? Diskutiert eure Ergebnisse zu zweit.

2 Rotkohlsaft herstellen

(Kisam E18)

Material

Schutzbrille, Eternitplatte, Gasbrenner, Dreibein, Drahtgewebe, 2 Bechergläser (250 ml), Trichter, Messzylinder, Filterpapier, Schere, frische Rotkohlblätter, Wasser

Experimentieranleitung

1. Baue das Experiment auf wie in Bild 1 (links). Schneide die Rotkohlblätter in feine Streifen. Gib die Streifen in das Becherglas und bedecke sie mit Wasser.

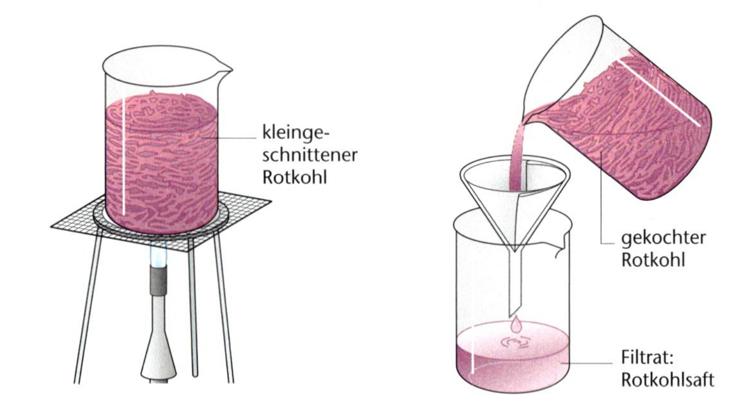

1 Rotkohl wird gekocht und anschliessend filtriert.

2. Erhitze das Gemisch und koche den Inhalt, bis die Flüssigkeit intensiv gefärbt ist. Lass das Gemisch abkühlen.

3. Filtriere die Lösung in das zweite Becherglas [B1, rechts].

3 Experimentieren mit Indikatoren

(Kisam E19)

Material

Flüssige Haushaltprodukte (z. B. Speiseessig, Cola, Waschmittel), Reagenzgläser mit Stopfen, Reagenzglasgestell, Pipette, Folienstift, Universalindikator-Flüssigkeit, frischer Rotkohlsaft aus Experiment 1

Experimentieranleitung

1. Stelle Lösungen von verschiedenen Haushaltprodukten her.

2. Fülle sie in jeweils 2 Reagenzgläser ab. Beschrifte die Reagenzgläser.

3. Gib in jeweils eines der beiden Reagenzgläser etwa 2 ml Rotkohlsaft.

4. Gib in das zweite Reagenzglas jeweils 3 Tropfen des Universalindikators.

5. Verschliesse die Reagenzgläser mit einem Stopfen und schüttle sie, bis eine deutliche Farbänderung zu erkennen ist.

Auftrag

a) Ordne die Reagenzgläser nach ihrem pH-Wert. Bild 1 (gegenüber) hilft dir bei der Zuordnung. Lösungen mit dem gleichen Haushaltprodukt bleiben nebeneinander.
b) Erstelle eine Tabelle. Trage die Namen, Farben sowie die pH-Werte der Lösungen ein.
c) Vergleiche die Ergebnisse der beiden Indikatoren.

2 Rotkohlsaft ändert seine Farbe.

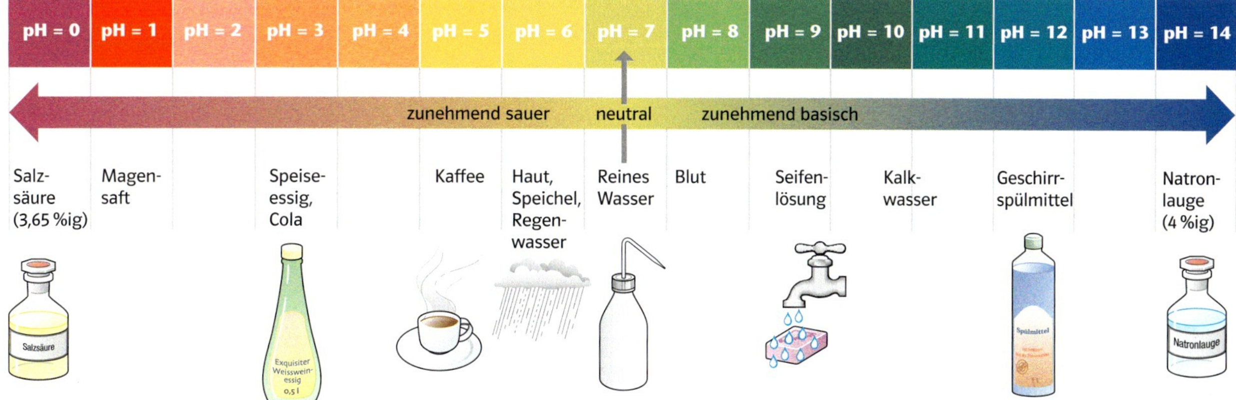

1 pH-Werte einiger Lösungen und ihre Farben mit Universalindikator

pH-Wert und Indikatoren

Im Alltag sagen wir, eine Zitrone schmeckt «sauer». Was versteht man in der Chemie unter «sauer»?

Sauer, basisch, neutral

Rotkohlsaft ist lila. Gibst du Zitronensaft oder Essig hinzu, dann ändert der Rotkohlsaft seine Farbe: Er wird rötlich. ↗Lösungen, die Rotkohlsaft rötlich färben, nennt man ↗**sauer**.

Andere Lösungen, wie zum Beispiel Lösungen von Kernseife, Natron und von einigen Waschmitteln, färben Rotkohlsaft blau bis grün. Lösungen mit dieser Eigenschaft nennt man ↗**basisch**. Das Gegenteil von «sauer» ist in der Chemie demnach nicht «süss», sondern «basisch». Gibst du Wasser zu Rotkohlsaft, so bleibt der Saft lila. Wasser ist weder sauer noch basisch. Wasser ist ↗**neutral**.

Indikatoren

Im Rotkohlsaft ist ein Farbstoff, der seine Farbe ändern kann – je nachdem ob eine Lösung sauer oder basisch ist. Solche Farbstoffe heissen ↗**Indikatoren.**

Universalindikator und pH-Wert

In Labors verwendet man oft ↗Universalindikator. Universalindikator ist ein Gemisch von Indikatoren. Er zeigt mit verschiedenen Farben an, wie sauer oder basisch eine Lösung ist.

Den Farben sind Zahlen von 1 bis 14 zugeordnet. Die Zahlen geben den ↗pH-Wert einer Lösung an. Eine neutrale Lösung hat den pH-Wert 7. Eine saure Lösung hat einen pH-Wert kleiner als 7. Eine basische Lösung hat einen pH-Wert grösser als 7 [B1].

Indikatoren sind Farbstoffe, die anzeigen, ob eine Lösung sauer, neutral oder basisch ist. Der pH-Wert gibt an, wie sauer oder basisch eine Lösung ist. Je kleiner der pH-Wert, desto saurer ist eine Lösung. Eine neutrale Lösung hat den pH-Wert 7.

AUFGABEN

1 △ **Notiere je zwei Beispiele für saure und basische Lösungen. Notiere zu jedem Beispiel, ob der pH-Wert kleiner als 7 (<7) oder grösser als 7 (>7) ist.**

2 ☐ **Welche Farbe hat Universalindikator in stark sauren, in neutralen und in stark basischen Lösungen? Zeichne eine Merkhilfe.**

3 ☐ **Arbeitet zu zweit. Erklärt euch gegenseitig die Begriffe «Indikator» und «pH-Wert». Benutzt Beispiele.**

4 ◇ **Schaut euch zu zweit Bild 1 an. Bei welchen Stoffen hättet ihr einen anderen pH-Wert erwartet? Wozu würdet ihr gerne mehr wissen? Macht euch Notizen.**

5 ◆ **Arbeitet zu zweit. Informiert euch im Internet, was «pH-hautneutrale Seifen» sind. Macht euch Notizen und tauscht euch in der Klasse aus.**

E18 Rot oder blau?
E19 Alles sauer?
Welche Farbe hat Rotkohlsaft? Und sind wirklich alle Früchte sauer? Finde es heraus.

AB 3.05 I + II

Einen Stoff-Steckbrief erstellen

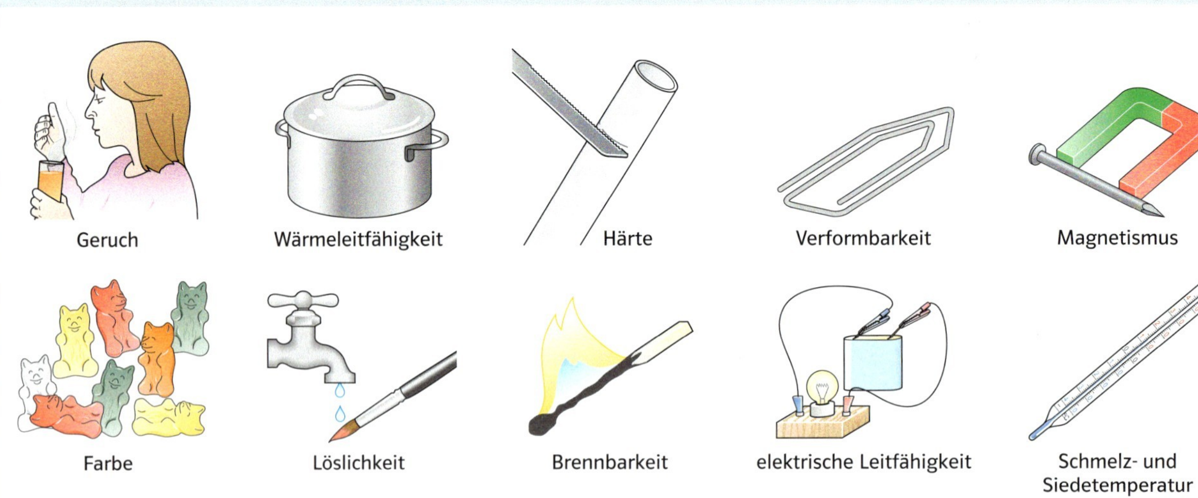

1 Um einen Stoff zu beschreiben, kannst du viele unterschiedliche Stoffeigenschaften nutzen.

Stoffeigenschaften untersuchen

Jeder Stoff hat bestimmte, charakteristische Eigenschaften [B1]. Diese ↗Stoffeigenschaften kannst du untersuchen, um einen Stoff zu beschreiben oder um unbekannte Stoffe zu identifizieren.

Einen Stoff-Steckbrief schreiben

Wenn du einen Stoff untersuchst, kannst du deine Ergebnisse in einem Stoff-Steckbrief [B2] festhalten. Im Steckbrief wird zuerst der Name des Stoffs angegeben. Handelt es sich um einen unbekannten Stoff, kannst du den Platz zunächst frei lassen. Dann werden untereinander die untersuchten Eigenschaften notiert. Bei jeder Eigenschaft wird das Ergebnis des Experiments eingetragen.

Unbekannte Stoffe identifizieren

Wenn du einen Stoff identifizieren willst, kannst du die gefundenen Eigenschaften des unbekannten Stoffs mit den Eigenschaften bekannter Stoffe vergleichen. Angaben zu Stoffeigenschaften findest du in Chemiebüchern, im Internet oder in einem Lexikon. Stimmen alle Eigenschaften überein, dann handelt es sich um den gleichen Stoff. Durch diesen Vergleich kannst du den Namen des unbekannten Stoffs herausfinden.

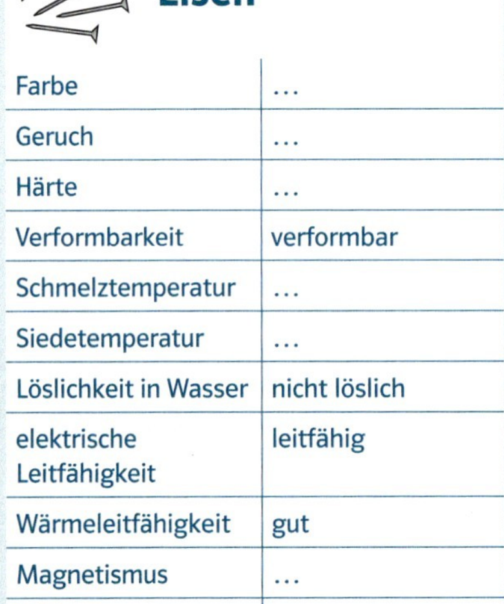

Eisen

Farbe	…
Geruch	…
Härte	…
Verformbarkeit	verformbar
Schmelztemperatur	…
Siedetemperatur	…
Löslichkeit in Wasser	nicht löslich
elektrische Leitfähigkeit	leitfähig
Wärmeleitfähigkeit	gut
Magnetismus	…
Dichte	…

2 Welche Stoffeigenschaften hat Eisen?

AUFGABEN

1 △ **Erstelle eine Liste mit Stoffeigenschaften, die du für einen Steckbrief selber untersuchen kannst.**

2 ◇ **Schreibe den Steckbrief in Bild 2 ab. Ergänze die fehlenden Angaben mithilfe eines Lexikons oder des Internets.**

3 ◇ **Erstelle einen Steckbrief zu einem selbst gewählten Stoff, jedoch ohne den Stoff zu benennen. Lass jemand anderen aus der Klasse herausfinden, um welchen Stoff es sich handelt.**

Stoffen auf der Spur

1 Wer ist der Täter?

Ihr arbeitet als Team bei der Polizei und helft bei der Spurensuche. In eurem Labor untersucht ihr Stoffproben, um Verbrechen aufzuklären. Eure Lehrerin oder euer Lehrer ist eure Chefin/euer Chef.

Bei einem Hauseinbruch wird am Tatort ein unbekanntes weisses Pulver gefunden. Die Polizei hat vier Verdächtige festgenommen, bei denen ebenfalls ein unbekanntes weisses Pulver gefunden wurde. Die Polizei übergibt euch die Stoffproben der Verdächtigen. Euer Auftrag ist es, zu jeder Stoffprobe einen Stoff-Steckbrief zu erstellen und herauszufinden, wer der Dieb ist.

1 Wer ist der Dieb?

Material

Schutzbrille, Eternitplatte, Gasbrenner, Becherglas (250 ml), Reagenzglashalter, 4 Reagenzgläser mit Stopfen, Messzylinder, Metallspatel, Waage, Indikatorpapier, Pipette, Lupe oder Stereolupe (alternativ: Smartphone mit Nahlinsen-Aufsatz), schwarzes Papier, Wasser, unbekannte weisse Pulver der vier Verdächtigen, unbekanntes weisses Pulver des Tatorts

Experimentieranleitung

1. Plant in eurem Team, wie ihr die Stoff-Steckbriefe erstellen wollt. Fragt euch dazu: Welche Experimente müssen wir machen? Welches Material benötigen wir dazu? Welche Sicherheitsaspekte müssen wir beachten? Wie teilen wir die Arbeit im Team auf? Schaut zur Kontrolle auf den vorangehenden Seiten des Buches und euren Experimentierprotokollen nach. Notiert die geplante Vorgehensweise.

2. Wenn ihr euer Experiment geplant habt, stellt die Vorgehensweise einem anderen Team vor. Diskutiert über mögliche Schwierigkeiten und verbessert die geplanten Experimente.

3. Sobald ihr das Einverständnis eurer Chefin/eures Chefs habt, führt ihr die Experimente durch. Vergesst nicht, eure Arbeit zu dokumentieren. Führt dazu Experimentierprotokolle.

Auftrag

a) Erstellt zu jeder der vier Stoffproben der Verdächtigen einen Stoff-Steckbrief. Wenn ihr die Steckbriefe erstellt habt, bekommt ihr von eurer Chefin oder eurem Chef die Stoffprobe des Tatorts.
b) Vergleicht die Stoffprobe des Tatorts mit den Stoff-Steckbriefen.
c) Wer ist der Täter?
d) Könnt ihr die weissen Stoffe benennen?

Die Dichte

Die Dichte ist eine messbare Stoffeigenschaft. Sie beschreibt, wie schwer ein bestimmtes Volumen eines Stoffs ist. Die Dichte berechnet sich als Masse geteilt durch Volumen ($\rho = \frac{m}{V}$).

Einige Stoffe fühlen sich schwer an, andere leicht. Dies liegt an der ↗**Dichte** der Stoffe. Was ist die Dichte? Und wie kannst du sie bestimmen?

Eine messbare Stoffeigenschaft

Die Würfel in Bild 1 sind alle gleich gross. Sie haben somit alle das gleiche ↗**Volumen**. Die Würfel unterscheiden sich aber in ihrer ↗**Masse**, denn sie bestehen aus unterschiedlichen Stoffen. Jeder Stoff hat eine für ihn typische Masse. Der Fachbegriff für diese Stoffeigenschaft ist die **Dichte**. Die Dichte beschreibt, wie schwer ein bestimmtes Volumen eines Stoffs ist. Sie gibt die **Masse pro Volumen** an.

1 Gleich grosse Würfel aus unterschiedlichen Stoffen sind verschieden schwer.

Das Formelzeichen für die Dichte ist ρ («Rho»). Die Einheit wird oft in g/cm³ («Gramm pro Kubikzentimeter») angegeben:

$$\text{Dichte} = \frac{\text{Masse}}{\text{Volumen}} \quad \text{oder kurz: } \rho = \frac{m}{V}$$

1 cm³ Aluminium wiegt 2,7 g.

Die Dichte von Aluminium ist somit:

$$\rho_{\text{Aluminium}} = \frac{2{,}7\ \text{g}}{1\ \text{cm}^3} = 2{,}7\ \frac{\text{g}}{\text{cm}^3}$$

Ein Stück Kupfer hat eine Masse von 26,8 g und ein Volumen von 3 cm³.

Die Dichte von Kupfer ist somit:

$$\rho_{\text{Kupfer}} = \frac{26{,}8\ \text{g}}{3\ \text{cm}^3} = 8{,}9\ \frac{\text{g}}{\text{cm}^3}$$

10 ml Wasser wiegen 10 g. 1 ml Flüssigkeit hat ein Volumen von 1 cm³.

Die Dichte von Wasser ist somit:

$$\rho_{\text{Wasser}} = \frac{10\ \text{g}}{10\ \text{ml}} = \frac{10\ \text{g}}{10\ \text{cm}^3} = 1\ \frac{\text{g}}{\text{cm}^3}$$

2 Beispiele zur Berechnung der Dichte von Stoffen

AUFGABEN

1 △ Notiere in 2–3 Sätzen, was man unter der Dichte eines Stoffs versteht.

2 □ Arbeitet zu zweit. Notiert die Formel zur Berechnung der Dichte. Erklärt euch gegenseitig an den Beispielen Kupfer und Wasser, wie man die Dichte von Stoffen berechnet.

3 ◇ Eine golden glänzende Münze wiegt 10,6 g und hat ein Volumen von 1,2 cm³. Besteht die Münze aus Gold? Berechne die Dichte des Stoffs. Vergleiche dein Ergebnis mit der Dichte von Gold ($\rho_{\text{Gold}} = 19{,}3\ \frac{\text{g}}{\text{cm}^3}$).

4 ◆ Berechne die Dichte von Kupfer und Wasser in den Einheiten $\frac{\text{kg}}{\text{dm}^3}$ und $\frac{\text{kg}}{\text{m}^3}$.

5 ◇ Diskutiert folgende Aussage zu zweit. «Eine Aluminium-Kugel ist immer leichter als eine Eisen-Kugel.» Stimmt diese Aussage?

Kisam

E20 Zuckersüss
Wie viel Zucker ist in einer Cola? Mithilfe der Dichte kannst du es herausfinden.

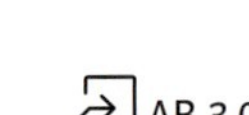

AB 3.06 I + II

Wir bestimmen die Dichte

1 Woraus bestehen Schrauben?

Material

Messzylinder (50 ml), Waage, 10 Metall-Schrauben, Wasser

Experimentieranleitung

1. Wäge die 10 Schrauben und notiere ihre Masse (*m*).

2. Bestimme das Volumen (*V*) der Schrauben. Fülle dazu 30 ml Wasser in den Messzylinder. Stelle den Messzylinder senkrecht auf den Tisch. Schaue dann waagerecht gegen den Wasserrand, um den Wasserstand korrekt abzulesen. Entscheidend für die Wasserhöhe ist die tiefste Stelle des Wasserspiegels [B1]. Notiere den Wasserstand.

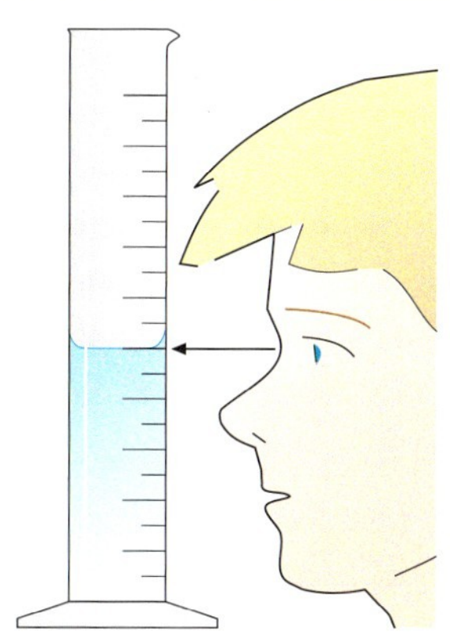

1 Ablesen des Wasserstands

3. Gib die 10 Schrauben vorsichtig in den Messzylinder. Halte ihn dabei schräg, damit die Schrauben langsam zum Boden gleiten. Lies den neuen Wasserstand ab und notiere ihn.

4. Bestimme nun das Volumen (*V*) der Schrauben. Dafür berechnest du den Unterschied zwischen dem ersten und dem zweiten Wasserstand [B2]. Notiere den Wert *V*.

5. Berechne nun die Dichte (ρ). Teile die Masse (*m*) der 10 Schrauben durch das Volumen (*V*). Notiere den erhaltenen Wert (ρ).

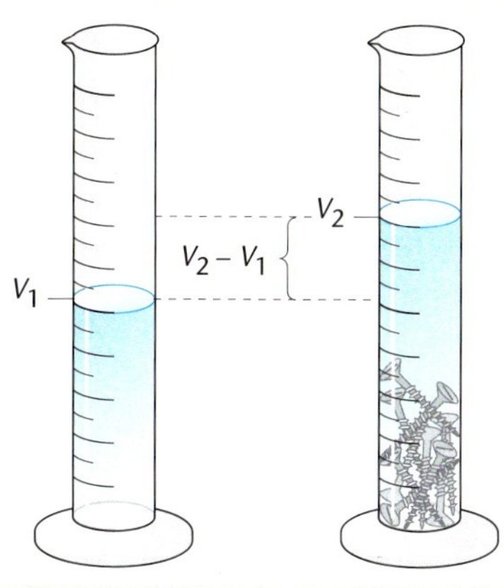

2 Volumenmessung durch Wasserverdrängung

Auftrag

a) Schaue in einer Dichte-Tabelle nach, ob der errechnete Wert der Dichte eines Metalls entspricht.
b) Diskutiert zu zweit, warum der gemessene Wert eventuell nicht exakt zur Dichte eines Metalls passt. Notiere 2–3 Sätze.
c) Arbeitet zu zweit. Erklärt euch gegenseitig, wie man die Dichte von Feststoffen bestimmt.

2 Wer hat die grössere Dichte?

Material

2 Messzylinder (50 ml), Waage, Wasser, Speiseöl

Experimentieranleitung

1. Stelle einen leeren Messzylinder auf die Waage und bestimme seine Masse. Notiere den Wert.

2. Fülle genau 10 ml Wasser (*V*) in den Messzylinder und bestimme die Masse erneut. Notiere auch diesen Wert.

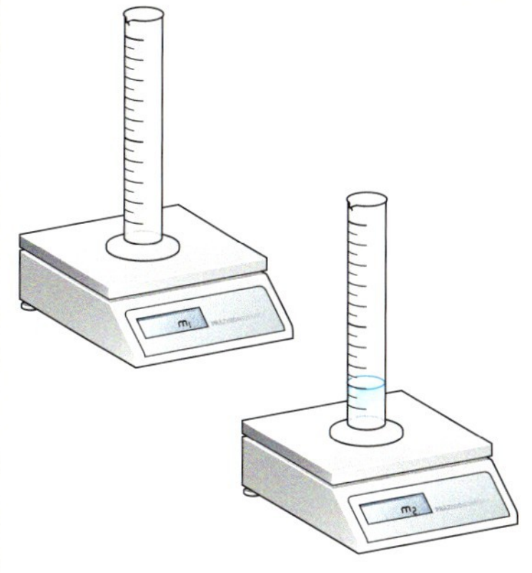

3 Leermessung (links) und Abmessen der Flüssigkeitsmenge (rechts)

3. Berechne nun die Masse (*m*) des Wassers. Dafür berechnest du den Unterschied zwischen der ersten und der zweiten Messung. Notiere den Wert *m*.

4. Wiederhole das Experiment mit 10 ml Speiseöl.

Auftrag

a) Berechne die Dichte von Wasser und die Dichte von Speiseöl. Notiere beide Werte.
b) Wenn du Wasser und Speiseöl in ein Gefäss giesst, welche Flüssigkeit schwimmt obenauf? Begründe deine Antwort in 2–3 Sätzen.
c) Erklärt euch gegenseitig, wie man die Dichte von Flüssigkeiten bestimmt.

1 Metalle haben typische Eigenschaften.

Eigenschaften der Metalle

Metalle glänzen und sind verformbar. Sie sind gute Leiter für elektrischen Strom und Wärme. Legierungen sind Gemische aus verschiedenen Metallen. Legierungen sind wichtige Werkstoffe.

2 Aus rotem Kupfer und grauem Zink entsteht goldfarbenes Messing.

↗Metalle haben typische Eigenschaften [B1]:

1. Metalle glänzen. Deshalb werden sie für Schmuck verwendet.
2. Metalle sind verformbar. Man kann sie daher gut bearbeiten, zum Beispiel durch Biegen oder mithilfe eines Hammers oder einer Walze.
3. Metalle leiten den elektrischen Strom. Deshalb werden sie in elektrischen Geräten und in Stromkabeln verwendet.
4. Metalle leiten Wärme weiter. Deshalb werden sie für Kochtöpfe, Bügeleisen und Heizkörper verwendet.

Legierungen sind Gemische aus Metallen

Reines Gold ist sehr weich. Für Schmuckstücke mischt man daher Gold mit anderen Metallen, zum Beispiel mit Kupfer und Silber. Dafür erhitzt man die Metalle in einem Behälter, bis sie schmelzen. Die Metalle werden flüssig und vermischen sich. Dann lässt man das ↗**Gemisch** abkühlen. Es wird fest. Ein solches Gemisch aus Metallen nennt man ↗**Legierung**. Legierungen haben oft andere Eigenschaften als die einzelnen Metalle. So sind sie härter als die einzelnen Metalle und sie haben oft eine andere Farbe [B2].

Legierungen sind wichtige Werkstoffe

Man kann Legierungen mit ganz bestimmten Eigenschaften herstellen. Eisen hat zum Beispiel den grossen Nachteil, dass es schnell rostet. Mischt man jedoch Eisen mit Chrom, dann entsteht «Edelstahl» – eine Legierung, die nicht rostet. Man verwendet Edelstahl für viele Gegenstände, zum Beispiel für Besteck oder Maschinen. Eine weitere Legierung ist Messing, es besteht aus Kupfer und Zink [B2].

AUFGABEN

1 △ **Notiere die vier Eigenschaften der Metalle.**

2 □ **Suche im Text eine Antwort auf die Frage: «Warum werden Heizkörper aus Metall hergestellt?» Begründe deine Antwort in 1–2 Sätzen.**

3 □ **Was bedeutet der Begriff «Legierung»? Schreibe dazu 2–3 Sätze. Notiere zwei Beispiele.**

4 ◇ **Arbeitet zu zweit. Informiert euch im Internet, aus welchen Legierungen die Schweizer Münzen bestehen. Notiert eure Ergebnisse.**

5 ◆ **Arbeitet zu zweit. Gestaltet ein Poster zu einem Metall aus Arbeitsblatt 3.08 und stellt es der Klasse vor (vgl. «Recherchieren für einen Kurzvortrag», S. 25).**

→ AB 3.07 I + II, AB 3.08

Ein Mindmap erstellen

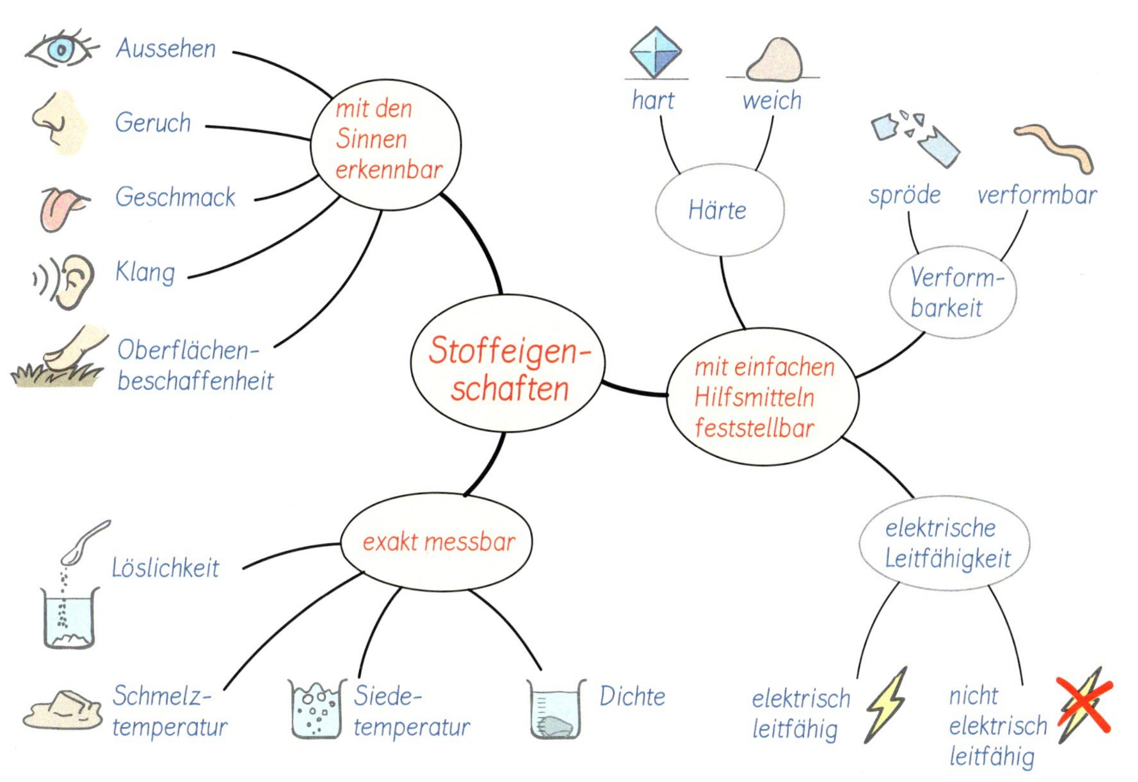

1 Beispiel eines Mindmaps zu «Stoffeigenschaften»

Ein Mindmap ist eine Landkarte (Map) aus Gedanken (Mind) oder Arbeitsergebnissen. Wenn du ein Mindmap selbst erarbeitest, beschäftigst du dich intensiv mit einem Thema. Du musst die Schlüsselbegriffe herausfinden und sie von verfeinerten Ideen oder Beispielen unterscheiden. Du machst dir Gedanken über passende Bilder und Symbole. Die Inhalte eines selbst gestalteten Mindmaps kannst du dir dann leicht merken.

Die Mindmap-Regeln

So gehst du beim Erstellen eines Mindmaps vor:

1. Verwende verschiedene Farbstifte.
2. Schreibe das Thema in die Mitte.
3. Erstelle die Hauptäste. Sie gehen von der Mitte des Mindmaps aus. An ihre Enden schreibst du die Schlüsselbegriffe, die zu dem Thema gehören.
4. Lege nun die Nebenäste an. Sie gehen von den Schlüsselbegriffen aus. Schreibe an die Enden der Nebenäste verfeinerte Ideen zu den Begriffen und Beispielen.
5. Ergänze passende Bilder und Symbole.

Ein Mindmap zum Thema «Eigenschaften von Metallen»

Wenn du das Thema «Eigenschaften von Metallen» als Mindmap darstellen willst, schreibe das Thema in die Mitte. Sammle mithilfe der Überschriften und Merksätze des gegenüberliegenden Textes die wichtigsten Schlüsselbegriffe zu diesem Thema. Schreibe sie an die Hauptäste. Füge zu jedem Schlüsselbegriff Nebenäste mit entsprechenden Beispielen ein.
Die Schrift muss gut lesbar sein. Ergänze dein Mindmap mit passenden Bildern und Symbolen.

AUFGABEN

1 △ **Beschreibe, wie man beim Erstellen eines Mindmaps vorgeht.**

2 ◇ **Erstelle ein Mindmap zum Thema «Eigenschaften von Metallen».**

Das Teilchenmodell

Im Teilchenmodell besteht jeder Stoff aus kleinsten Teilchen, die sich ständig bewegen. Das Teilchenmodell ist eine Vorstellung. Sie hilft, Beobachtungen zu erklären.

Wir gehen heute davon aus, dass jeder Stoff aus kleinsten Teilchen aufgebaut ist. Die kleinsten Teilchen können wir jedoch nicht direkt sehen. Daher machen wir uns Vorstellungen von ihnen, zum Beispiel mit dem ↗**Teilchenmodell**.

Das Teilchenmodell

Im Teilchenmodell stellt man sich den Aufbau von Stoffen so vor: Stoffe bestehen aus kleinsten Teilchen, die sich ständig bewegen. Je höher die Temperatur, desto stärker bewegen sich die Teilchen. Die kleinsten Teilchen eines Stoffs sind alle gleich gross und gleich schwer. Die kleinsten Teilchen verschiedener Stoffe unterscheiden sich voneinander. Oft stellt man sich die kleinsten Teilchen als Kugeln vor.

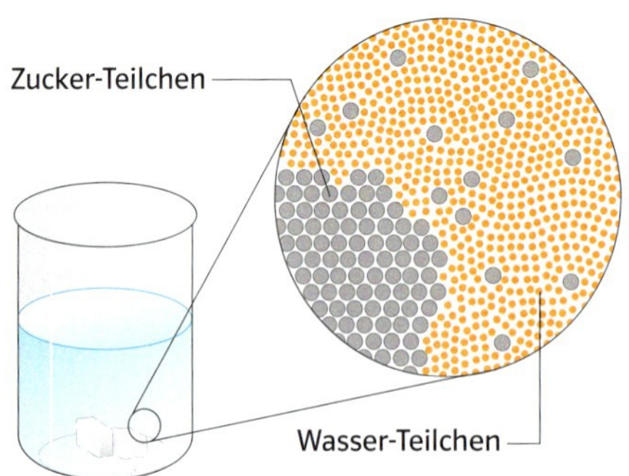

1 Zucker löst sich in Wasser. Die Erklärung im Teilchenmodell

Beobachtungen erklären

Das Lösen von Zucker in Wasser kann man mit dem Teilchenmodell erklären: Die kleinsten Wasser-Teilchen schieben sich zwischen die kleinsten Zucker-Teilchen. Einzelne Zucker-Teilchen trennen sich von den anderen Zucker-Teilchen und verteilen sich zwischen den Wasser-Teilchen [B1]. Ähnlich lässt sich erklären, wie sich der Duft von Parfüm ausbreitet: Die kleinsten Parfüm-Teilchen bewegen sich und verteilen sich zwischen den Luft-Teilchen im ganzen Raum (→ Experiment 1).

Teilchen haben keine Stoffeigenschaften

Der Stoff Kupfer hat die Eigenschaft, dass er glänzt und den elektrischen Strom leitet. Ein einzelnes kleinstes Kupfer-Teilchen hat diese Eigenschaften nicht. Erst sehr, sehr viele kleinste Kupfer-Teilchen zusammen ergeben den Stoff Kupfer mit Eigenschaften wie Glanz oder elektrischer Leitfähigkeit.

Modelle haben Grenzen

Wie alle Modelle ist auch das Teilchenmodell nur eine Annäherung an die Wirklichkeit. Es beschreibt nicht, wie Stoffe wirklich aufgebaut sind. Es ist jedoch eine hilfreiche Vorstellung, mit der wir viele Beobachtungen erklären können.

AUFGABEN

1 △ **Was für Modelle kennst du aus dem Alltag? Wie unterscheiden sich die Modelle vom Original? Tauscht euch in der Klasse dazu aus.**

2 △ **Wie stellt man sich den Aufbau von Zucker und Wasser vor? Zeichne dazu je ein Bild.**

3 △ **Notiere zwei Beobachtungen, die man gut mit dem Teilchenmodell erklären kann.**

4 ◇ **Der Stoff Kupfer ist rot. Sind die Kupfer-Teilchen auch rot? Diskutiert die Frage zu zweit. Sucht dazu die passende Textstelle.**

5 ◆ **Stell dir den Aufbau von Wasser und von Zucker im Teilchenmodell vor. Was ist zwischen den Wasser-Teilchen? Was ist zwischen den Zucker-Teilchen? Tauscht euch zu zweit über eure Vorstellungen aus. Diskutiert dann in der Klasse.**

E21 Luft unter Druck
Kannst du Luft zusammendrücken? Und was ist mit Wasser? Probiere es aus.

DA 3.04 AB 3.09, AB 3.10 I + II

Modelle helfen zu erklären

1 Ein Duft verteilt sich

Material
Duftlampe, Teelicht, Uhr, ätherisches Öl (z. B. Eukalyptus oder Nelken), Wasser

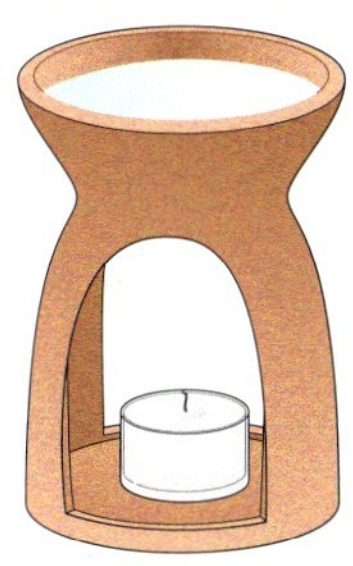

1 Duftlämpchen

Experimentieranleitung

1. Stelle die Duftlampe auf den Tisch deiner Lehrerin oder deines Lehrers. Gib einige Tropfen eines ätherischen Öls ins Wasser in der Schale und entzünde darunter das Teelicht.

2. Notiere die Zeit, die vergeht, bis die ganze Klasse in den einzelnen Tischreihen von vorn nach hinten den Geruch wahrnimmt.

Auftrag

a) Überlegt zu zweit, wie ihr mithilfe des Teilchenmodells das Verteilen des Dufts beschreiben könnt. Benutzt dazu die Begriffe «verdunsten», «Duft-Teilchen», «bewegen».
b) Macht eine Skizze, die zeigt, wie wir uns im Teilchenmodell das Verteilen des Dufts erklären. Beschriftet die Skizze und notiert eure Überlegungen aus a) in 3–4 Sätzen.

2 Luft federt – und Wasser?

(Kisam E21)

Material
Schutzbrille, Spritze (mind. 10 ml), Wasser

Experimentieranleitung

1. Ziehe mit der Spritze 10 ml Luft auf.

2. Verschliesse die Spritzenöffnung mit dem Daumen und presse die Luft in der Spritze so weit wie möglich zusammen.

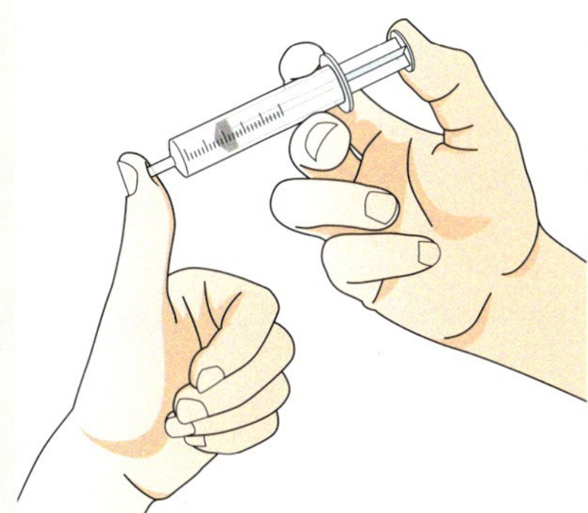

2 Spritze zusammenpressen

3. Lies den Rauminhalt der zusammengepressten Luft ab.

4. Schätze, auf welchen Bruchteil des ursprünglichen Volumens sich die Luft zusammendrücken lässt. Kannst du das auch berechnen?

5. Wiederhole das Experiment mit Wasser.

Auftrag

a) Überlegt zu zweit, wie ihr mithilfe des Teilchenmodells das Experiment erklären könnt.
b) Macht eine Skizze und beschriftet sie. Notiert eure Erklärungen in 2–3 Sätzen.

3 Kristalle zerteilen sich

Material
Schutzbrille, 2 Petrischalen, Messzylinder, Spatel, Kaliumpermanganat, kaltes Wasser, heisses Wasser, evtl. Smartphone oder Tablet

Experimentieranleitung

1. Überlege: Was wird passieren, wenn du einen farbigen Kristall in eine Petrischale mit **kaltem** Wasser legst? Was passiert, wenn du einen farbigen Kristall in eine Petrischale mit **heissem** Wasser legst? Notiere deine Vermutungen.

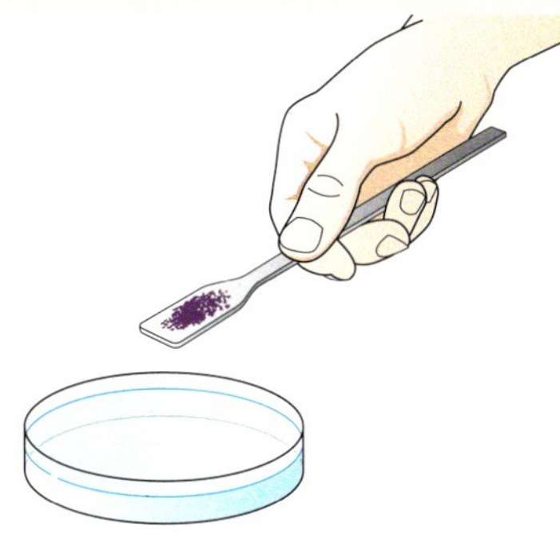

3 Kristall in Wasser geben

2. Stelle die beiden Petrischalen auf ein weisses Blatt.

3. Fülle in die erste Petrischale 50 ml kaltes Wasser, in die zweite Petrischale 50 ml heisses Wasser.

4. Gib jeweils in die Mitte der Petrischalen eine Spatelspitze Kaliumpermanganat.

5. Beobachte einige Minuten, was passiert. Dokumentiere allenfalls mit dem Smartphone oder Tablet.

6. Skizziere und notiere deine Beobachtungen.

Auftrag

a) Überlegt zu zweit, wie ihr mithilfe des Teilchenmodells das Experiment erklären könnt.
b) Macht eine Skizze, beschriftet sie und notiert eure Erklärungen in 2–3 Sätzen.

Aggregatzustände im Modell

Im Alltag begegnet dir Wasser meist flüssig. Manchmal ist es aber auch fest (Eis) oder gasförmig (Wasserdampf) (→ S. 58). Warum kommt ein und derselbe Stoff in verschiedenen Aggregatzuständen vor? Warum lässt sich Eis nur schwer zerteilen, flüssiges Wasser dagegen ganz leicht?

Zur Erklärung hilft uns hier das ↗**Teilchenmodell**. Allerdings müssen wir es erweitern: Wir nehmen an, dass sich die kleinsten Teilchen gegenseitig anziehen. Man spricht auch von ↗**Anziehungskräften** zwischen den Teilchen. Die Anziehungskräfte sind stark, wenn die Teilchen nahe beieinander sind. Die Anziehungskräfte sind schwach, wenn die Teilchen weit voneinander entfernt sind.

Feststoffe im Teilchenmodell

Bei Feststoffen sind die kleinsten Teilchen sehr nahe beieinander. Die **Anziehungskräfte** zwischen den Teilchen sind sehr stark. Die Teilchen liegen geordnet nebeneinander und bewegen sich leicht auf ihren Plätzen. Sie können die Plätze aber nicht verlassen.

Mit dieser Vorstellung lässt sich erklären, warum sich Feststoffe wie Eis oder Holz nur schwer in Stücke teilen lassen: Die kleinsten Teilchen lassen sich nur schwer voneinander trennen oder verschieben.

Flüssigkeiten im Teilchenmodell

Bei flüssigen Stoffen sind die kleinsten Teilchen auch nahe beieinander, aber insgesamt nicht ganz so nahe wie bei Feststoffen. Die Anziehungskräfte zwischen den Teilchen sind stark, aber schwächer als bei Feststoffen. Die Teilchen bewegen sich dafür stärker als bei Feststoffen. Sie haben eine grössere ↗**Bewegungsenergie**. Bei flüssigen Stoffen bleiben die Teilchen nicht auf geordneten Plätzen. Sie können sich aneinander vorbeischieben.

Mit dieser Vorstellung lässt sich erklären, warum sich ein flüssiger Stoff wie Wasser in einem Glas verteilt, ein Feststoff wie Eis aber seine Form behält.

Gase im Teilchenmodell

Bei Gasen sind die Abstände zwischen den kleinsten Teilchen am grössten. Es gibt keinerlei Ordnung zwischen den Teilchen. Die Teilchen haben eine grosse Bewegungsenergie: Sie bewegen sich sehr stark und frei. Die Anziehungskräfte zwischen den Teilchen sind extrem schwach.

Mit dieser Vorstellung kann man erklären, warum sich ein Gas wie Wasserdampf im ganzen Raum verteilt.

Von fest zu flüssig

Mit dem Teilchenmodell können wir auch erklären, warum Eis schmilzt: Je höher nämlich die Temperatur eines Stoffs ist, desto stärker bewegen sich die Teilchen. Wenn wir nun ein Stück Eis erwärmen, dann bewegen sich die Teilchen immer stärker. Sie haben immer mehr Bewegungsenergie.

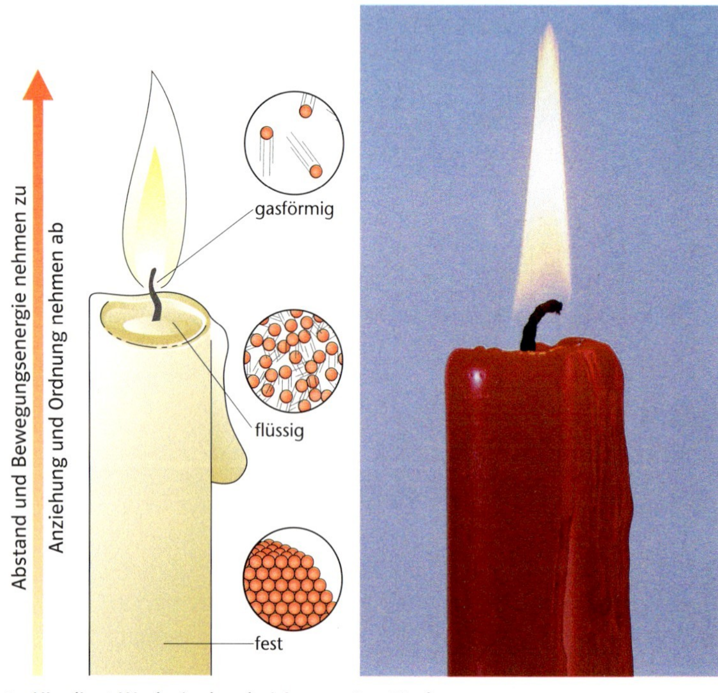

1 Hier liegt Wachs in den drei Aggregatzuständen vor.

Schliesslich bewegen die Teilchen sich so stark, dass die Anziehungskräfte sie nicht mehr auf ihren Plätzen halten. Die Teilchen verlassen ihre Plätze und die feste Ordnung geht verloren: Das Eis schmilzt und wird flüssig.

Warum schmilzt Eis bei 0 °C, Eisen aber erst bei 1535 °C? Dies erklärt man so: Wie stark sich die Teilchen anziehen, hängt auch von der Art der Teilchen ab. Je grösser die Anziehungskräfte zwischen den Teilchen sind, desto höher ist die Schmelztemperatur.

Von flüssig zu gasförmig

Erhitzt man flüssiges Wasser weiter, dann bewegen sich die Teilchen immer stärker. Schliesslich haben die Teilchen so viel Bewegungsenergie, dass die Anziehungskräfte sie nicht mehr zusammenhalten. Einzelne Teilchen trennen sich von den anderen Teilchen und bewegen sich frei im Raum: Das flüssige Wasser wird gasförmig (es verdampft).

Von gasförmig über flüssig zu fest

Kühlt man Wasserdampf ab, dann bewegen sich die kleinsten Teilchen wieder schwächer. Die Bewegungsenergie nimmt ab. Schliesslich ist die Bewegungsenergie so klein, dass die Anziehungskräfte die Teilchen wieder zusammenhalten: Der gasförmige Wasserdampf wird flüssig (er kondensiert).
Kühlt man das flüssige Wasser weiter ab, dann bewegen sich die Teilchen noch schwächer. Die Bewegungsenergie nimmt weiter ab. Schliesslich ist die Bewegungsenergie so klein, dass die Anziehungskräfte die Teilchen wieder auf geordneten Plätzen halten: Das flüssige Wasser wird fest (es erstarrt).

Auch hier gilt wie immer bei Modellen: Das Teilchenmodell beschreibt nicht, wie es wirklich ist. Es ist nur ein ↗**Denkmodell**, eine Vorstellung. Diese Vorstellung hilft uns, einige Eigenschaften von Feststoffen, Flüssigkeiten und Gasen zu erklären.

Bei einem Feststoff liegen die kleinsten Teilchen dicht beieinander und bewegen sich nur wenig. Erwärmt man den Feststoff, bewegen sich die Teilchen mehr und mehr. Die Anziehung wird schwächer und der Abstand zwischen den Teilchen grösser. Der Stoff wird erst flüssig, dann gasförmig.

AUFGABEN

1 △ **Was versteht man im Teilchenmodell unter «Anziehungskräften»? Notiere 2–3 Sätze.**

2 □ **Bei welchem Aggregatzustand ist die Bewegungsenergie der Teilchen am grössten, bei welchem am kleinsten? Beantworte die Frage auch für den Abstand, die Ordnung und die Anziehung der Teilchen.**

3 ◆ **Wie kann man im Teilchenmodell erklären, dass einige Flüssigkeiten sehr hohe Siedetemperaturen haben und andere sehr niedrige? Schreibe dazu 4–5 Sätze.**

4 ◆ **Arbeitet zu zweit. Schaut euch die Teilchenbilder in Bild 1 an.**
Das Teilchenmodell macht Aussagen
- **zur Grösse, Masse, Bewegung und Ordnung der Teilchen,**
- **zum Abstand und zu Anziehungskräften zwischen den Teilchen.**

Was davon ist in den Teilchenbildern dargestellt, was nicht? Macht euch Notizen und diskutiert anschliessend in der Klasse.

5 ◆ **Arbeitet zu zweit. Zeichnet eigene Teilchenbilder zu den drei Aggregatzuständen. Überlegt euch: Welche Punkte aus Aufgabe 4 sollen die Bilder zeigen? Macht euch Notizen dazu und besprecht eure Bilder in der Klasse.**

Kisam

E22 Kristalle aus der Luft
Du hast zwei Pulver. Eines verschwindet und taucht in Form von Kristallen an einem anderen Ort wieder auf. Wie geht das?

→ AB 3.12, AB 3.13 I + II, AB 3.14 I + II

Stoffe und Stoffeigenschaften

Ich kann mit Beispielen erklären, warum Gegenstände aus unterschiedlichen Stoffen hergestellt werden. (→S. 54–55, 68)

Ich kann Beispiele für feste, flüssige und gasförmige Stoffe nennen. (→S. 58)

Ich kann die vier typischen Eigenschaften von Metallen sowie Beispiele für die Verwendung von Metallen nennen. (→S. 68)

Stoffeigenschaften bestimmen

Diese Stoffeigenschaften kann ich erklären und nach Anleitung bestimmen:
- Siedetemperatur (→S. 59)
- Schmelztemperatur (→S. 59)
- Dichte (→S. 66–67)
- Löslichkeit (→S. 60–61)
- pH-Wert (→S. 62–63)
- Brennbarkeit (→S. 57)

Ich kann wichtige Eigenschaften eines Stoffs bestimmen oder nachschlagen und in einem Steckbrief notieren. (→S. 64–65)

Aggregatzustände

Ich kann am Beispiel von Wasser den Begriff «Aggregatzustand» erklären. (→S. 58)

Ich kann die Übergänge zwischen den drei Aggregatzuständen mit den richtigen Fachbegriffen beschreiben. (→S. 58)

Teilchenmodell und Aggregatzustände

Ich kann anhand des Teilchenmodells den Unterschied zwischen Modell und Wirklichkeit erklären. (→S. 70)

Ich kann mithilfe des Teilchenmodells erklären, wie sich ein Duft im Raum verteilt und warum sich ein wasserlöslicher Feststoff in heissem Wasser schneller auflöst als in kaltem Wasser. (→S. 70–71)

Ich kann mit Worten beschreiben und mit Teilchenbildern zeichnen, wie man sich …
… den Aufbau von Stoffen im Teilchenmodell vorstellt. (→S. 70)
… die Bewegungsenergie und die Ordnung der Teilchen bei den drei Aggregatzuständen vorstellt. (→S. 72–73)
… die Anziehungskräfte und Abstände zwischen den Teilchen bei den drei Aggregatzuständen vorstellt. (→S. 72–73)
… die Übergänge zwischen den drei Aggregatzuständen im Teilchenmodell vorstellt. (→S. 72–73)

Ich kann mit dem Teilchenmodell erklären, warum Feststoffe, Flüssigkeiten und Gase unterschiedliche Eigenschaften haben. (→S. 72–73)

WEITERFÜHRENDE AUFGABEN

1 □ Zähle verschiedene Stoffeigenschaften auf. Unterscheide zwischen messbaren und mit den Sinnen wahrnehmbaren Eigenschaften. (→S. 54–57)

2 ◇ In drei Reagenzgläsern befinden sich unterschiedliche farblose Flüssigkeiten: reines Wasser, Seifenlösung und Speiseessig. Plane ein Experiment, mit dem du herausfinden kannst, welche Lösung in welchem Reagenzglas ist. (→S. 62–63)

3 □ Im Alltag beobachten wir oft Änderungen des Aggregatzustandes. Gib für jedes Beispiel den Fachbegriff an.
- Eine Fensterscheibe beschlägt.
- Auf einer Pfütze bildet sich eine Eisschicht.
- Von einem Eiszapfen tropft Wasser herunter.
- Eine Spaghetti-Sauce wird eingekocht.
- An Fensterscheiben bilden sich Eisblumen.
- Nasse Wäsche trocknet draussen bei Temperaturen weit unter 0 °C.

(→S. 58)

4 ◆ Bei Ausgrabungen wurde ein Koffer mit Gold gefunden.
a) Plane ein Experiment, mit dem du überprüfen kannst, ob es sich um echtes Gold handelt.
b) Ein Forschungsteam misst die Dichte von verschiedenen Schmuckstücken aus Gold. Ihre Messungen ergeben immer kleinere Werte als 19,3 g/cm³. Woran kann das liegen?
(→S. 66)

5 □ Metalle sind wegen ihren Eigenschaften wichtige Werkstoffe. Nenne je 2–3 Beispiele, bei denen man ausnutzt, dass Metalle Wärme leiten und dass Metalle elektrischen Strom leiten.
(→S. 68)

6 ■ Zucker löst sich in Wasser. Wie stellt man sich das im Teilchenmodell vor? Zeichne dazu drei Bilder, die das Auflösen des Zuckers in Wasser schrittweise darstellen. (→S. 70)

7 ◆ Im Naturwissenschaftsunterricht arbeitet man oft mit Modellen, zum Beispiel mit dem Modell eines Automotors, eines Auges oder eines Windrads. Worin unterscheidet sich das Teilchenmodell von solchen Modellen? (→S. 70)

8 ◇ Das Teilchenmodell beschreibt, wie feste, flüssige und gasförmige Stoffe aufgebaut sind. Zeichne die Anordnung der Teilchen in einem Eisen-Nagel, in einem Glas Eistee und in einem aufgeblasenen Luftballon. (→S. 72–73)

9 ◆ Erkläre folgende Beobachtungen mithilfe des Teilchenmodells:
a) Giesst man Wasser in ein Glas, dann nimmt das Wasser die Form des Glases an. Ein Eiswürfel behält dagegen seine Form.
b) Wird eine Flasche Essig geöffnet, verteilt sich der Essiggeruch in der ganzen Küche.
(→S. 70–73)

1 Universalindikator-Papier mit pH-Skala

4 Stoffgemische und Trennverfahren

- Welche Bestandteile findest du im Müesli?
- Betrachte Granit, Milch, Orangensaft und Brausepulver.
  Welche Unterschiede stellst du fest?
- Wie gewinnt man Salz aus Meerwasser? Und wie gewinnt man Trinkwasser aus Meerwasser?
- Welche Trennverfahren braucht es, um aus Altpapier neues Papier herzustellen?

1 Granit und Brausepulver sind heterogene Gemische.

2 Silberlegierung und Zuckerwasser sind homogene Gemische.

Stoffgemische

Bei heterogenen Stoffgemischen sind die einzelnen Bestandteile des Gemischs zu erkennen, bei homogenen Stoffgemischen nicht. Homogene Stoffgemische sehen einheitlich aus.

In Küchen findet man oft Arbeitsplatten aus Granit. Granit ist ein Gestein. In Bild 1 siehst du links ein Foto von Granit. Wenn du genau hinschaust, kannst du verschiedene Stoffe erkennen, zum Beispiel rötliche und schwarze. Granit ist ein ↗**Stoffgemisch**. Im Alltag findest du viele Stoffgemische: Waschmittel, Kosmetika, Medikamente, Getränke. Bei einem Stoffgemisch sind zwei oder mehr Stoffe miteinander vermischt.

Heterogene Stoffgemische

Bei Granit erkennst du die verschiedenen Stoffe des Gemischs von blossem Auge. Bei Brausepulvern musst du genauer hinschauen [B1]. Aber auch hier kannst du mit einer Lupe verschiedene Stoffe gut erkennen. Granit und Brausepulver sind Beispiele für **heterogene** ↗**Gemische** (gr. *heteros*, «verschieden»).

Bezeichnung	Aggregatzustand der Bestandteile	Beispiel
Heterogene Gemische		
Feststoffgemisch	fest in fest	Granit
Suspension	fest in flüssig	Schmutzwasser
Emulsion	flüssig in flüssig	Milch
Nebel	flüssig in gasförmig	Parfümnebel
Rauch	fest in gasförmig	Zigarettenrauch
Schaum	gasförmig in flüssig	Seifenschaum
Homogene Gemische		
Lösung	fest in flüssig flüssig in flüssig gasförmig in flüssig	Zuckerwasser Essig Mineralwasser
Legierung	fest in fest	Messing
Gasgemisch	gasförmig in gasförmig	Luft

3 Einteilung und Benennung von Stoffgemischen

Homogene Stoffgemische

Bei Stoffgemischen wie flüssigen Waschmitteln sowie einigen Medikamenten kannst du die einzelnen Bestandteile nicht erkennen, selbst wenn du eine Lupe oder ein Mikroskop benutzt. Die Stoffgemische sehen überall gleich («einheitlich») aus. Solche Gemische nennt man **homogene** ↗**Gemische** (gr. *homos*, «gleich»).

In Bild 2 siehst du einen Fingerring und ein Becherglas mit einer klaren Flüssigkeit. Beides sind Beispiele für homogene Gemische. Der Fingerring besteht aus einer Legierung von Silber und Kupfer (Silberlegierung), die völlig einheitlich aussieht. Die einzelnen Metalle sind nicht zu erkennen (→ S. 68). Die Flüssigkeit im Becherglas ist Zuckerwasser. Selbst mit einer Lupe kannst du den im Wasser gelösten Zucker nicht erkennen.

Verschiedene Arten von Gemischen

Neben homogenen und heterogenen Gemischen unterscheiden wir auch zwischen verschiedenen ↗**Gemischarten** [B3]:

Lösungen

Eine erste solche Gemischart sind Lösungen. Verrührst du zum Beispiel wasserlösliche Stoffe wie Zucker in Wasser, dann erhältst du eine ↗Lösung [B2]. Bei einer Lösung sind in einer Flüssigkeit andere Stoffe gelöst. Auch Gase können gelöst sein. In Mineralwasser ist zum Beispiel das Gas Kohlenstoffdioxid in Wasser gelöst [B4].

4 Mineralwasser

5 Orangensaft

6 Milch

7 Nebel

8 Rauch

Suspension und Emulsion

Löst sich Sand in Wasser, wenn du gründlich umrührst? Nein. Sand ist in Wasser nicht löslich. Die kleinen Sandkörnchen verteilen sich nur im Wasser. Wir sprechen auch von Sandpartikeln. Ein **Partikel** ist ein kleines Stückchen von einem Stoff. Ähnlich verhält es sich mit Fruchtfleischstückchen im Orangensaft. Auch sie lösen sich nicht im Orangensaft [B5]. Solche Gemische heissen ↗**Suspensionen**. Bei einer Suspension sind Feststoffpartikel in einer Flüssigkeit fein verteilt.

Auch Olivenöl ist in Wasser nicht löslich. Verrührst du Olivenöl und Wasser, dann verteilen sich kleine Öltröpfchen im Wasser. Ähnlich sind in der Milch Fetttröpfchen in Wasser fein verteilt [B6]. Solche Gemische heissen ↗**Emulsionen**. Bei einer Emulsion sind Tröpfchen einer Flüssigkeit in einer anderen Flüssigkeit fein verteilt.

Lässt man eine Suspension oder Emulsion stehen, dann trennen sich die Gemische wieder. Der Sand sinkt zu Boden, das Öl schwimmt auf dem Wasser.

Nebel und Rauch

Im Winter gibt es oft Nebel. Nebel entsteht, wenn kleine Wassertröpfchen in der Luft fein verteilt sind. In den Naturwissenschaften verwenden wir das Wort ↗**Nebel** für alle Gemische, bei denen Tröpfchen einer Flüssigkeit in einem Gas fein verteilt sind [B7]. Ähnlich ist das Wort ↗**Rauch** der Fachbegriff für alle Gemische, bei denen Feststoffpartikel in einem Gas fein verteilt sind (z. B. Russpartikel in der Luft) [B8].

Wir unterscheiden verschiedene Gemischarten. Dazu gehören: Lösung, Suspension, Emulsion, Nebel und Rauch.

AUFGABEN

1 △ Notiere je 2 Beispiele für homogene und heterogene Gemische.

2 △ Notiere zu den folgenden Beispielen den Fachbegriff für die Gemischart:
a) Zucker in Wasser,
b) Wassertröpfchen in Luft,
c) Sand in Wasser,
d) Russpartikel in Luft,
e) Öltröpfchen in Wasser.

3 □ Ordne die folgenden Gemischarten den Bildern 4 bis 6 zu: Emulsion, Lösung, Suspension.

4 □ Arbeitet zu dritt (A, B, C) mit der Tabelle in Bild 3. Nehmt ein Blatt Papier und deckt die zwei rechten Spalten ab. A nennt den Fachbegriff für eine Gemischart (z. B. «Emulsion»). B muss nun die Aggregatzustände der Bestandteile nennen (z. B. «flüssig in flüssig») und C ein passendes Beispiel (z. B. «Milch»). Wechselt euch ab.

5 ◇ Viele Lebensmittel im Supermarkt sind Stoffgemische. Die unterschiedlichen Zutaten stehen in einer Liste auf der Verpackung. Notiere von mindestens drei Lebensmitteln die Zutaten.

Kisam

E24 Gemischt oder nicht?
Ist Aromat ein Stoffgemisch – oder doch nicht? Überprüfe es mit Smartphone und Nahlinsen-Aufsatz.

AB 4.01 I + II

Einfache Trennverfahren

1 Schmutz setzt sich am Boden ab.

2 Sieb

Nach heftigem Regen ist Flusswasser oft trüb und schlammig. Wie kann man Schlammwasser reinigen?

Sedimentieren und Dekantieren

Schlammwasser ist eine Suspension: Unlösliche Feststoffe wie Sand sind mit Wasser vermischt. Sand hat eine grössere Dichte als Wasser. Diese Eigenschaft kannst du nutzen, um das Gemisch zu trennen: Lässt du das Schlammwasser eine Weile stehen, dann sinken die Sandkörner und andere Feststoffe zu Boden [B1]. Diesen Vorgang nennt man ↗**Sedimentieren**. Beim Sedimentieren bildet sich unten im Glas ein Bodensatz. Darüber ist eine klare Flüssigkeit. Die klare Flüssigkeit kannst du vorsichtig abgiessen (↗**Dekantieren**).

Sieben und Filtrieren

Dauert dir das Sedimentieren zu lange, dann kannst du das Schlammwasser durch ein Sieb schütten (**Sieben**) [B2]. Grössere Partikel wie Lehmklumpen bleiben im Sieb hängen. Kleine Partikel wie Sandkörnchen passen allerdings oft durch die Sieblöcher. Um auch diese kleinen Partikel von der Flüssigkeit zu trennen, kannst du das Gemisch durch einen **Filter** schütten (↗**Filtrieren**). Ein Filter ist wie ein Sieb mit winzig kleinen Löchern, sogenannten Poren. Ist ein Partikel grösser als die Poren, dann bleibt er im Filter hängen.

Filter im Alltag

Ein Filter, den du aus dem Alltag kennst, ist der Teebeutel [B3]. Im Teebeutel sind Teeblätter. Die Teeblätter enthalten Farbstoffe und Geschmacksstoffe, die in Wasser löslich sind. Giesst du heisses Wasser über den Teebeutel, dann lösen sich diese Stoffe im Wasser. Die ↗Lösung aus Wasser, Farbstoffen und Geschmacksstoffen fliesst durch die Poren des Filters. Der Rest der Teeblätter bleibt im Teebeutel zurück (→ S. 88).

3 Teeblätter im Filter

Sedimentieren, Dekantieren, Sieben und Filtrieren sind Verfahren, um ungelöste Feststoffe von einer Flüssigkeit zu trennen. Beim Sedimentieren und Dekantieren nutzt man die Dichte der Stoffe, beim Sieben und Filtrieren die Grösse der Partikel.

AUFGABEN

1 △ **Arbeitet zu zweit. Im Text werden vier Verfahren zur Trennung einer Suspension vorgestellt. Beschreibt jedes Trennverfahren in folgenden Schritten:**
a) Notiert den Fachbegriff.
b) Notiert die Stoffeigenschaft, die man zur Trennung nutzt.

2 □ **Arbeitet zu zweit. Ergänzt eure Lösungen zu Aufgabe 1:**
a) Beschreibt die Trennverfahren in 1–2 Sätzen.
b) Zeichnet eine Skizze zu jedem Trennverfahren.
c) Notiert zu jedem der vier Trennverfahren mindestens zwei Beispiele.

3 ◇ **Arbeitet zu zweit. Erkundigt euch im Internet, wie Blauwale Nahrung aufnehmen. Zeichnet dazu Skizzen und beschriftet sie. Die Skizzen sollen erklären, wie Blauwale das Trennverfahren «Filtrieren» einsetzen.**

4 ◆ **Jan und Julia wollen Schmutzwasser reinigen. Zuerst sedimentieren und dekantieren sie das Schmutzwasser. Sie erhalten so eine leicht trübe Flüssigkeit. Diese Flüssigkeit filtrieren sie. Nach dem Filtrieren haben sie eine klare Flüssigkeit. «Jetzt haben wir sauberes Trinkwasser!», freuen sie sich. Stimmst du zu? Notiere deine Überlegungen in 2–3 Sätzen.**

Wir trennen Stoffgemische

1 Müesli-Mischung

Material
1 Packung Müesli, Teller, Zahnstocher oder Pinzette

Experimentieranleitung
1. Schüttle das Müesli in der Packung gut durch.

2. Gib etwas Müesli auf den Teller. Sortiere die Bestandteile nach ihrem Aussehen, ihrer Farbe und ihrer Grösse. Dieses Trennverfahren nennt man «Auslesen».

1 Was ist in einem Müesli enthalten?

Auftrag
a) Welche Bestandteile hat das Müesli? Notiere, was du gefunden hast.
b) Vergleiche das Ergebnis mit den Angaben auf der Packung. Gibt es Inhaltsstoffe, die du nicht unterscheiden kannst, weil sie zu ähnlich aussehen? Gibt es Inhaltsstoffe auf der Verpackung, die du nicht auf deinem Teller hast? Notiere die fehlenden Inhaltsstoffe und beschreibe die Bestandteile, die du nicht unterscheiden kannst.
c) Diskutiert zu zweit. Habt ihr eine Vermutung, wo die fehlenden Inhaltsstoffe sind? Notiert eure Vermutungen in 2–3 Sätzen.

2 Finde das richtige Trennverfahren

Material
Becherglas (400 ml), Becherglas (250 ml), Erlenmeyerkolben (250 ml), Spatellöffel, Sieb, Trichter, Filterpapier, Magnet, Holzspäne, Eisenspäne, Sand, Wasser

Experimentieranleitung
1. Mische Holzspäne, Eisenspäne und Sand.

2. Überlege dir, wie du das Gemisch aus Holzspänen, Eisenspänen und Sand am besten wieder trennen kannst, und plane dazu ein Experiment (→ S. 23). Welche Trennverfahren können dafür eingesetzt werden? In welcher Reihenfolge? Wie können dir die genannten Materialien dabei helfen? Skizziere und notiere deine Vorgehensweise.

3. Stelle deine Vorgehensweise jemand anderem vor. Diskutiert zu zweit oder zu dritt über mögliche Probleme und verbessert euer Experiment.

4. Trenne das Stoffgemisch gemäss der geplanten Vorgehensweise.

Auftrag
Ist dir die Trennung des Stoffgemischs gelungen? Was hat nicht geklappt? Überlege dir, wie du anders hättest vorgehen können. Notiere.

2 Dieses Material brauchst du für Experiment 2.

1 Salzrückstand beim Eindampfen

2 Sauce einkochen

3 Kochsalz aus Meerwasser

Eindampfen

Eindampfen ist ein Verfahren, um gelöste Feststoffe von einer Flüssigkeit zu trennen. Man nutzt dabei, dass der Feststoff eine höhere Siedetemperatur hat als die Flüssigkeit.

Meerwasser schmeckt salzig, weil es grosse Mengen an Kochsalz enthält. Im Supermarkt wird Kochsalz in verschiedenen Variationen angeboten. Neben «Speisesalz», «Tafelsalz» oder «Bergsalz» findest du auch «Meersalz». Doch wie gewinnt man Kochsalz aus Meerwasser?

Eindampfen einer Kochsalzlösung

Gibst du etwas Kochsalz in Wasser, dann löst sich das Kochsalz. Du erhältst ein homogenes Gemisch, eine Kochsalzlösung. Um das Kochsalz aus der ↗Lösung zurückzugewinnen, erhitzen wir die Lösung bis zum Sieden. Dabei nutzen wir, dass Kochsalz eine viel höhere Siedetemperatur hat als Wasser. So verdampft nur das Wasser und das Kochsalz bleibt in der Schale zurück [B1]. Dieses Trennverfahren nennt man ↗**Eindampfen**.

Eindampfen in der Küche

In der Küche lässt man Saucen eindampfen [B2]. Wenn die Sauce auf dem Herd köchelt, dann verdampft ein Teil des Wassers. Das Kochsalz bleibt in der Pfanne zurück. Dadurch wird die Sauce dickflüssiger und sie schmeckt salziger.

Kochsalz aus Meerwasser

Ähnlich gewinnt man Kochsalz aus Meerwasser. Zunächst wird das Meerwasser in grosse, flache Becken geleitet [B3]. Diese Becken nennt man «Salzgärten». Die Sonnenstrahlen erwärmen das Wasser in den Salzgärten. Das Wasser verdunstet, zurück bleibt das Meersalz. Das Meersalz wird gereinigt und kommt als Kochsalz in den Handel.
Am Mittelmeer findet man viele solcher Salzgärten.

AUFGABEN

1 △ Nenne ein Beispiel für ein Stoffgemisch, das sich durch Eindampfen trennen lässt. Notiere auch die zur Trennung genutzte Stoffeigenschaft.

2 □ Arbeitet zu zweit. Erklärt euch gegenseitig, wie ein «Salzgarten» funktioniert.

3 □ Warum kommen Salzgärten eher am Mittelmeer vor als an der Nordsee? Begründe deine Vermutung in 2–3 Sätzen.

4 ◇ Erkläre in 1–2 Sätzen, warum sich die Trennverfahren Sedimentieren, Dekantieren und Filtrieren nicht eignen, um Kochsalz aus Meerwasser zu gewinnen.

5 ◇ Die Schweiz hat keine Meeresküste. Trotzdem ist Kochsalz ein Schweizer Rohstoff. Warum? Arbeitet zu zweit.
a) Informiert euch in geeigneten Quellen, wie man in der Schweiz Kochsalz gewinnt. Macht euch Notizen (Methode «Recherchieren» →S. 25).
b) Vergleicht eure Ergebnisse mit einer anderen Gruppe. Ergänzt eure Notizen.
c) Tauscht euch in der Klasse aus.

6 ◆ Arbeitet zu zweit. Informiert euch in einem Lexikon oder in einem Wörterbuch, was das Wort «Salär» bedeutet und was es mit Kochsalz zu tun hat. Macht euch Notizen.

Kisam

E25 Cola oder light?
E31 Kristalle aus der Flüssigkeit
Finde heraus, was passiert, wenn du Cola und andere Flüssigkeiten verdunsten lässt!

Kochsalz aus Steinsalz

Kochsalz wird in der Schweiz aus Steinsalz gewonnen. Steinsalz ist die Bezeichnung für ein Gestein, das im Verlauf von Jahrtausenden bei der Verdunstung von Meerwasser entsteht. Probiere selbst, wie daraus Kochsalz gewonnen werden kann!

1 Zerkleinern

Material
Schutzbrille, Mörser mit Pistill, einige Brocken Steinsalz

Experimentieranleitung
Zerkleinere das Steinsalz in einem Mörser mit einem Pistill.

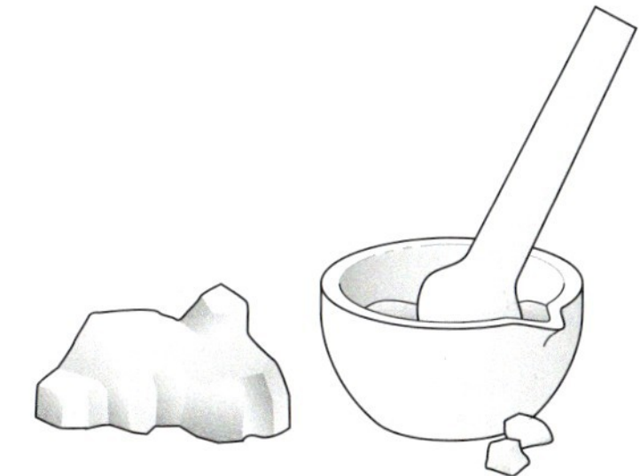

1 Steinsalz wird zerkleinert.

2 Lösen in Wasser

Material
Becherglas (250 ml), destilliertes Wasser, Spatellöffel, zerkleinertes Steinsalz aus Experiment 1, Glasstab

Experimentieranleitung
Fülle das Becherglas zur Hälfte mit destilliertem Wasser. Gib einen Teil des zerriebenen Steinsalzes dazu und rühre dabei gut um.

3 Filtrieren

Material
Filterpapier, Trichter, Erlenmeyerkolben (250 ml), Becherglas mit der Salzlösung aus Experiment 2

Experimentieranleitung
1. Falte den Rundfilter zweimal.

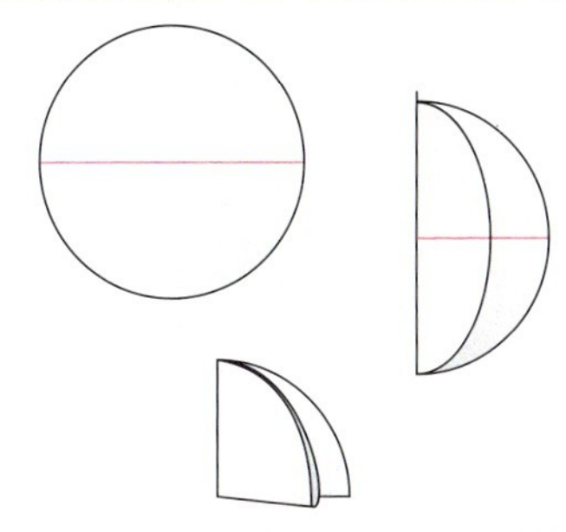

2 So faltest du den Rundfilter.

2. Gib das gefaltete Filterpapier in den Trichter und giesse die Salzlösung hinein. Fange das Filtrat im Erlenmeyerkolben auf.

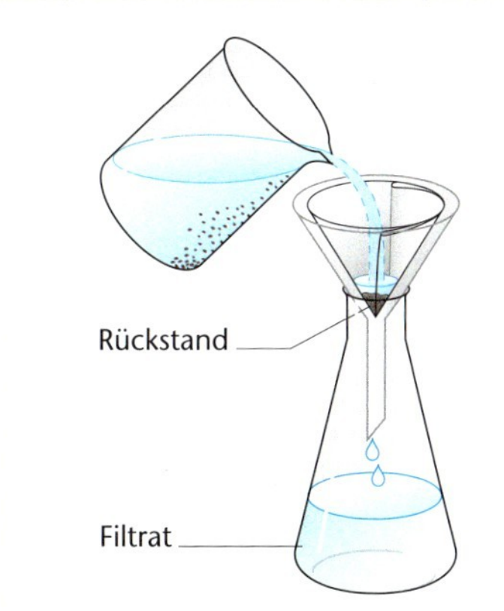

3 Die Lösung wird filtriert.

4 Eindampfen

Material
Schutzbrille, Eternitplatte, Gasbrenner, Dreibein, Drahtgewebe, Abdampfschale, Pinzette (stumpf), Lupe, Filtrat aus Experiment 3, schwarzes Papier

Experimentieranleitung
Erhitze das Filtrat in der Abdampfschale bis zum Sieden. Stelle den Gasbrenner aus, bevor das letzte Wasser verdampft ist (Vorsicht, Spritzgefahr beim Eintrocknen!).

4 Eindampfen

Auftrag
a) Entnimm mit der Pinzette einige Proben des weissen Rückstands und lege sie auf das schwarze Papier. Betrachte diese Proben mit der Lupe. Was stellst du fest? Notiere 1–2 Sätze.
b) Im Alltag nennen wir das Salz, das wir zum Würzen von Essen brauchen, häufig «Kochsalz». Daneben werden auch die Begriffe «Speisesalz» oder auch «Meersalz» verwendet. Diskutiert zu zweit, warum wir Kochsalz «Kochsalz» nennen.

Destillieren von Stoffgemischen

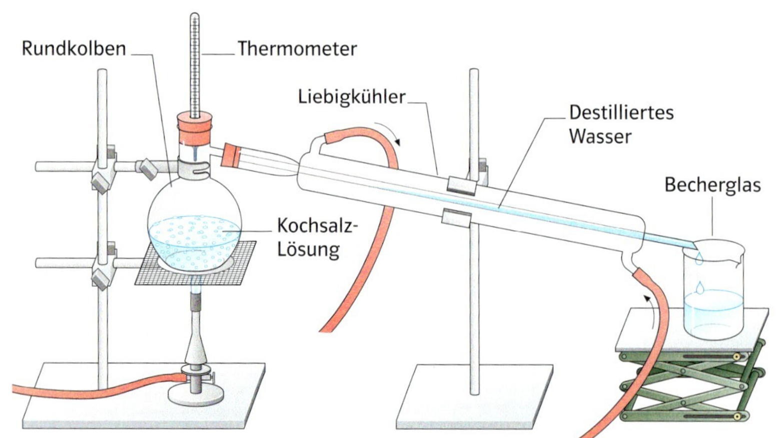

1 Destillationsapparatur im Labor

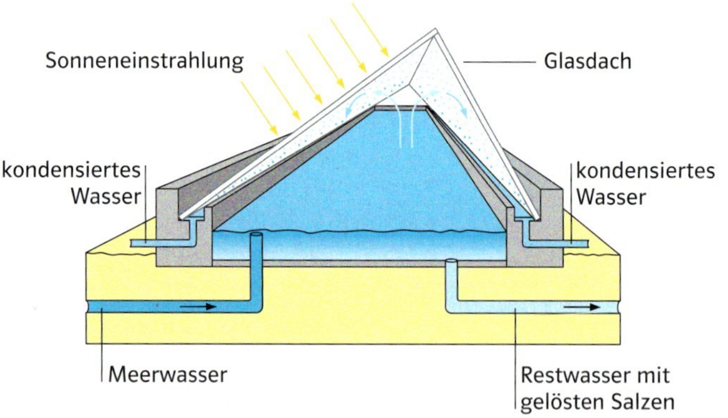

2 Trinkwasser aus Meerwasser

Wenn man eine Flüssigkeit aus einem Gemisch trennen möchte, erwärmt man das Gemisch, bis die Flüssigkeit verdampft. Den Dampf fängt man auf und kühlt ihn ab. Dieses Trennverfahren heisst ↗**Destillation.** Man nutzt dabei die unterschiedlichen Siedetemperaturen der Stoffe im Gemisch.

Trinkwasser aus Meerwasser

Ein Beispiel für die Anwendung der Destillation ist die Gewinnung von Trinkwasser aus salzigem Meerwasser [B2]. Dabei lässt man Meerwasser verdampfen. Der aufsteigende Dampf kondensiert anschliessend am kühlen Glasdach zu flüssigem Wasser und wird in Rinnen gesammelt.

Auch Rotwein – ein Gemisch aus Wasser und Alkohol – lässt sich durch Destillieren trennen. Erhitzt man Rotwein, verdampft zuerst der Alkohol. Alkohol hat eine niedrigere Siedetemperatur als Wasser.

Destillation im Labor

Im Labor arbeitet man meist mit Apparaturen wie in Bild 1. Möchte man das Wasser aus einer Kochsalzlösung trennen, dann erhitzt man die Lösung in einem Rundkolben. Das Wasser wird gasförmig und steigt als Wasserdampf im Kolben auf. Der heisse Wasserdampf wird mithilfe eines Liebigkühlers abgekühlt. Das funktioniert so: Der Liebigkühler hat innen ein dünnes Rohr. Durch dieses Rohr bewegt sich der heisse Wasserdampf, und zwar vom Kolben weg hin zum Becherglas am Ende des Kühlers. Das dünne Rohr ist von einem zweiten Rohr umgeben, durch das kaltes Wasser fliesst. Das kalte Wasser fliesst dem heissen Wasserdampf entgegen. So kühlt der Dampf schnell ab und kondensiert zu flüssigem Wasser. Dieses flüssige Wasser tropft am Ende des Kühlers in das Becherglas.

Kisam

E26 Butterweiches Glas
E27 Farbloser Rotwein
Rotwein ist rot. Oder nicht? Mit dieser Methode kannst du Rotwein farblos machen. Wenn du zur Kühlung ein gebogenes Glasrohr benutzen willst, wird dir in «Butterweiches Glas» gezeigt, wie es geht.

AUFGABEN

1 △ **Nenne zwei Stoffgemische, die sich durch Destillation trennen lassen. Nenne die Eigenschaft, die man bei der Destillation zur Trennung nutzt.**

2 △ **Rotwein wird zum Sieden erhitzt. Notiere, welcher Stoff zuerst verdampft. Begründe deine Antwort in einem Satz.**

3 ☐ **Skizziere eine Destillationsapparatur wie in Bild 1. Beschrifte die Abbildung und zeichne mit Pfeilen den Weg des Dampfs und den Weg des Kühlwassers ein.**

4 ◇ **Erklärt euch gegenseitig mithilfe von Bild 2, wie Trinkwasser aus Meerwasser gewonnen wird.**

 DA 4.01, DA 4.02 → AB 4.04 I+II

Wir entwickeln eine Destillationsapparatur

1 Salzlösung herstellen

Material

Becherglas (250 ml), Wasser, Spatellöffel, Kochsalz, Glasstab

Experimentieranleitung

Fülle das Becherglas zur Hälfte mit destilliertem Wasser und gib einige Spatellöffel Kochsalz hinzu. Rühre mit dem Glasstab, bis sich das Kochsalz gelöst hat.

2 Das Prinzip der Destillationsapparatur

Material

Schutzbrille, Eternitplatte, Gasbrenner, Dreibein, Drahtgewebe, 2 Bechergläser (250 ml), 2 Siedesteinchen, Kochsalzlösung aus Experiment 1, Reagenzglashalter, Glasplatte

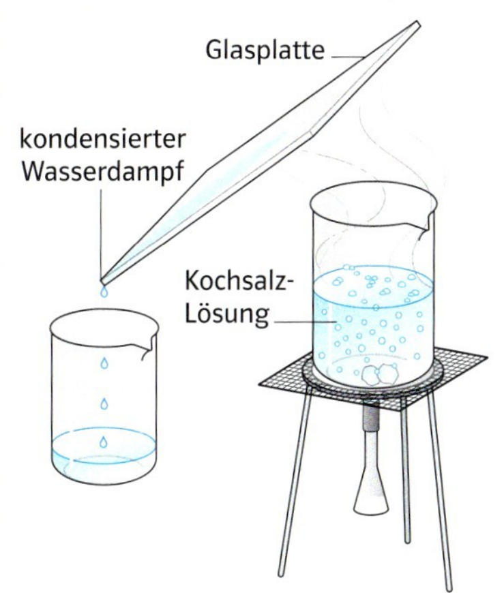

1 Das Prinzip der Destillationsapparatur

Experimentieranleitung

1. Fülle ein Becherglas zur Hälfte mit Kochsalzlösung. Gib 2 Siedesteinchen dazu.

2. Erhitze die Lösung bis zum Sieden. Halte eine Glasplatte mit einem Reagenzglashalter schräg in den Dampf. Fange die kondensierte Flüssigkeit im Becherglas auf.

3 Kühlung mit Kaltluft

Material

Schutzbrille, Eternitplatte, Gasbrenner, Stativ, Doppelmuffe, Stativklemme, Becherglas (250 ml), Reagenzglas (∅ 30 mm), Stopfen (einfach durchbohrt), Glasrohr (ungleichschenklig gewinkelt), Kochsalzlösung aus Experiment 1, 2 Siedesteinchen, Anzünder

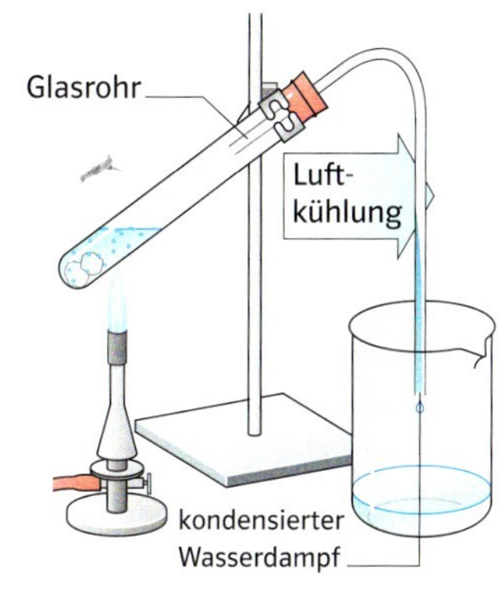

2 Kühlung mit Kaltluft

Experimentieranleitung

1. Fülle das Reagenzglas zu einem Drittel mit Kochsalzlösung. Gib 2 Siedesteinchen dazu.

2. Stecke das gewinkelte Glasrohr vorsichtig durch die Bohrung im Stopfen. Verschliesse das Reagenzglas mit dem Stopfen.

3. Befestige das Reagenzglas mit der Stativklemme schräg am Stativ. Stelle das Becherglas unter das Glasrohr.

4. Erhitze die Kochsalzlösung im Reagenzglas mit der blauen Brennerflamme. Fange das Kondensat im Becherglas auf.

4 Im Kühlbad

Material

Schutzbrille, Eternitplatte, Gasbrenner, Stativ, 2 Doppelmuffen, 2 Stativklemmen, Becherglas (400 ml, hohe Form), 2 Reagenzgläser (∅ 30 mm), Stopfen (einfach durchbohrt), Glasrohr (ungleichschenklig gewinkelt), kaltes Wasser, Kochsalzlösung aus Experiment 1, 2 Siedesteinchen, Anzünder

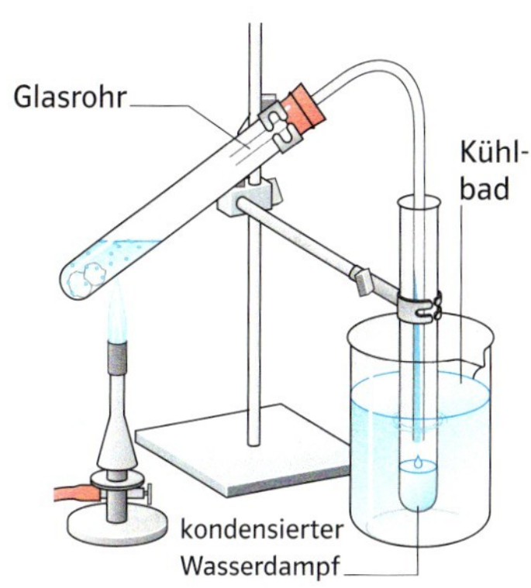

3 Kühlung im Wasserbad

Experimentieranleitung

1. Gehe zunächst vor wie in Experiment 3, Schritt 1.

2. Fülle das grosse Becherglas zur Hälfte mit kaltem Wasser. Befestige das andere Reagenzglas so am Stativ, dass es möglichst tief in das Wasser eintaucht.

3. Erhitze die Kochsalzlösung im Reagenzglas mit der blauen Brennerflamme.

Auftrag

Kannst du diese Destillationsapparatur noch weiter verbessern? Diskutiert zu zweit und notiert eure Ideen.

Farbgemische lassen sich trennen

1 Chromatografie mit Filzstiften

Material

2 Rundfilter, Bleistift, wasserlösliche, schwarze Filzstifte verschiedener Hersteller, Petrischale, Wasser, evtl. Smartphone

Experimentieranleitung

1. Bohre mit dem Bleistift ein Loch in die Mitte des ersten Rundfilters. Der Durchmesser des Lochs soll dem Bleistiftdurchmesser entsprechen.

2. Male mit verschiedenen schwarzen Filzstiften Punkte (ca. 3 mm) um das Loch in der Mitte des Rundfilters. Achte darauf, dass die Punkte nicht zu dick geraten und nicht zu nahe nebeneinanderliegen.

3. Falte den zweiten Rundfilter zu einem etwa 3 cm breiten Streifen. Rolle ihn zu einem «Docht» zusammen und schiebe ihn durch das Loch im ersten Rundfilter.

4. Fülle eine Petrischale zur Hälfte mit Wasser und lege den Rundfilter so darauf, dass der Docht ins Wasser taucht.

5. Lass den Experimentaufbau erschütterungsfrei stehen und beobachte genau. (Alternative: Filme oder fotografiere das Experiment mit deinem Smartphone.)

Auftrag

a) Aus welchen Farben setzt sich das Schwarz deiner Filzstifte zusammen? Notiere.
b) Gibt es Unterschiede zwischen den einzelnen schwarzen Farbstiften der verschiedenen Hersteller? Notiere 1–2 Sätze.
c) Was würde wohl passieren, wenn du das Experiment mit wasserfesten schwarzen Filzstiften durchführen würdest? Notiere deine Vermutung und führe das Experiment durch.
d) Wiederhole das Experiment mit andersfarbigen wasserlöslichen Filzstiften. Was stellst du fest? Notiere deine Ergebnisse. (Variante: Ergänze deine Notizen mit Ausdrucken deiner Smartphone-Dokumentation.)

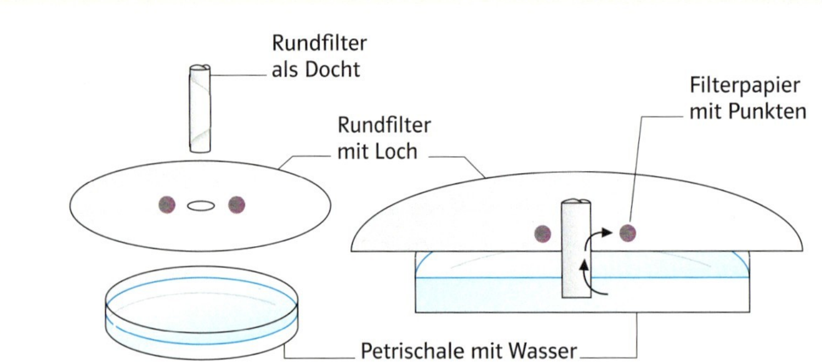

1 Chromatografie mit Filzstiftfarbe

2 Chromatografie mit Lebensmittelfarben

Material

Petrischale, Rundfilter, Schokolinsen, Pipette, Wasser

Experimentieranleitung

1. Lege den Rundfilter auf die Petrischale.

2. Lege eine Schokolinse in die Mitte des Rundfilters.

3. Lasse nun mit der Pipette einen Tropfen Wasser auf die Schokolinse fallen.

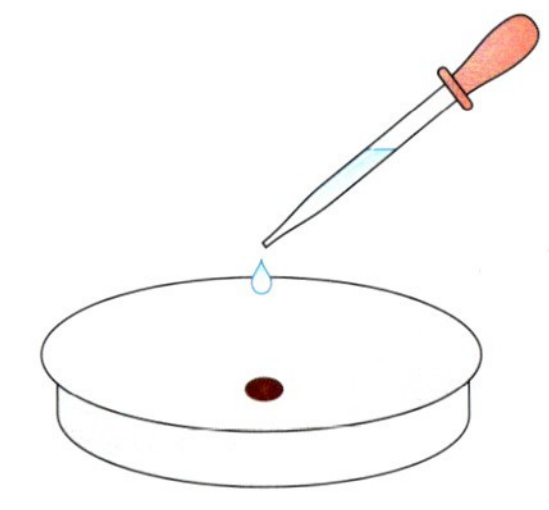

2 Wasser tropft auf Schokolinse.

4. Wenn du siehst, dass sich die Farbe von der Schokolinse löst, darfst du einen weiteren Tropfen Wasser auf die Schokolinse geben.

5. Wiederhole Schritt 4, bis die Schokolinse nicht mehr farbig ist.

6. Nimm die Schokolinse vom Papierfilter. Gib noch einen Tropfen Wasser in die Mitte des Rundfilters.

Auftrag

Aus welchen Farben besteht der Überzug der verschiedenen Schokolinsen? Sammelt die Ergebnisse in der Klasse und notiert sie.

 → AB 4.05 I

1 Farbstoff-Trennung durch Papierchromatografie

2 Mit Papierchromatografie können Bastelarbeiten entstehen.

Chromatografie

In Experiment 1 lässt du Wasser auf einem Filterpapier über schwarze, wasserlösliche Filzstiftfarbe laufen. Die Farbe «verläuft» und nach einiger Zeit werden verschiedene Farben sichtbar [B1]. Schwarz ist also nicht «nur» schwarz. Die schwarze Filzstiftfarbe ist stattdessen ein Gemisch aus unterschiedlichen Farbstoffen. Die Farbstoffe werden im Experiment voneinander getrennt. Man nennt dieses Trennverfahren ↗**Chromatografie**, genauer Papierchromatografie (gr. *chroma*, «Farbe»; *graphein*, «schreiben»).

Wie funktioniert die Papierchromatografie?

Bei der Papierchromatografie wird ein Farbstoffgemisch zunächst in einem passenden Lösungsmittel gelöst (z. B. in Wasser). Die gelösten Farbstoffe wandern dann gemeinsam mit dem Lösungsmittel durch das Papier. Farbstoffe, die gut am Papier haften, wandern langsamer. Farbstoffe, die nicht so gut am Papier haften, wandern mit dem Lösungsmittel schneller durch das Papier. Auf diese Weise können Farbstoffgemische in ihre Bestandteile getrennt werden.

Bei der Papierchromatografie nutzt man die Eigenschaft der **Haftfähigkeit**. Man kann das Phänomen mit dem Teilchenmodell erklären (→ S. 70): Farbstoffe und Papier bestehen aus kleinsten Teilchen. Die Farbstoff-Teilchen und die Papier-Teilchen ziehen sich gegenseitig an. Wie stark die Anziehung ist, unterscheidet sich zwischen den Farbstoffen. Je stärker die Anziehung, desto langsamer wandert der Farbstoff durch das Papier.

Mit der Papierchromatografie können Farbstoffgemische getrennt werden. Dabei nutzt man aus, dass die verschiedenen Farbstoffe unterschiedlich gut am Papier haften.

AUFGABEN

1 △ Welche Stoffeigenschaft nutzt man bei der Papierchromatografie zur Trennung von Farbstoffgemischen?

2 □ Betrachte die Trennung der schwarzen Filzstiftfarbe in Bild 1.
a) Notiere die Farbstoffe, die im Farbstoffgemisch «Schwarz» enthalten sind.
b) Welcher Farbstoff haftet besser am Papier: der braune oder der blaue? Begründe deine Antwort und notiere 2–3 Sätze dazu.

3 ◇ Funktioniert Experiment 1 auch mit wasserfesten Filzstiften? Begründe deine Antwort und notiere 1–2 Sätze dazu.

4 ◆ Arbeitet zu zweit. Bereitet einen kurzen Vortrag vor (5 min). Erklärt darin jemandem ausserhalb eurer Klasse, wie euer buntes Filterpapier aus Experiment 1 entstanden ist. Beantwortet im Vortrag folgende Fragen:
a) Wie habe ich das Experiment durchgeführt?
b) Wie funktioniert die Papierchromatografie?

1 Heisses Wasser löst Geschmacksstoffe und Farbstoffe aus dem Tee.

2 Aus Pflanzensamen werden Speiseöle extrahiert.

3 Aus Pflanzen werden Duftstoffe für Parfüm extrahiert.

Extrahieren

Bei der Extraktion werden mit einem Lösungsmittel ein oder mehrere Stoffe aus einem Stoffgemisch gelöst. Man nutzt dabei die unterschiedliche Löslichkeit der Stoffe in dem Lösungsmittel.

Beim Zubereiten von Tee giesst du heisses Wasser über einen Teebeutel [B1]. Das heisse Wasser löst Farbstoffe und Geschmacksstoffe aus den Teeblättern. Die Zubereitung von Tee ist ein Beispiel für das Trennverfahren ↗**Extraktion** (oder **Extrahieren**). Beim Extrahieren werden mit einem ↗Lösungsmittel (z. B. Wasser) ein oder mehrere Stoffe aus einem Stoffgemisch gelöst.

Mit Extraktion Stoffe gewinnen

Kochsalz ist ein wichtiger Rohstoff. Wir finden Kochsalz im Meerwasser, aber auch tief in der Erde. Wie kommt man an das Kochsalz in der Erde? Eine Möglichkeit ist die Extraktion: Man pumpt Wasser in unterirdische, salzhaltige Gesteine. Das Wasser löst («extrahiert») das Kochsalz aus dem Gestein. Das nun salzhaltige Wasser wird an die Erdoberfläche geleitet und eingedampft (→ S. 82–83).

Mithilfe der Extraktion werden auch andere wichtige Stoffe gewonnen, zum Beispiel Arzneistoffe aus Pflanzen, Speiseöle aus Samen [B2] oder Duftstoffe aus Blüten [B3].

Das richtige Lösungsmittel wählen

Wasser ist für viele Stoffe ein gutes Lösungsmittel (→ S. 61). Doch es gibt auch Stoffe, die lösen sich nicht in Wasser, Öle zum Beispiel. Um Öle aus einem Gemisch zu extrahieren, benutzt man daher andere Lösungsmittel, zum Beispiel Benzin. Auch Alkohol wird oft als Lösungsmittel verwendet, zum Beispiel um Arzneistoffe oder Duftstoffe aus Pflanzenteilen zu extrahieren.
Man wählt das Lösungsmittel also passend zum Stoff, den man extrahieren möchte. Dabei ist es am besten, wenn das Lösungsmittel nur diesen einen Stoff extrahiert. Alle anderen Stoffe sollen im Gemisch bleiben. Es ist jedoch nicht immer einfach, ein solches Lösungsmittel zu finden.

Kisam

E28 Frischer Duft in der Luft
E29 Nicht nur zum Essen
Wie stellt man einen Raumduftspray aus Zimt her? Und wie extrahierst du Farbstoffe aus Lebensmitteln, die je nach pH-Wert ihre Farbe ändern? Zwei Experimente für die Sinne.

AUFGABEN

1 △ **Beschreibe das Trennverfahren «Extraktion» in 2–3 Sätzen und notiere 2–3 Stoffe, die durch Extraktion gewonnen werden.**

2 □ **Wie wird Kochsalz mit Wasser aus unterirdischem Gestein gewonnen? Skizziere den Vorgang.**

3 □ **Bei der Extraktion spielt das Lösungsmittel eine wichtige Rolle.**
a) Beschreibe in 1–2 Sätzen, worauf man bei der Wahl des Lösungsmittels achten muss.
b) Notiere drei Lösungsmittel.

4 ◆ **Arbeitet zu zweit. Habt ihr schon einmal einen Teebeutel in kaltes Wasser gegeben? Die Extraktion der Farbstoffe und Geschmacksstoffe dauert viel länger als bei heissem Wasser. Überlegt, wie ihr diese Beobachtung mit dem Teilchenmodell erklären könnt. Notiert eure Überlegungen.**

Naturfarben und Druckfarbe

Durch Extraktion kannst du Pflanzenfarben und ↗Druckfarbe gewinnen. Was beobachtest du?

1 Blattgrün-Lösung herstellen

Material

Grüne Blätter (z. B. Brennnesseln oder Spinat), Schere, Mörser mit Pistill, Sand, Brennspiritus, Becherglas (100 ml), Pinsel, weisses Papier

Experimentieranleitung

1. Zerschneide einige Blätter in kleine Stücke und gib sie in den Mörser. Füge etwas Sand hinzu und zerreibe das Gemisch kräftig mit dem Pistill.

1 Zerreiben der Blätter im Mörser

2. Gib 10 ml Brennspiritus in den Mörser. (Achtung: Brennspiritus ist leicht entzündlich!)

3. Zerreibe das Gemisch gründlich mit dem Pistill. ↗Dekantiere die so gewonnene Blattgrün-Lösung in ein Becherglas.

Auftrag

Tunke den Pinsel in die grüne Farbstofflösung und male damit auf ein weisses Papier. Was meinst du, könnte man so auch Textilstoff färben?

2 Druckfarbe extrahieren

Material

4 Reagenzgläser mit Stopfen, Reagenzglasgestell, Wasser, Haushaltsbenzin, Schere, Zeitungspapier, evtl. Smartphone oder Tablet

Experimentieranleitung

1. Stelle die Reagenzgläser in das Reagenzglasgestell. Fülle in jedes Reagenzglas 3 cm Wasser.

2. Gib in jedes Reagenzglas bis auf eine Höhe von 6 cm Haushaltsbenzin dazu.

3. Schneide Zeitungsschnitzel je etwa 5 × 5 mm: Schneide zuerst 60 Schnitzel mit wenig Druckfarbe (hinten und vorne). Schneide dann 60 Schnitzel mit viel Druckfarbe.

2 Experimentaufbau mit hellen und dunklen Papierschnitzeln

4. Lies Auftrag a).

5. Reagenzglas 1: Verschliesse das Reagenzglas mit dem Stopfen und schüttle gut.

6. Reagenzglas 2: Gib 40 dunkle Schnitzel in das Reagenzglas, verschliesse es und schüttle gut.

7. Reagenzglas 3: Gib 40 helle Schnitzel in das Reagenzglas, verschliesse es und schüttle gut.

8. Reagenzglas 4: Gib 20 dunkle und 20 helle Schnitzel in das Reagenzglas, verschliesse es und schüttle es gut.

9. Beobachte genau und dokumentiere das Ergebnis mit dem Smartphone oder Tablet.

Auftrag

a) Notiere zu jedem Reagenzglas bei den Schritten 5–8 eine Vermutung, was passieren wird.
b) Dokumentiere deine Beobachtungen schriftlich und/oder mit Smartphone/Tablet. Stimmen die Ergebnisse mit deinen Vermutungen überein? Notiere.
c) Bewahre alle Reagenzgläser eine Woche lang auf. Dokumentiere deine Beobachtungen schriftlich und/oder mit Smartphone/Tablet.

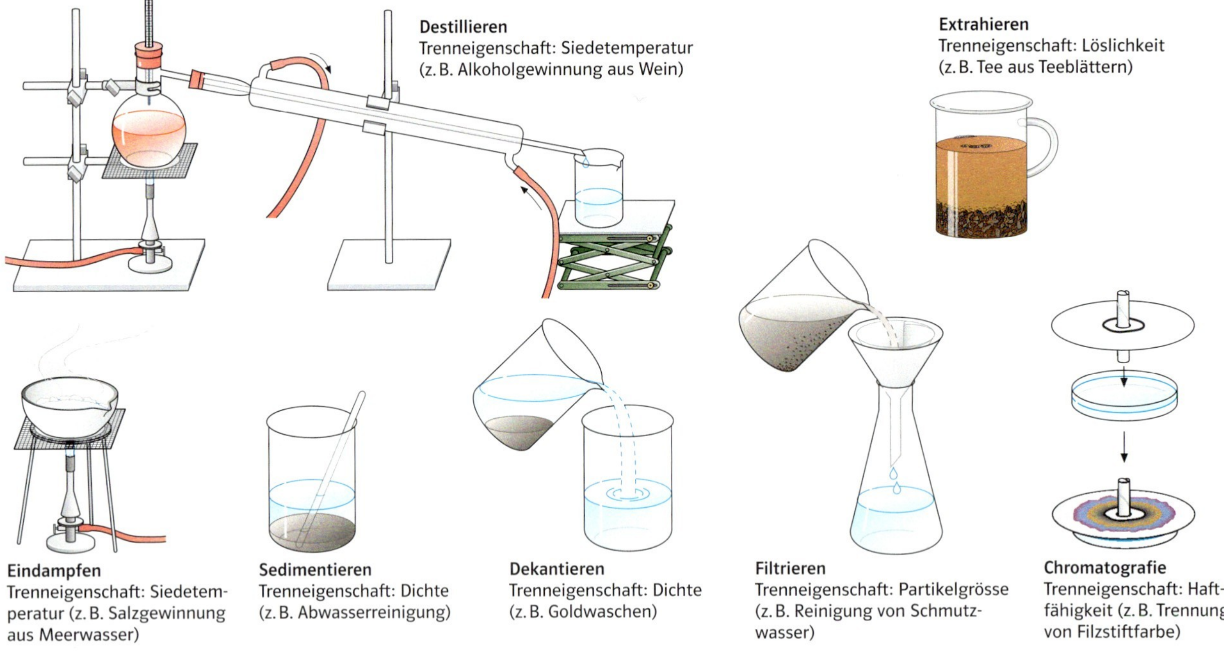

1 Wichtige Trennverfahren im Überblick

Trennverfahren im Überblick

Zur Trennung eines Stoffgemischs nutzt man Eigenschaften, in denen sich die Stoffe unterscheiden (Trenneigenschaft). Ein Reinstoff lässt sich durch Trennverfahren nicht weiter trennen.

Wie können wir ein Gemisch aus Kochsalz und Sand trennen? Wie trennt man Orangensaft vom Fruchtfleisch? Und wie werden aus Pflanzensamen Speiseöle extrahiert? Um einen Stoff aus einem Gemisch zu trennen, ist es wichtig, dass wir diejenige ↗Stoffeigenschaft nutzen, in der sich die verschiedenen Stoffe eines Gemischs unterscheiden.

Trenneigenschaften nutzen

Wenn wir ein Gemisch aus Kochsalz und Sand trennen wollen, geben wir zuerst Wasser hinzu. Das Kochsalz löst sich im Wasser, der Sand nicht. Wir nutzen also die unterschiedliche ↗**Löslichkeit** von Sand und Kochsalz in Wasser. Wenn wir das Gemisch stehen lassen, setzt sich der Sand am Boden ab. Die Kochsalzlösung über dem Sand können wir dekantieren. Dabei nutzen wir, dass Sand eine grössere ↗**Dichte** hat als die Kochsalzlösung. Zum Schluss dampfen wir die Kochsalzlösung ein und erhalten so das Kochsalz zurück. Beim Eindampfen nutzen wir, dass Kochsalz eine höhere ↗**Siedetemperatur** hat als Wasser.

Für die Trennung von Kochsalz und Sand haben wir also die Trenneigenschaften Löslichkeit, Dichte und Siedetemperatur genutzt.

Reinstoffe lassen sich nicht trennen

Lässt sich ein Stoff durch Trennverfahren nicht weiter trennen, dann liegt ein ↗**Reinstoff** vor. Aus Meerwasser können wir zum Beispiel die Reinstoffe Wasser und Kochsalz gewinnen.

Trennverfahren von A bis Z

Bild 1 fasst die wichtigsten Trennverfahren und die dafür genutzten Trenneigenschaften zusammen. Weitere Trennverfahren sind:

Auspressen [B2]
Mit Handpressen werden halbierte Früchte ausgepresst. Dabei fliesst der Saft durch ein Sieb, in dem das Fruchtfleisch hängen bleibt.

Magnettrennung [B3]
Eisen wird von Magneten angezogen. Diese Eigenschaft nutzt man zum Beispiel bei der

Kisam

E30 Alles auseinander!
Ein Gemisch aus verschiedenen Stoffen in einem Becherglas: Kannst du es trennen?

2

3

4

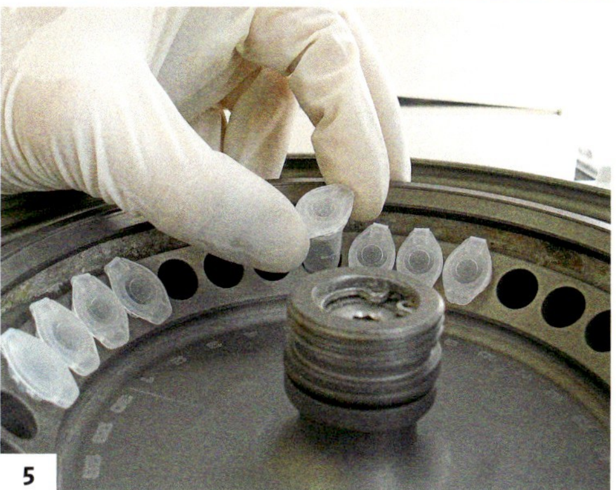
5

Mülltrennung und bei der Verwertung von Schrott. Mithilfe eines ↗Elektromagneten werden Eisenteile aus dem Müll oder aus Schrott getrennt (→ S. 103).

Öl abscheiden [B4]
Öl ist in Wasser nicht löslich. Vermischt man Wasser und Öl, dann bildet sich eine ↗Emulsion. Lässt man die Emulsion stehen, dann trennen sich die Flüssigkeiten wieder. Das Öl schwimmt auf dem Wasser, denn Öl hat eine kleinere Dichte als Wasser. Man sagt: Das Öl **scheidet sich ab**. Nun kann man die beiden Flüssigkeiten voneinander trennen. Auf diese Art kann Fett aus Saucen entfernt werden.

Zentrifugieren [B5]
↗Suspensionen oder ↗Emulsionen können auch mit einer Zentrifuge getrennt werden. Beim Trennverfahren Zentrifugieren nutzt man die unterschiedliche Dichte der Stoffe. Eine Zentrifuge arbeitet ähnlich wie eine Schleuder oder ein Karussell. Das flüssige Stoffgemisch wird in kleine Röhrchen gegeben. Die Röhrchen werden dann ganz schnell im Kreis gedreht. Dadurch werden die Stoffe mit hoher Dichte nach aussen geschleudert. Sie sammeln sich am Boden der Röhrchen. Mit Zentrifugen wird zum Beispiel Rahm aus Milch gewonnen oder Blut im Labor untersucht.

AUFGABEN

1 △ **Zeichne eine Tabelle mit drei Spalten. Fasse darin die Angaben aus Bild 1 zusammen. Spalte 1: Name des Trennverfahrens, Spalte 2: Trenneigenschaft, Spalte 3: Beispiel.**

2 ▲ **Ergänze die Tabelle aus Aufgabe 1 mit drei weiteren Trennverfahren. Nutze dazu den Abschnitt «Trennverfahren von A bis Z».**

3 ◇ **Arbeitet zu zweit. Überlegt euch möglichst viele weitere Beispiele für die einzelnen Trennverfahren. Ergänzt eure Beispiele in der Tabelle von Aufgabe 1 oder schreibt eine neue Tabelle.**

→ AB 4.06 I + II

Stoffe sammeln und wiederverwenden

Rohstoffe können nach dem Gebrauch von anderen Stoffen getrennt, gesammelt und wieder der Produktion zugeführt werden. Diesen Vorgang nennt man Recycling.

In der Schweiz werden über 80 % des gebrauchten Papiers als Altpapier gesammelt. Das entspricht mehr als 1 Million Tonnen Papier. Aus Altpapier gewinnt man ↗Cellulosefasern, um daraus wieder Papier und Karton herzustellen.
Auch andere Produkte, die wir nicht mehr brauchen, enthalten wertvolle ↗**Rohstoffe**, die für die Produktion neuer Produkte verwendet werden. Dafür werden gebrauchte Produkte gesammelt und nach unterschiedlichen Stoffen getrennt. Das Sammeln, Trennen und Wiederverwenden von Stoffen nennt man ↗**Recycling**.

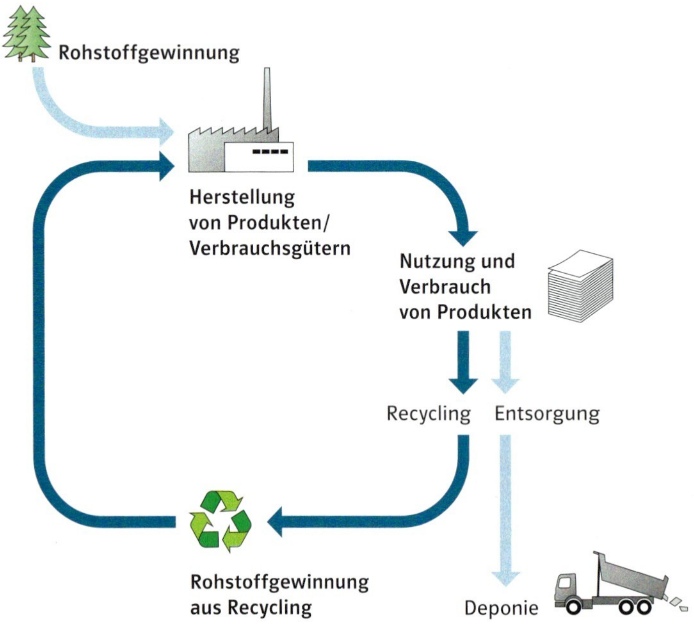

1 Der Rohstoffkreislauf am Beispiel von Papier

Recycling ist ein Teil des ↗**Rohstoffkreislaufs**. Dieser besteht aus folgenden vier Stationen: Rohstoffgewinnung aus natürlichen Ressourcen, Herstellung von Produkten, Nutzung von Produkten und Rohstoffgewinnung durch Recycling [B1].

Papier: ein Stoffgemisch

Papier besteht aus verfilzten Cellulosefasern, die mit viel Wasser, Chemikalien und Energie aus Pflanzenteilen (z. B. aus Holz) gewonnen werden. Je nach Papiersorte kommen weitere Stoffe dazu: zum Beispiel Leim, Kreide oder Farbstoffe. Bei bedrucktem Papier kommt Druckfarbe dazu.
Um beim Recycling Cellulosefasern zu gewinnen, wird Altpapier mit Wasser gemischt. Im Wasser lösen sich die Cellulosefasern voneinander und das Altpapier zerfällt. Feste Fremdstoffe (z. B. Metallklammern) werden durch das Trennverfahren Sieben vom Papier-Wasser-Gemisch getrennt und anschliessend entsorgt.
Will man aus Altpapier helles Büropapier oder Zeitungspapier herstellen, müssen die Cellulosefasern von der Druckfarbe getrennt werden. Dafür nützt man die unterschiedliche ↗Löslichkeit der beiden Stoffe in Wasser.

Ein ewiger Kreislauf?

Bei jedem Recyclingprozess werden die Cellulosefasern etwas kürzer. Damit verliert das Material an Qualität. Um die Qualität des Papiers zu erhalten, müssen neue Cellulosefasern (z. B. aus Holz) beigemischt werden.

AUFGABEN

1 △ Arbeitet zu zweit. Erklärt euch gegenseitig, wie der Rohstoffkreislauf funktioniert. Benützt dazu Bild 1.

2 △ «Papier: ein Stoffgemisch»: Was bedeutet das? Erkläre in 1–2 Sätzen.

3 ◇ Arbeitet zu zweit. Welche Sorten Papier und Karton findet ihr im Schulzimmer? Macht eine Liste. Stellt Vermutungen an, welche Sorten auf eurer Liste aus recyceltem Material hergestellt wurden und welche nicht.

4 ◆ Arbeitet zu zweit. Wenn ihr an euren Alltag denkt, welche Materialien recycelt ihr? Welche nicht? Diskutiert, warum ihr nicht alles recycelt.

Recycling-Papier: Aus Alt mach Neu

1 Schöpfrahmen herstellen

Material

4 lange Holzleisten (L: 21 cm, B: 20 mm, H: ca. 20 mm), 4 kurze Holzleisten (L: 15 cm, B: 20 mm, H: ca. 20 mm), engmaschiges Fliegengitter (ca. 30 × 25 cm), Hammer, 20 Nägel (40 mm), Heftpistole und Heftklammern

Experimentieranleitung

Der Schöpfrahmen besteht aus einem Siebrahmen und einem Formrahmen. Stelle aus den Holzleisten zwei gleich grosse Rahmen mit den Innenmassen 21 × 15 cm her. Befestige auf einem Holzrahmen das Fliegengitter mithilfe der Heftpistole.

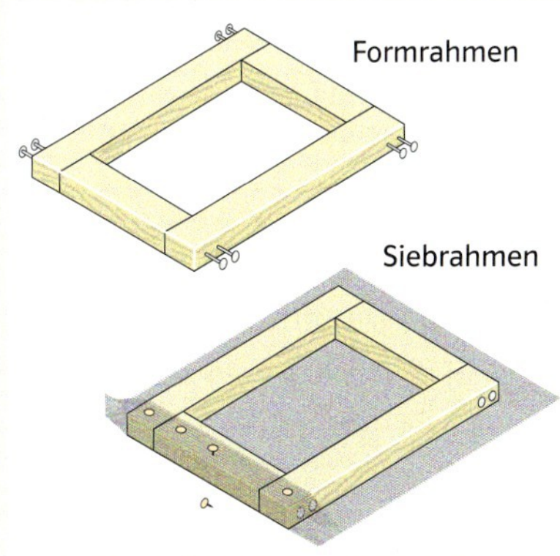

1 Schöpfrahmen aus Formrahmen und Siebrahmen

2 Papier-Wasser-Gemisch herstellen

Material

Wanne, Stabmixer, Altpapier, evtl. farbiges Papier, Wasser

Experimentieranleitung

1. Zerreisse das Altpapier in kleine Schnipsel.

2. Weiche die Schnipsel über Nacht im Wasser auf.

3. Püriere die Papierschnipsel mit dem Stabmixer. Gib so viel Wasser hinzu, dass ein dünnflüssiges Gemisch entsteht.

3 Papier schöpfen

Material

Kunststofffolie, 2 Holzbretter (ca. 30 × 20 cm), 5–6 saugfähige Tücher (z. B. Geschirrtuch), Windeleinlagen, Siebrahmen und Formrahmen, grosse Wanne mit Papier-Wasser-Gemisch, Bügeleisen, 2 Schraubzwingen, Wäscheständer, Wäscheklammern

Experimentieranleitung

1. Decke den Arbeitsplatz mit Kunststofffolie ab.

2. Bedecke ein Holzbrett mit einem der Tücher. Lege eine Windeleinlage auf das Tuch.

3. Lege den Siebrahmen mit dem Fliegengitter nach oben vor dich hin. Lege den Formrahmen auf den Siebrahmen. Rühre das Papier-Wasser-Gemisch auf.

4. Führe den Schöpfrahmen mit beiden Händen senkrecht in das Becken und drehe ihn so, dass er in eine waagrechte Position kommt.

5. Hebe den Rahmen vorsichtig waagrecht hoch. Lass das Wasser abtropfen. Auf dem Fliegengitter des Siebrahmens hat sich eine Faserschicht (Rohpapier) gebildet.

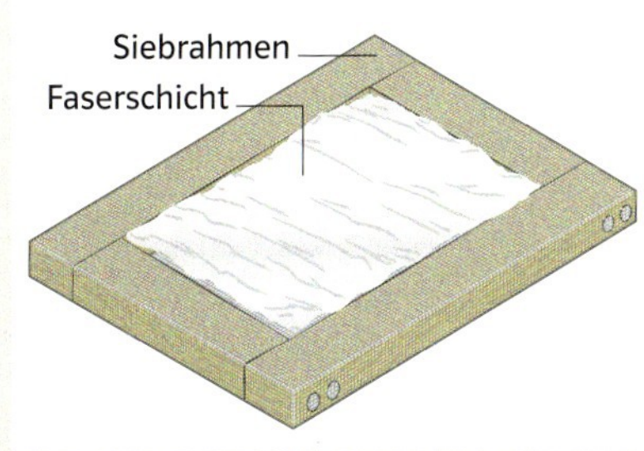

2 Faserschicht auf dem Fliegengitter

6. Nimm den Formrahmen ab.

7. Drücke den Siebrahmen mit der Faserschicht nach unten auf die vorbereitete Windeleinlage.

8. Hebe den Siebrahmen vorsichtig von der einen Seite her ab und belege das freigelegte Rohpapier mit einer Windeleinlage und einem Tuch.

9. Wiederhole die Schritte 3–8 und bilde so einen Stapel mit 3–4 solchen Paketen. Zum Schluss belegst du den Stapel mit dem zweiten Holzbrett. Presse den Stapel mit den Schraubzwingen zusammen.

10. Öffne die Schraubzwingen. Hänge das Rohpapier zum Trocknen auf.

11. Nach dem Trocknen glättest du das Papier mit einem alten Bügeleisen.

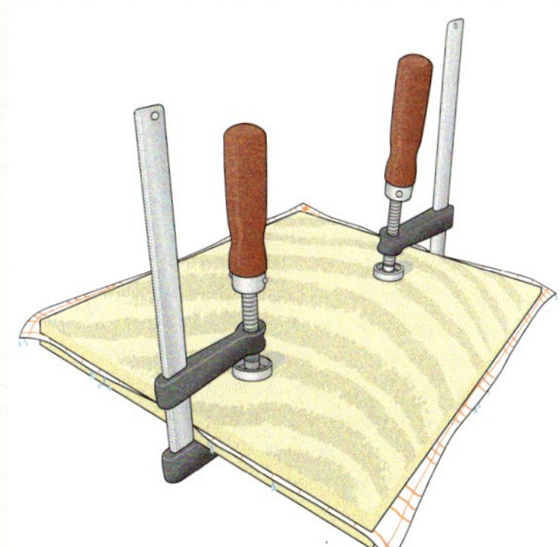

3 Geschöpftes Papier in der Presse

Reinstoffe und Stoffgemische

Ich kann den Unterschied zwischen heterogenen und homogenen Stoffgemischen erklären und Beispiele nennen. (→S. 78–79)

Ich kann den Unterschied zwischen einem Stoffgemisch und einem Reinstoff erklären und Beispiele nennen. (→S. 78–79, 90)

Ich kann folgende Fachbegriffe für Stoffgemische erklären und Beispiele nennen:
- Lösung
- Legierung
- Gasgemisch
- Feststoffgemisch
- Rauch
- Nebel
- Suspension
- Emulsion

(→S. 78–79)

Trennverfahren

Ich kann erklären, wie man Kochsalz aus Steinsalz gewinnt, und die Fachbegriffe der angewendeten Trennverfahren nennen. (→S. 82–83)

Ich kann anhand von Bild 1 erklären, wie man Trinkwasser aus Meerwasser gewinnt. (→S. 84)

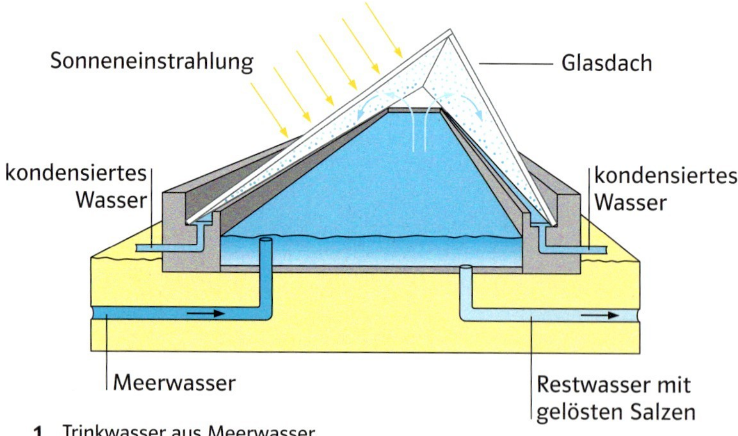

1 Trinkwasser aus Meerwasser

Ich kann die Funktionsweise einer Destillationsapparatur beschreiben und angeben, welche Stoffeigenschaft für das Trennverfahren der Destillation genutzt wird. (→S. 84–85)

Ich kann mithilfe des Teilchenmodells erklären, wie das Trennverfahren Chromatografie funktioniert und welche Stoffeigenschaften bei diesem Trennverfahren genutzt werden. (→S. 86–87)

Diese Trennverfahren kann ich in Worten und mit Beispielen erklären und nach Anleitung durchführen:
- Sedimentieren (→S. 80–81)
- Dekantieren (→S. 80–81)
- Sieben (→S. 80–81)
- Filtrieren (→S. 80–81)
- Eindampfen (→S. 82–83)
- Extrahieren (→S. 88–89)
- Magnettrennung (→S. 91)

Ich kann für die oben angegebenen Trennverfahren angeben, welche Trenneigenschaften genutzt werden. (→S. 90–91)

Ich kann zur Trennung eines einfachen Stoffgemischs die passenden Trennverfahren auswählen. (→S. 90–91)

Recycling

Ich kann die Trennverfahren nennen, die bei der Herstellung von Papier eingesetzt werden. Zudem kann ich aufzählen, welche Trenneigenschaften dabei genutzt werden. (→S. 89, 92–93)

Ich kann anhand von Papier den Rohstoffkreislauf skizzieren und erklären. (→S. 92)

WEITERFÜHRENDE AUFGABEN

1 ☐ Erkläre in 1–2 Sätzen den Unterschied zwischen einem Reinstoff und einem Stoffgemisch. (→S. 78–79, 90)

2 ☐ Ordne die folgenden Stoffe den Begriffen «Reinstoff» und «Stoffgemisch» zu: Eisen, Brausepulver, Kochsalz, Gold, Luft, Wasser, Meerwasser, Waschpulver, Milch, Zucker, Sauerstoff. (→S. 78–79, 90)

3 ☐ Die Stoffe a) bis e) werden mit Wasser gemischt. Welche Art von Stoffgemisch entsteht? (→S. 78–79)
a) Zucker
b) Öl
c) Alkohol
d) Sand
e) Kohlenstoffdioxid

4 ☐ Benenne folgende Stoffgemische mit dem Fachbegriff. Gib zudem an, ob das Gemisch homogen oder heterogen ist. (→S. 78–79)
a) Kochsalz in Wasser
b) Staub in Luft
c) Kreidepulver in Wasser
d) Essig

5 ■ «Bei heterogenen Gemischen sieht man die Bestandteile mit blossem Auge, bei homogenen braucht man eine Lupe.» Stimmt das? Begründe deine Antwort in 2–4 Sätzen. (→S. 78)

6 ☐ Eine Klasse möchte schwarze Filzstiftfarbe mit Papierchromatografie trennen. Bei einigen Filzstiften trennt sich die Farbe jedoch nicht. Woran könnte das liegen? Begründe deine Vermutung in 2–3 Sätzen. (→S. 86–87)

7 ■ Worin unterscheiden sich die Trennverfahren Eindampfen und Destillieren? Und worin gleichen sie sich? Notiere dazu 1–2 Sätze. (→S. 82–85)

8 ■ Notiere die Stoffe, aus denen Papier hergestellt wird. Erkläre, wie man bei der Herstellung von Recycling-Papier vorgeht. Verwende die Begriffe «Altpapier», «Fremdstoff» und «schöpfen». (→S. 92–93)

9 ◆ Häufig liest man auf Fruchtsaft-Flaschen den Hinweis «Vor Gebrauch schütteln». Begründe diese Anweisung in 3–4 Sätzen. (→S. 78–79)

10 ◇ Gib für folgende Stoffgemische geeignete Trennverfahren an. (→S. 80–91)
a) Sand in Wasser
b) Öl in Wasser
c) Kochsalz in Wasser
d) Alkohol in Wasser
e) Kochsalz in Gestein
f) Schwarze Filzstiftfarbe

11 ◆ Ein Gemisch aus Sand, Kochsalz und Eisenpulver soll getrennt werden. Beschreibe in einem kurzen Text (½ Seite), wie du das Gemisch trennen würdest. Nenne auch die Fachbegriffe für die Trennverfahren und für die Eigenschaften, die du zur Trennung nutzt. (→S. 80–91)

12 ◇ In der Küche werden oft Trennverfahren angewendet. Notiere mindestens vier Beispiele, die dir einfallen. (→S. 80–91)

13 ◆ In einer Autowaschanlage wird Wasser oft mit Benzin und Öl verunreinigt. Dieses Schmutzwasser wird in einem Ölabscheider gereinigt [B2]. Erkläre in 4–5 Sätzen, wie der Ölabscheider funktioniert. (→S. 90–91)

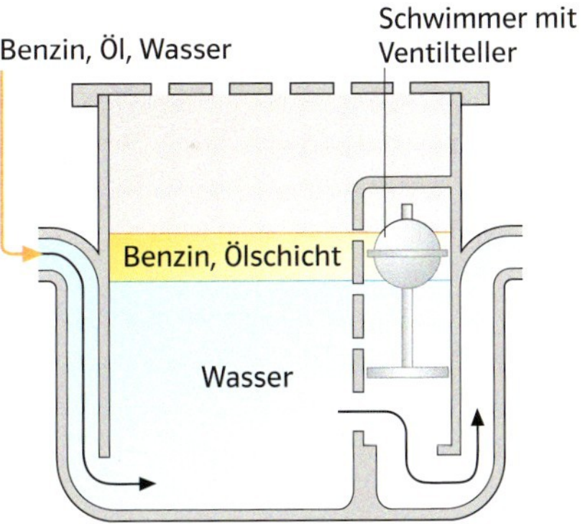

2 Das Prinzip des Ölabscheiders

5 Elektrische Phänomene

- Was ist elektrischer Strom und wie stellen wir ihn uns vor?
- Welche Wirkung hat elektrischer Strom?
- Wie können wir elektrischen Strom im Alltag nutzen?
- Und was schützt uns vor elektrischem Strom?

Elektrische Phänomene zum Einstieg

1 Der einfache Stromkreis

Material
Flachbatterie (4,5 V) oder Netzgerät (4,5 V einstellen), Kabel, Lämpchen (4,5 V)

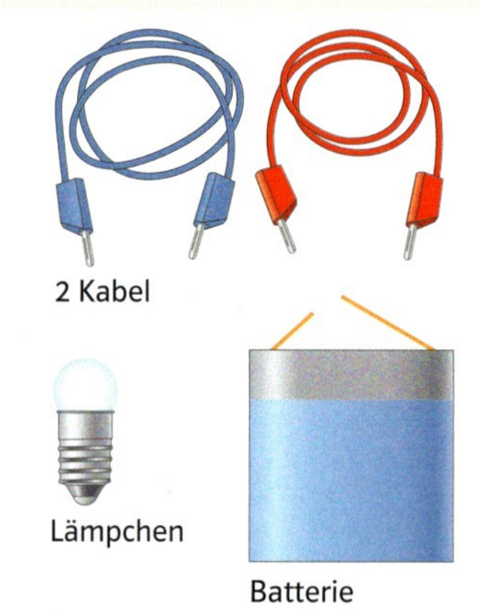

1 Eine Batterie bringt das Lämpchen zum Leuchten.

Experimentieranleitung
1. Bringe mithilfe des Materials das Lämpchen zum Leuchten.
Tipp: Der elektrische Strom muss durch das Lämpchen fliessen, damit es leuchtet.

2. Vertausche die Kabel an der Batterie. Beobachte und notiere, was passiert.

Auftrag
Notiere, worauf du beim Zusammenbauen geachtet hast. Was war besonders schwierig? Ergänze deine Notizen (2–3 Sätze) mit einem Schaltplan oder mit einer Skizze des ↗Stromkreises.

2 Die elektrische Leitfähigkeit

Material
Flachbatterie (4,5 V) oder Netzgerät (4,5 V einstellen), verschiedene Kabel, Lämpchen, verschiedene Gegenstände (z. B. Bleistift, Radiergummi, Büroklammer)

Experimentieranleitung
1. Entwickle eine Testkonstruktion, mit der du untersuchen kannst, ob ein Gegenstand elektrischen Strom leitet (elektrische ↗Leitfähigkeit).
Tipp: Verwende den Stromkreis aus Experiment 1. Überlege: Wie musst du den Stromkreis verändern?

2. Zeichne einen Schaltplan oder eine Skizze deiner Testkonstruktion.

3 Die magnetische Anziehung

Material
Stabmagnet, Eisennägel, Büroklammern

Experimentieranleitung
Teste die Stärke der magnetischen Anziehung des Stabmagneten mit Eisennägeln und Büroklammern.

Auftrag
Beschreibe in 2–3 Sätzen, wie du die Stärke der magnetischen Anziehung gemessen hast. Erwähne in deiner Beschreibung die verwendeten Gegenstände.

4 Der einfache Elektromagnet

Material
Flachbatterie (4,5 V) oder Netzgerät (4,5 V einstellen), isolierter Kupferdraht, ein grosser Eisennagel, mehrere kleine Eisennägel

Experimentieranleitung
1. Wickle den isolierten Kupferdraht mehrfach um den grossen Nagel (↗Spule).

2. Schliesse die Spule an die Flachbatterie oder ans Netzgerät an. Vorsicht: Löse die Spule von der Batterie oder dem Netzgerät, wenn sie heiss wird.

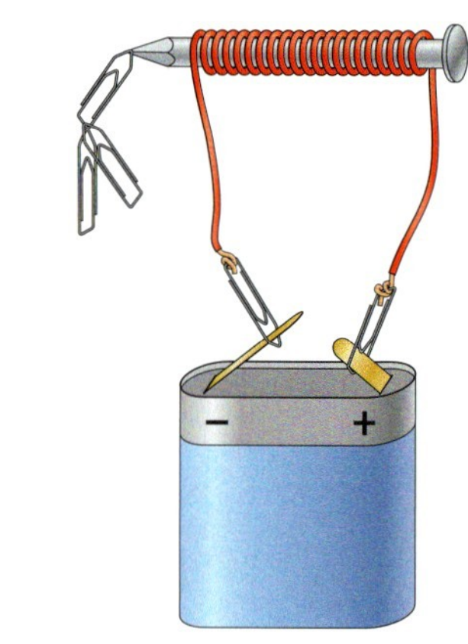

2 Ein einfacher Elektromagnet

3. Halte deine Spule in die Nähe der Eisennägel.

Auftrag
a) Halte mindestens drei Beobachtungen fest. Beginne deine Sätze mit «Ich sehe …», «Ich spüre …», «Ich höre …».
b) Vergleiche den ↗Elektromagneten mit einem Stabmagneten und notiere 3–4 Gemeinsamkeiten und Unterschiede.

Der elektrische Strom als Antrieb

Elektrische Phänomene sind den Menschen schon seit Urzeiten bekannt, weil sie sich in der Natur beobachten lassen. Zum Beispiel ein Blitz, der den Nachthimmel erhellt. Ein Blitz ist nichts anderes als natürlich vorkommender elektrischer Strom.
Bis ins 19. Jahrhundert konnten die Menschen elektrischen Strom nicht kontrollieren und somit auch nicht nutzen. Geräte und Maschinen wurden stattdessen mit der Kraft von Wind und Wasser angetrieben. Mit grossen Mühlen (Windmühle, Wassermühle) hat man zum Beispiel Getreide gemahlen [B1].

1 Das Wasserrad nutzt die Wasserkraft.

Elektrischer Strom verändert unser Leben

Mit der Erfindung der ↗Glühbirne liess sich elektrischer Strom erstmals kontrolliert nutzen. Eine Glühbirne kann man einschalten und ausschalten. Ihr Erfinder, Thomas A. Edison (1847–1931), liess die Glühbirne 1880 patentieren [B2]. Seither sind elektrisches Licht und elektrischer Strom aus unserem Leben nicht mehr wegzudenken.

Strom muss sich im Kreis bewegen

Damit der elektrische Strom seine Wirkung zeigen kann (die Taschenlampe leuchtet, der Elektromagnet zieht Nägel an), müssen sich die ↗Stromteilchen (→S. 106) in einem geschlossenen ↗Stromkreis bewegen – zum Beispiel von der Batterie durch das Kabel zum elektrischen Gerät (z. B. Lampe, Bohrer). Über ein zweites Kabel gehen die Stromteilchen zurück zur Batterie.

Maschinen brauchen Antrieb

Damit Maschinen funktionieren, brauchen sie einen Antrieb (Antriebskraft). Das Wasserrad der Getreidemühle wird durch fliessendes Wasser angetrieben, die Windmühle durch bewegte Luft (Wind). Und elektrische Geräte? Diese werden von kleinsten Teilchen angetrieben, die durch ein Kabel fliessen. Die Antriebskraft der Teilchen kommt aus einer Steckdose, aus einem Netzgerät oder aus einer Batterie.

2 Thomas Edison – Erfinder der Glühbirne

Damit ein elektrisches Gerät funktioniert, braucht es einen geschlossenen Stromkreis. Die Stromteilchen werden von einer Batterie oder von einem Elektrizitätswerk (Steckdose, Netzgerät) angetrieben.

AUFGABEN

1 △ **Notiere drei verschiedene Antriebskräfte für Maschinen und Geräte.**

2 △ **Arbeitet zu zweit. Erklärt euch gegenseitig, wie und wann der elektrische Strom seine Wirkung zeigen kann. Verwendet dafür die Begriffe «Stromteilchen» und «geschlossen». Macht eine Skizze und beschriftet sie.**

3 □ **Erst wenn die Lampe in einen geschlossenen Stromkreis eingebaut ist, kann sie leuchten. Überlege, auf welche Art das Licht ausgeschaltet werden kann. Notiere zwei Möglichkeiten.**

4 ◇ **Die Erfindung der Glühbirne hat das Leben der Menschen verändert. Diskutiert zu zweit, inwiefern das elektrische Licht unser Leben bestimmt. Notiert eure Ergebnisse in 3–4 Sätzen.
Tipp: Stellt euch vor, ihr hättet keinen elektrischen Strom zuhause. Wie würde das euer Leben verändern?**

Sicheres Experimentieren mit Strom

! Experimentiere niemals mit elektrischem Strom aus der Steckdose. Es besteht Lebensgefahr.

Bist du schon einmal am Bahnhof gestanden und hast auf einen verspäteten Zug gewartet? Der Grund für die Verspätung war möglicherweise eine Fahrleitungsstörung. Fahrleitungsstörungen können von grösseren Vögeln verursacht werden, wenn diese mit ihren Flügeln gleichzeitig die Fahrleitung und den Fahrleitungsmast berühren. So entsteht ein ↗Kurzschluss.
Ein Drahtbündel soll die Vögel davon abhalten, sich auf den Fahrleitungsmast zu setzen und mit den Flügeln die Fahrleitung zu berühren. So sind die Vögel vor einem Kurzschluss geschützt [B1].

Kurzschluss: Wenn zu viel Strom fliesst

Bei einem Kurzschluss wird der Stromkreis geschlossen, ohne dass ein elektrisches Gerät dazwischengeschaltet wird. Der Strom wird nicht durch ein Gerät «gebremst». So fliesst zu viel Strom und die Stromleitungen erhitzen sich stark. Es kann ein Brand ausbrechen. Im Haushalt entstehen Kurzschlüsse, wenn sich elektrische Leitungen berühren. Darum ist es gefährlich, eine Stromleitung anzubohren.

Sicherungen schützen

Bei einem Kurzschluss schützen uns Sicherungen. Im Haushalt findest du in der Regel einen Sicherungskasten mit Schaltern [B2]. Sobald zu viel Strom fliesst, wird der Schalter umgelegt. Der Stromkreis wird von der Sicherung unterbrochen.
Wenn die Sicherung den Stromkreis unterbrochen hat, muss die Ursache gefunden werden: Es könnte ein Kurzschluss sein. Vielleicht sind aber auch zu viele Geräte im Stromkreis und es fliesst darum zu viel Strom. Erst wenn die Ursache behoben ist, kannst du den Sicherungsschalter umlegen. Der Stromkreis wird wieder geschlossen.

Elektrische Geräte von Wasser fernhalten

Besonders gefährlich ist es, wenn elektrische Geräte mit Feuchtigkeit in Berührung kommen. Im Wasser sind Stoffe gelöst, die elektrischen Strom leiten. Elektrische Geräte gehören deshalb nie in die Nähe von Wasser. Wenn Wasser in ein elektrisches Gerät eindringt, kann es zu einem Kurzschluss kommen. Es besteht Lebensgefahr.

Der Mensch ist ein elektrischer Leiter

Der Mensch besteht zu einem grossen Teil aus Wasser. Darum kann elektrischer Strom auch durch unseren Körper fliessen. Die Gefährlichkeit des fliessenden Stroms hängt davon ab, wie stark der Strom ist, wie lang er fliesst und welchen Weg er durch den Körper

1 Vogelschutz an Fahrleitungen

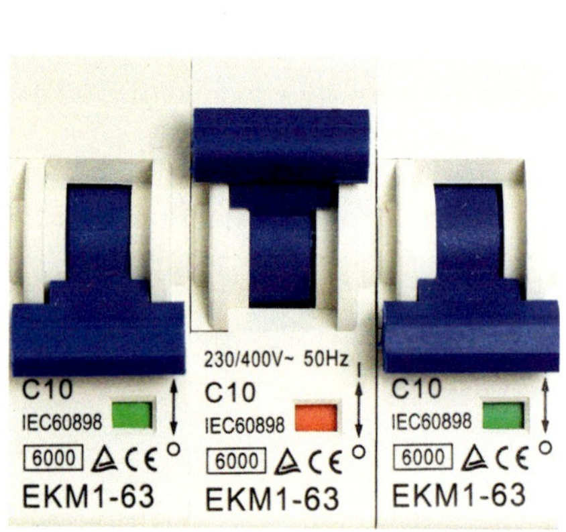

2 Sicherungsschalter im Haushalt

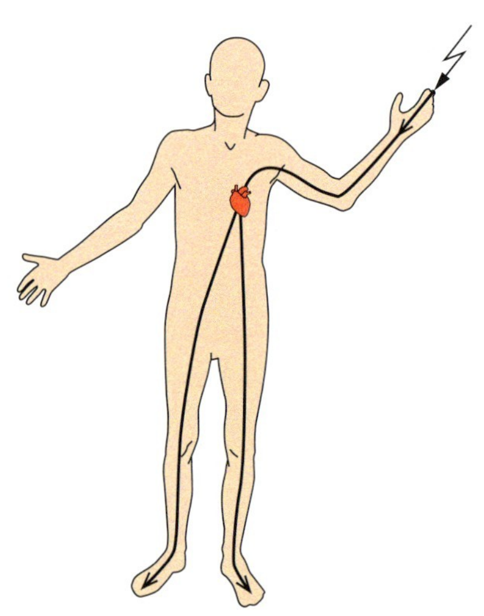

3 Elektrischer Strom fliesst durch den Körper.

nimmt [B3]. Wenn Strom durch den menschlichen Körper fliesst, spricht man auch von einem Stromschlag.

Ein Stromschlag kann lebensgefährlich sein

Strom aus der Steckdose kann lebensgefährlich sein. Weil unser Herz durch elektrische Signale gesteuert wird, kann ein Stromschlag das Herz aus dem Takt oder sogar zum Stillstand bringen. Experimentiere darum niemals mit Strom aus der Steckdose [B4]!

Sichere Spannungsquellen

Du kannst die Gefahren des Stroms klein halten, wenn du deine Experimente mit einfachen Batterien durchführst. Bei Batterien treten keine starken ↗Spannungen auf. Aber Vorsicht: Auch Batterien können bei einem Kurzschluss grosse Hitze produzieren und zu einem Brand führen.
Eine weitere sichere ↗Spannungsquelle sind die Netzgeräte, mit denen du in der Schule arbeitest. Sie sind mit einer Sicherung ausgestattet, die starke Ströme verhindert.

Schütze dich beim Experimentieren mit elektrischen Geräten: Arbeite mit sicheren Spannungsquellen, vermeide Kontakt mit Wasser und verhindere Kurzschlüsse.

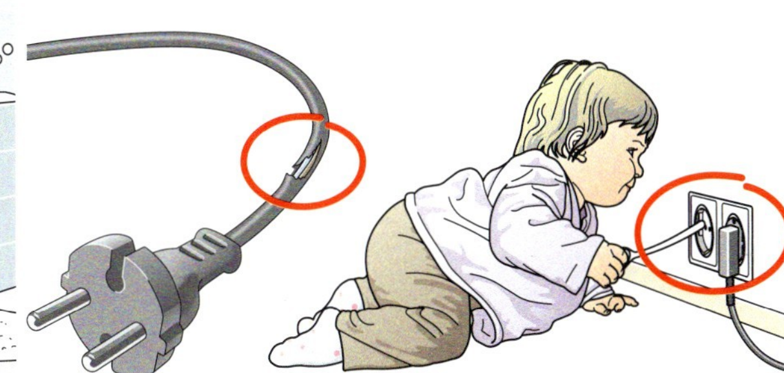

4 Gefährliche Situationen vermeiden

AUFGABEN

1 △ Arbeitet zu zweit. Sucht im Text die Stelle, die erklärt, warum ein Mensch einen Stromschlag erleiden kann. Erklärt euch die Stelle gegenseitig.

2 □ Arbeitet zu zweit. Schaut euch Bild 2 genau an. Beschreibt die Positionen der Schalter. Erklärt in 2–3 Sätzen, was die Positionen der Schalter bedeuten.

3 □ Beschreibe in je zwei Sätzen die vier Situationen in Bild 4.

4 ■ Was passiert bei einem Kurzschluss? Erkläre den Begriff in 2–3 Sätzen und mache eine Skizze dazu.

5 ◇ Notiere drei Verhaltensregeln im Umgang mit elektrischem Strom. Erkläre, wie dich diese Regeln vor Verletzungen schützen. Tragt eure Regeln in der Klasse zusammen und einigt euch auf drei für alle geltende Regeln.

6 ◆ Auch ausgeschaltete Geräte können gefährlich sein. Notiere mindestens zwei Gefahren und erkläre, welche Sicherheitsvorkehrungen getroffen werden können.

Wie wirkt elektrischer Strom?

1 Untersuchungen an der Glühbirne

Material
Batterie, Schalter, Glühbirne mit Fassung, Kabel

Experimentieranleitung

1. Arbeitet zu zweit. Baut einen Stromkreis mit geöffnetem Schalter und Glühbirne.

2. Skizziert euren Stromkreis in ähnlicher Art wie in Bild 1.

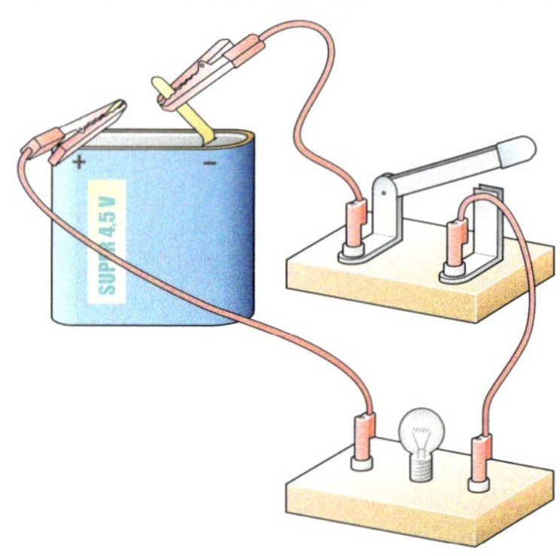

1 Einfacher Stromkreis

3. Schliesst den Schalter und beobachtet die Glühbirne. Notiert eure Vorgehensweise stichwortartig und beschreibt, was ihr seht.

4. Schliesst die Augen und umfasst die Glühbirne vorsichtig mit zwei oder drei Fingern. Notiert, was ihr spürt.

2 Vom Draht zum Elektromagneten

Material
Batterie, Kabel, Schalter, Kompass

Experimentieranleitung

1. Baue einen einfachen Stromkreis mit einem geöffneten Schalter. Lege den Kompass in die Nähe eines Kabels. Lasse die Kompassnadel in Nord-Süd-Richtung einpendeln. Skizziere deinen Stromkreis.

2. Halte das Kabel parallel zur Kompassnadel über den Kompass und schalte den Strom kurz ein. Vertausche die Kabel und wiederhole das Experiment. Notiere deine Beobachtungen in 2–3 Sätzen.

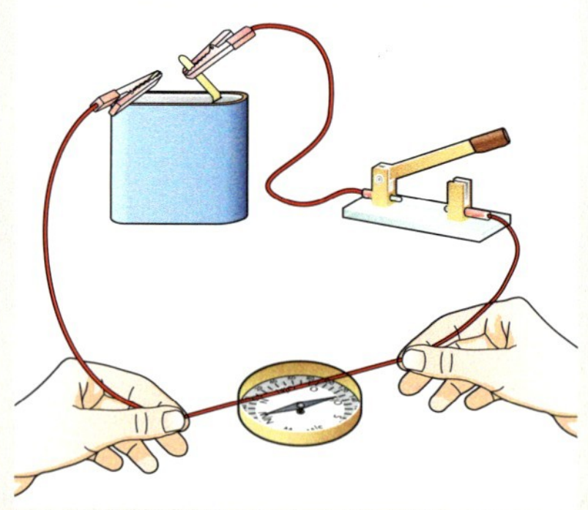

2 Einfacher Stromkreis mit Kompass

3. Halte den Draht quer zur Kompassnadel und teste, wie der Kompass sich jetzt verhält. Notiere deine Beobachtungen.

4. Zum Tüfteln: Schliesse und öffne den Schalter in regelmässigem Abstand. Variiere den Abstand von einem Bruchteil einer Sekunde bis zu ungefähr einer Sekunde. Notiere deine Beobachtungen in 2–3 Sätzen.

Auftrag
Kannst du dir vorstellen, dass man deine Beobachtungen aus dem Experiment bei Schritt 4 in einer technischen Anwendung nutzen kann? Halte deine Ideen stichwortartig fest.

3 Elektromagnete selber wickeln

Material
Batterie, isolierter Kupferdraht, ein grosser Eisen-Nagel, mehrere kleine Eisennägel

Experimentieranleitung

1. Wickle den isolierten Kupferdraht mehrfach um den grossen Nagel. Damit erhältst du eine ↗Spule mit Eisenkern.

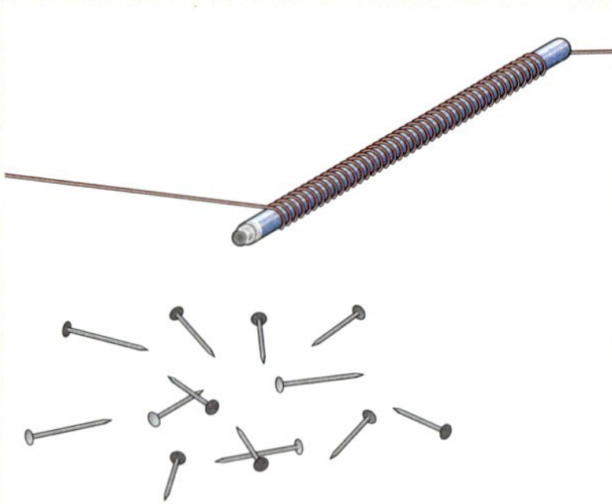

3 Spule mit Eisenkern

2. Schliesse deine Spule an die Batterie an und teste, wie viele kleine Nägel damit angezogen werden können. Notiere die Zahl.

3. Entferne den grossen Nagel und teste, wie viele kleine Nägel jetzt angezogen werden. Notiere.

4. Wickle verschiedene Spulen mit unterschiedlicher Anzahl ↗Windungen (z. B. 50, 100, 200) und teste ihre Anziehungskraft. Notiere deine Beobachtungen.

1 Strom hat verschiedene Wirkungen.

Die Wirkungen von elektrischem Strom

Den elektrischen Strom kannst du nicht sehen. Ob Strom durch einen ↗Leiter (z. B. Draht) fliesst oder nicht, kannst du nur an seinen Wirkungen erkennen [B1].

Wärmewirkung

Die Wärmewirkung des elektrischen Stroms kannst du in der Nähe einer Herdplatte, eines Bügeleisens oder eines Toasters spüren. Aber Vorsicht! Diese Geräte sind so heiss, dass du dich ernsthaft verbrennen kannst, wenn du sie berührst. Im Inneren der Geräte befinden sich Heizdrähte aus Metall. Wenn Strom durch die Heizdrähte fliesst, erwärmen sie sich.

Lichtwirkung

An der Glühbirne, wie man sie früher als Lichtquelle verwendet hat, erkennst du eine weitere Wirkung des elektrischen Stroms: Ein dünner Draht wird so stark erhitzt, dass er zu glühen beginnt. Die Lampe spendet uns Licht. Auch bei einer modernen ↗LED (Leuchtdiode) fliesst Strom, der Licht erzeugt.

Magnetische Wirkung

Wenn elektrischer Strom durch ein Kabel fliesst, wirkt das Kabel wie ein Magnet. Sogenannte ↗Elektromagnete sind für uns praktische Helfer: Elektromagnete heben schwere Eisenstücke auf dem Schrottplatz, sie öffnen auf Knopfdruck die Haustür oder auch andere Türen. Auch ein Elektromotor (→S. 104–105) läuft nur durch die magnetische Wirkung des elektrischen Stroms.

Chemische Wirkung

Elektrischer Strom hat auch eine chemische Wirkung. So kann man mithilfe des elektrischen Stroms Wasser in Wasserstoff und Sauerstoff zerlegen. Autobleche lassen sich durch Strom mit Zink überziehen, sodass das Blech nicht rostet. Man nennt diesen Vorgang Verzinken.

Elektrischer Strom ist an seinen Wirkungen erkennbar.

AUFGABEN

1 △ **a) Beschreibe verschiedene Wirkungen des elektrischen Stroms anhand der Bilder auf dieser Seite.**
☐ **b) Eine Wirkung ist schwieriger zu verstehen als die andern. Welche ist das? Versuche die Erklärung mithilfe des Textes zu finden.**

2 ☐ **Zeichne eine Tabelle mit vier Spalten. Beschrifte die Spalten mit je einer Wirkung. Suche zu jeder Wirkung elektrische Geräte aus dem Alltag und trage diese in die Tabelle ein.**

3 ◆ **Glühbirnen werden immer häufiger durch Energiesparlampen (z. B. LED) ersetzt. Begründe dies in 2–3 Sätzen.**

Kisam

E33 Wenn Strom dem Draht einheizt
E34 Anziehender Kraftprotz
E51 Falsche Kupfermünze
Ob Kleinstheizung, Lastenheber oder falsche Münzen – finde heraus, was du mit elektrischem Strom alles anstellen kannst.

So funktioniert ein Elektromagnet

Elektromagnete können eingeschaltet und ausgeschaltet werden.

Die Stärke des Elektromagneten lässt sich durch den Kern und die Anzahl Windungen verändern.

Durch die Veränderung der Stromrichtung können die Pole des Elektromagneten vertauscht werden.

Die magnetische Wirkung von elektrischem Strom können wir nutzen, um schwere Lasten zu heben. Es gibt aber auch andere Anwendungsgebiete für ↗ Elektromagnete.

Elektromagnete im Alltag

Viele Geräte im Alltag funktionieren mit Elektromagneten, zum Beispiel Lautsprecher, Türklingeln, Kaffeemaschinen. Auch Mixer und Bohrmaschinen nutzen die magnetische Wirkung von Strom für ihre Motoren.

Eigenschaften von Elektromagneten

Elektromagnete haben drei wesentliche Eigenschaften:

1. Sie können eingeschaltet und ausgeschaltet werden.
2. Die magnetische Wirkung kann verstärkt und abgeschwächt werden.
3. Die ↗ Pole von Elektromagneten können vertauscht werden (→ Experiment 1).

Einschalten und Ausschalten

Sobald der Elektromagnet eingeschaltet wird, zeigt er seine Wirkung. Auf dem Schrottplatz zum Beispiel hebt der Kran mit einem Elektromagneten das Eisen an, sobald der Elektromagnet eingeschaltet wird. Wird der Elektromagnet ausgeschaltet, endet die magnetische Wirkung. Das Eisen fällt zu Boden.

Verstärkung der Wirkung

Die magnetische Wirkung eines einzelnen ↗ Leiters (z. B. Draht) ist gering. Wir können die Wirkung eines Elektromagneten verstärken, indem wir den Leiter zu einer ↗ **Spule** wickeln. Dabei gilt: Je mehr Windungen die Spule hat, desto stärker ist ihre magnetische Wirkung. Die magnetische Wirkung eines Elektromagneten kann zusätzlich verstärkt werden, wenn der Leiter um ein Stück Eisen (↗ Eisenkern) gewickelt wird [B1].

Pole vertauschen

Jeder Magnet verfügt über zwei Pole: den ↗ **Nordpol** und den ↗ **Südpol** [B2]. Nordpol und Südpol ziehen sich an. Gleiche Pole stossen sich ab. Auch Elektromagnete haben einen Nordpol und einen Südpol. Diese können mithilfe des elektrischen Stroms vertauscht werden. Dazu muss die Stromrichtung (+ und −) vertauscht werden. Der Nordpol wird zum Südpol und umgekehrt.

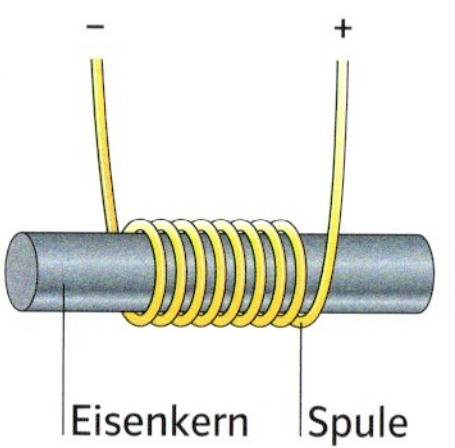

1 Ein Elektromagnet mit Eisenkern

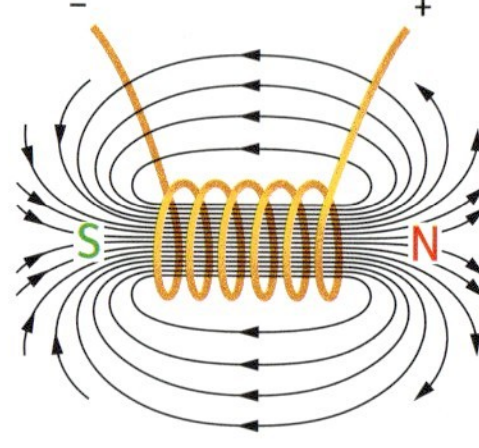

2 Südpol und Nordpol des Elektromagneten

AUFGABEN

1 △ **Notiere zwei Möglichkeiten, wie ein Elektromagnet verstärkt werden kann.**

2 △ **Welche Pole ziehen sich bei Elektromagneten an, welche stossen sich ab?**

3 □ **Skizziere einen Elektromagneten, der an eine Batterie (4,5 V) angeschlossen ist.**

4 ■ **Zeichne zu deinem Elektromagneten aus Aufgabe 3 einen zweiten, bei dem Nordpol und Südpol vertauscht werden. Zeige dabei deutlich, was geändert werden muss.**

E39 Oersteds Entdeckung
E40 Saft gibt Kraft
E41 Mit Strom zum Dreh
Strom und Magnetkraft – entdecke, was sie zusammen alles können.

Wir bauen einen Elektromotor

1 Der Nordpol wird zum Südpol

Material

Kabel oder Schaltlitze (200 cm), Eisennagel (> 50 mm), Flachbatterie (4,5 V) oder Netzgerät (4,5 V einstellen), Klebeband, Kompass

Experimentieranleitung

1. Wickle das Kabel möglichst regelmässig um den Eisennagel (aufwärts und wieder abwärts) und befestige es mit Klebeband.
2. Lege den Kompass an das eine Ende der ↗ Spule.
3. Schliesse beide Enden des Kabels an die Batterie an.
4. Beobachte die Kompassnadel. Was fällt dir auf? Notiere.
5. Vertausche die Anschlüsse an der Batterie. Notiere, was passiert.

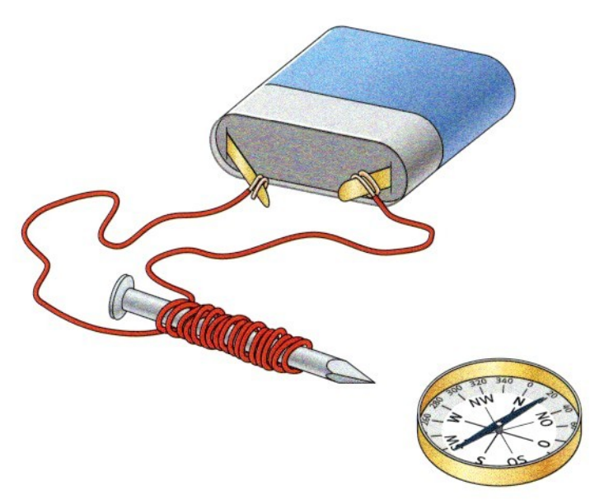

1 Bau des Elektromagneten

2 Baue einen Elektromotor

Material

3 Büroklammern (30 mm), lackierter Kupferdraht (∅ 0,5–1 mm), 2 Kabel, Flachbatterie (4,5 V) oder Netzgerät (4,5 V einstellen), Kartonunterlage (ca. 8 × 6 cm), Neodym-Magnet (∅ ca. 6 mm, Länge ca. 8 mm), Spitzzange, Schleifpapier, Klebeband, zylinderförmiger Gegenstand (∅ 1–2 cm, z. B. Leimstift)

Experimentieranleitung

1. Biege die beiden U-förmigen Bögen der drei Büroklammern auseinander, sodass sie im rechten Winkel voneinander abstehen. Mit der Spitzzange biegst du bei zwei Büroklammern aus dem grösseren U eine Öse. Die Ösen dienen später als Halterung.

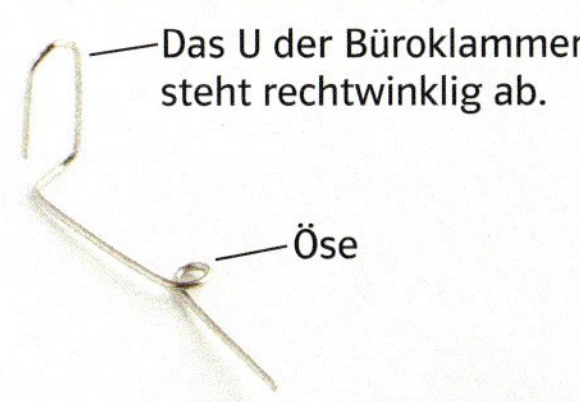

2 Die fertig gebogene Halterung

2. Wickle den Kupferdraht 10 Mal um den zylinderförmigen Gegenstand (z. B. Leimstift). Entferne den Gegenstand. Damit hast du eine ↗ Spule.
3. Wickle die beiden Enden des Drahts um deine Spule wie in Bild 3. Man nennt dies einen Rotor. Die beiden Enden sollen etwa 2 cm lang sein.

3 Der gewickelte Rotor

4. Biege die beiden Draht-Enden so zurecht, dass der Rotor gleichmässig um die Achse dreht.
5. Jetzt schleifst du die beiden Enden des Drahts halbseitig an [B4]. Achtung: Nur auf einer Seite des Drahts schleifen!

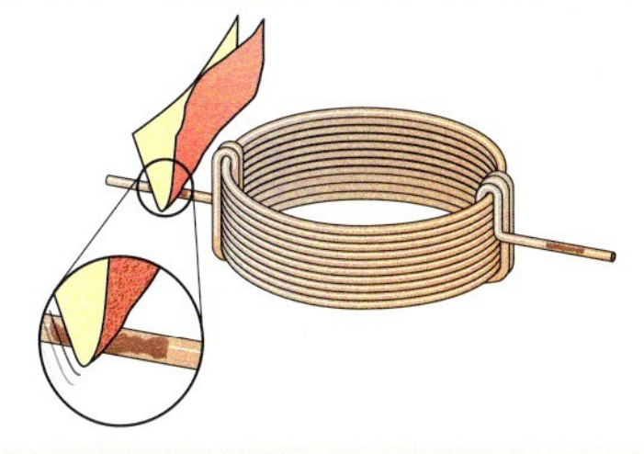

4 Draht auf einer Seite anschleifen

6. Befestige die drei Büroklammern mit Klebeband an der Kartonunterlage [B5]. Hänge den Rotor in die Ösen. Den Magneten bringst du an der dritten Büroklammer an.
7. Nimm die beiden Kabel und verbinde die Batterie mit den beiden Halterungen des Rotors. Mit einem kleinen Schubser bringst du deinen selbst gebauten Elektromotor zum Drehen.

Tipp: Falls der Elektromotor nicht gut dreht, kannst du die Pole der Batterie vertauschen oder die Position des Magneten leicht verändern.

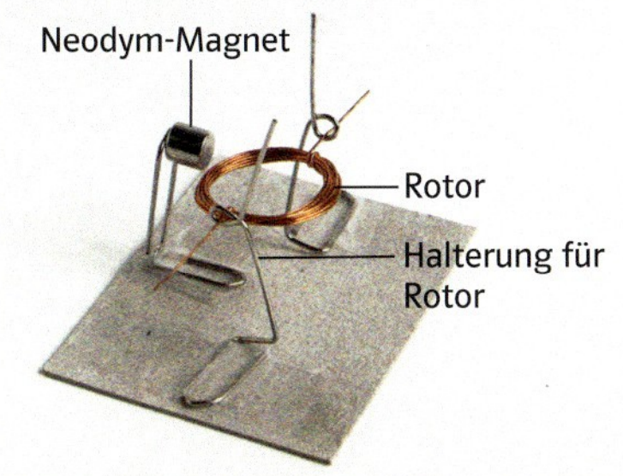

5 Der Aufbau des Elektromotors

Auftrag

a) Lege den Kompass neben den Rotor. Kannst du dir das Verhalten der Kompassnadel beim langsamen Drehen des Rotors erklären? Notiere deine Vermutung.

b) Wie erklärst du dir den Antrieb des Motors? Diskutiert zu zweit.

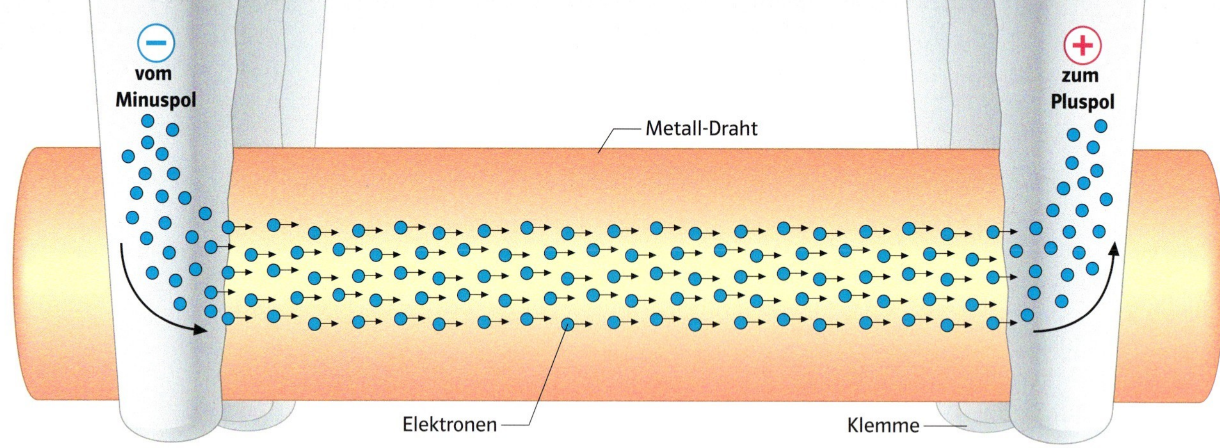

1 Elektronenfluss in einem Metall-Draht

Elektrischer Strom im Modell

Der elektrische Strom ist ein Strom von Elektronen. Die Elektronen werden durch eine Spannungsquelle angetrieben und fliessen vom Minuspol zum Pluspol.

Du kennst unterschiedliche Ströme. Ein grosser Fluss wird als Strom bezeichnet. Hier fliessen Wasserströme. Auf der Autobahn fliessen Verkehrsströme [B2]. Alle diese Ströme haben eine Gemeinsamkeit: Sie bestehen aus «Teilchen», die sich in eine gemeinsame Richtung bewegen. Beim Wasserstrom bewegen sich Wasserteilchen, beim Verkehrsstrom bewegen sich Fahrzeuge.

2 Unterschiedliche Ströme

Die Stromteilchen

Auch der elektrische Strom besteht aus Teilchen, die in eine Richtung fliessen [B1]. Es sind die Stromteilchen beziehungsweise die ↗**Elektronen**. Elektronen sind so klein, dass man sie nicht sehen kann. Sie können sich besonders gut in Metallen bewegen. Deshalb sind Metalle gute Leiter für Strom (→S. 68). Metalle (z. B. Kupfer oder Silber) verwendet man für Stromkabel und Stromleitungen.

Elektrischen Strom erzeugen

Um Strom zu erzeugen, werden die Elektronen durch eine ↗**Spannungsquelle** angetrieben. Als Spannungsquellen verwenden wir hauptsächlich Batterien, Steckdosen oder Netzgeräte. Die Elektronen fliessen im Kreis vom Minuspol zum Pluspol einer Spannungsquelle. Deshalb sprechen wir von ↗Stromkreis.

AUFGABEN

1 △ Notiere 2–3 verschiedene Ströme, die du kennst. Nenne ihre Gemeinsamkeiten.

2 △ Beschreibe in 1–2 Sätzen die Bewegung der Elektronen in elektrischem Strom. Verwende dabei die Begriffe «fliessen» und «Spannungsquelle».

3 ■ Begründe, warum das Herumlaufen von Schulkindern auf dem Pausenplatz kein Beispiel für einen Strom ist.

4 ◆ Zeichne eine Schaltung aus Batterie, Kabeln und Lämpchen. Kennzeichne die Richtung, in die sich die Elektronen bewegen.

Modelle helfen zu verstehen

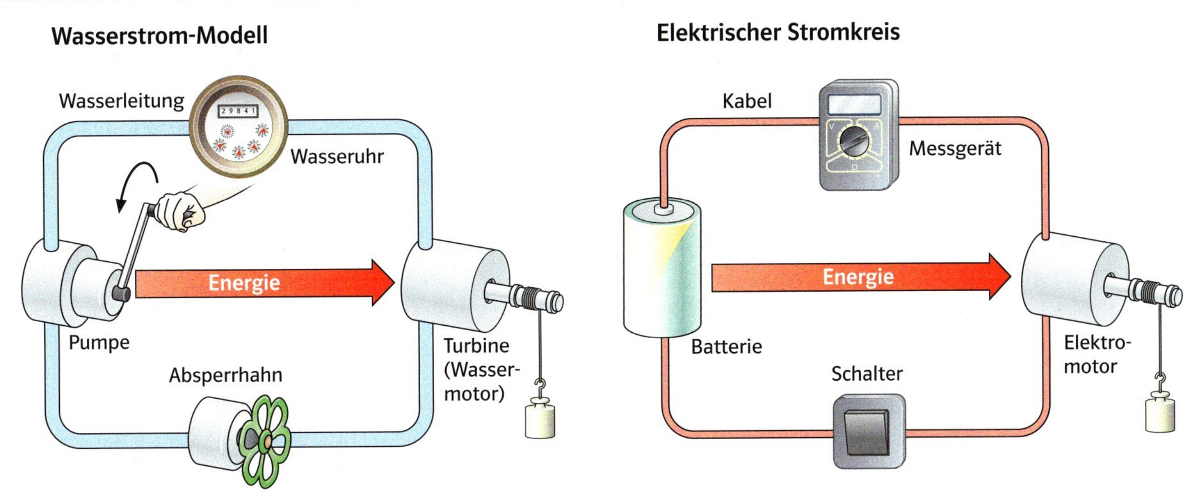

1 Das Wasserstrom-Modell hilft uns, den elektrischen Strom zu verstehen.

Den elektrischen Strom können wir nicht sehen. Wir versuchen uns deshalb vorzustellen, was in einem Stromkreis geschieht. Unsere Vorstellung ist ein ↗**Modell** dieser Vorgänge. Ein Modell stimmt nicht genau mit der Wirklichkeit überein. Modelle helfen uns dabei, die Natur zu verstehen.

Im Nachfolgenden vergleichen wir anhand von Bild 1 das Modell eines Wasserstroms mit unserer Vorstellung eines elektrischen Stromkreises. Dieser Vergleich soll dir dabei helfen, den elektrischen Stromkreis zu verstehen.

Das Modell: Der Wasserstrom

Du drehst das Handrad einer Wasserpumpe [B1, links]. Die Pumpe treibt die Wasserteilchen an. Das Wasser beginnt in der Wasserleitung zu fliessen. An der Wasseruhr kannst du nun ablesen, wie viel Wasser fliesst. Mit dem Absperrhahn kannst du das strömende Wasser anhalten. Eine Turbine wird von dem strömenden Wasser angetrieben und hebt einen Gewichtsstein an.

Die Wirklichkeit: Der elektrische Strom

In einer Batterie ist Energie gespeichert. Du betätigst den Schalter [B1, rechts]. Die Elektronen fliessen durch das Kabel. An einem Messgerät kannst du ablesen, wie viel Strom fliesst. Der Elektromotor beginnt zu laufen. Er kann einen Gewichtsstein anheben.

AUFGABEN

1 ▲ **a) Arbeitet zu zweit. Schaut euch Bild 1 genau an. Diskutiert, was in Bild 1 dargestellt ist.**
■ **b) Legt eine Tabelle an, in der ihr alle beschrifteten Teile des elektrischen Stromkreises und des Wasserstromkreises einander zuordnet.**

2 ■ **Notiert in einer dritten Spalte die übereinstimmenden Eigenschaften der beiden Kreisläufe.**

3 ◆ **Ein Papierflieger ist ein Modell, das du aus deinem Alltag kennst.**
a) Notiere stichwortartig mindestens drei Übereinstimmungen zwischen dem Papierflieger und einem wirklichen Flugzeug.
b) Begründe in 3–4 Sätzen, warum der Papierflieger ein Modell ist.

AB 5.04 I + II

Elektrische Stromkreise

1 Wann leuchtet die Lampe?

Material

Lämpchen (z. B. 3,8 V), Batterie (4,5 V)

Experimentieranleitung

Für dieses Experiment benötigst du nur ein Lämpchen und eine Batterie. Gelingt es dir, das Lämpchen ohne weitere Hilfsmittel zum Leuchten zu bringen?

Auftrag

Probiere verschiedene Möglichkeiten aus. Skizziere deine Lösungen.

2 Die Lampe im Stromkreis

Material

2 Lämpchen (z. B. 3,8 V) mit Fassungen, 1 Batterie (z. B. 4,5 V), 1 Schalter, mehrere Kabel

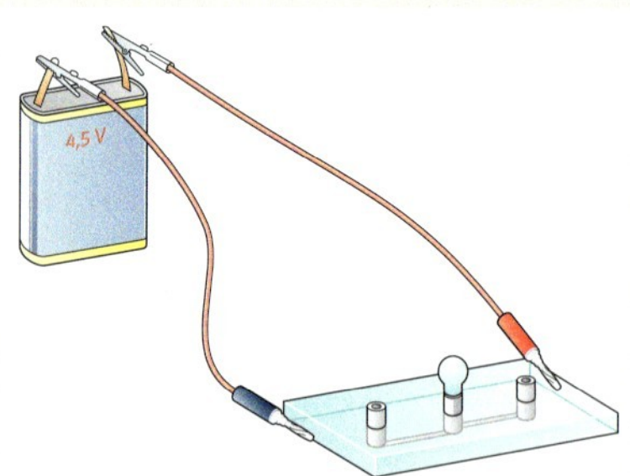

1 Lämpchen im Stromkreis

Experimentieranleitung

1. Baue einen elektrischen Stromkreis wie in Bild 1 auf.
2. Vertausche die Batteriepole. Beobachte, was passiert. Notiere deine Beobachtung stichwortartig.
3. Baue ein zweites Lämpchen zwischen die Batterie und das erste Lämpchen ein. Beobachte, was sich verändert. Notiere deine Beobachtung.
4. Nun sollst du einen Schalter in den Stromkreis einbauen. Ist es egal, an welcher Stelle du den Schalter einbaust? Überprüfe deine Vermutung.

Auftrag

Skizziere einen Stromkreis mit Schalter und einem Lämpchen. Notiere, an welcher Stelle der Schalter eingebaut werden muss.

3 Wann läuft der Motor?

Material

Batterie (z. B. 4,5 V), Solarzelle, Experimentiermotor mit Propeller, mehrere Kabel, starke Taschenlampe

Experimentieranleitung

1. Schliesse den Motor an die Batterie an. Vertausche die Batteriepole. Beobachte und notiere die Veränderungen.
2. Ersetze die Batterie durch die Solarzelle. Bringe den Motor mithilfe der Solarzelle zum Laufen.

2 Experimentiermotor mit Propeller

Auftrag

Solarzellen sind Spannungsquellen, die das Licht nutzen. Wie muss die Solarzelle aufgestellt werden, damit der Motor möglichst schnell dreht? Halte deine Beobachtungen in 2–3 Sätzen fest.

4 Der Dynamo

Material

Velo mit Nabendynamo (Alternative: Vorderrad mit Dynamo), Lämpchen mit Fassung, 2 Kabel

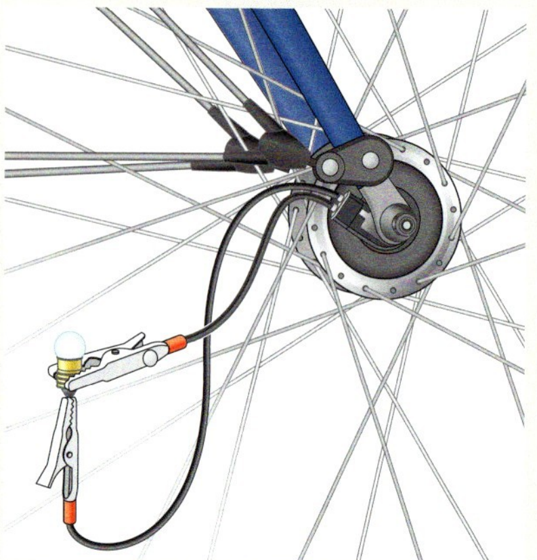

3 Anschluss des Lämpchens an den Dynamo

Experimentieranleitung

Bringe mit einem Nabendynamo das Lämpchen zum Leuchten.
Finde dazu heraus, wo das Lämpchen am Dynamo angeschlossen werden muss. Skizziere die Anordnung der Bauteile.

Der elektrische Stromkreis

Täglich benutzt du elektrische Geräte: das Smartphone zum Telefonieren, eine Lampe zum Lesen, den Föhn zum Haaretrocknen. Doch wie funktionieren diese Geräte eigentlich?

Geschlossener Stromkreis

Elektrische Geräte können nur in einem **geschlossenen ↗Stromkreis** funktionieren [B1]. Die ↗Elektronen fliessen über einen ↗Leiter (z. B. Metall-Draht) vom Minuspol einer Spannungsquelle zum Pluspol. Die ↗Spannungsquelle ist der Antrieb der Elektronen. Wenn der Stromkreis unterbrochen ist, gibt es keine Spannung. Die Elektronen haben dann keinen Antrieb. Damit du ein elektrisches Gerät einschalten und ausschalten kannst, gibt es elektrische Bauteile, die den Stromkreis schliessen und unterbrechen können. Ein solches Bauteil ist zum Beispiel der Schalter.

Schaltzeichen und Schaltpläne

Für alle elektrischen Bauteile gibt es einheitliche **↗Schaltzeichen** [B3]. Diese Schaltzeichen sind auf der ganzen Welt gleich. Sie ermöglichen eine übersichtliche Darstellung von Stromkreisen in einem **↗Schaltplan** [B2]. Schaltpläne können somit unabhängig von der Sprache auf der ganzen Welt verstanden werden.

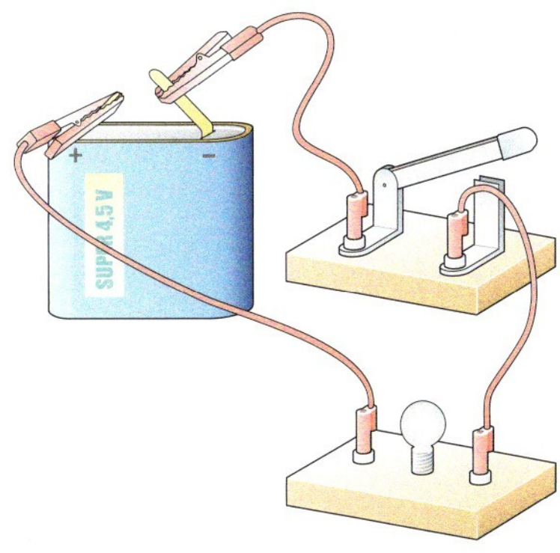
1 Ein einfacher elektrischer Stromkreis

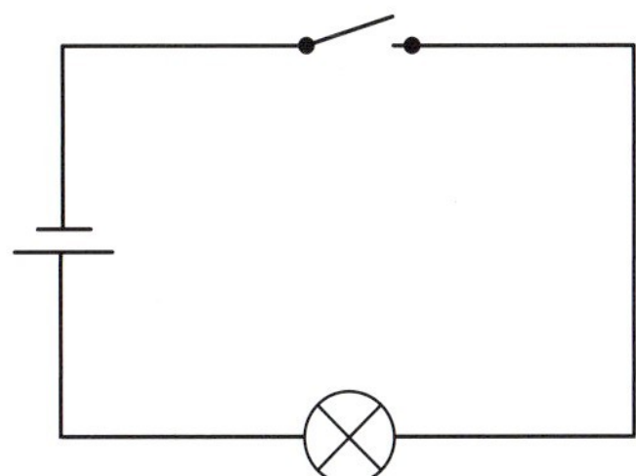
2 Schaltplan eines einfachen Stromkreises

Kabel, Leitung

24 V

Spannungsquelle

Batterie

M

Motor

Solarzelle

Lampe

Leuchtdiode, LED

Spule, Wicklung

Klingel, Hupe

Ein-Aus-Schalter, Schalter allgemein

Wechselschalter

Taster

3 Schaltzeichen

AUFGABEN

1 △ **Erkläre, was ein geschlossener Stromkreis ist. Benütze dafür die Begriffe «Spannungsquelle», «Minuspol» und «Pluspol». Ergänze zwei weitere Bauteile.**

2 △ **Wozu werden Schaltzeichen verwendet? Erkläre in einem Satz.**

3 ■ **Wähle drei Bauteile aus Bild 3, die du zum Aufbau eines einfachen elektrischen Stromkreises benötigst. Zeichne einen Schaltplan mit den drei Bauteilen.**

4 ■ **Zeichne den Schaltplan eines Stromkreises, der unterbrochen werden kann. Verwende vier Bauteile aus Bild 3.**

5 ■ **Beschreibe den Weg und die sichtbare Wirkung der Elektronen, wenn der Schalter des Stromkreises in Bild 1 geschlossen wird.**

6 ◆ **Welche Bedingungen müssen erfüllt sein, damit ein elektrisches Gerät funktioniert? Erkläre in 2–3 Sätzen.**

7 ◆ **Notiere die Spannungsquellen, die in den Experimenten 1–4 (gegenüber) verwendet wurden. Zeige ihre Vorteile und Nachteile in einer Tabelle auf.**

Leiter und Nichtleiter

Stoffe, in denen sich Elektronen frei bewegen können, werden Leiter genannt. Stoffe, in denen sich Elektronen nicht frei bewegen können, werden Nichtleiter oder Isolatoren genannt.

Alle Gegenstände bestehen aus Stoffen. Verschiedene Stoffe haben unterschiedliche Eigenschaften (→S. 56). Eine davon ist die elektrische Leitfähigkeit. Zu den Stoffen mit Leitfähigkeit gehören zum Beispiel alle Metalle (→S. 68), aber auch Graphit. Graphit ist ein Mineral, das man zum Beispiel für die Herstellung von Bleistiftminen braucht.

Leitende und nichtleitende Stoffe

In leitenden Stoffen können sich ↗Elektronen frei bewegen. Auch in vielen Flüssigkeiten (z. B. Leitungswasser, Blut) kann elektrischer Strom fliessen. Stoffe, die Strom leiten, nennt man ↗**Leiter**.
Zu den nichtleitenden Stoffen zählen zum Beispiel Kunststoff, Glas, Porzellan und Kalk. In diesen Stoffen können sich die Elektronen nicht frei bewegen. Man nennt diese Stoffe deshalb ↗**Nichtleiter** oder ↗**Isolatoren**.

Teste mit einem Stromkreis

Mithilfe eines Stromkreises kannst du untersuchen, welche Stoffe elektrischen Strom leiten und welche nicht (→S. 98–99). Das Lämpchen in Bild 1 zeigt an, welche Stoffe den elektrischen Strom leiten: Wenn das Lämpchen leuchtet, dann leitet der Stoff den elektrischen Strom.

Aufbau eines Stromkabels

Ein Stromkabel nutzt die unterschiedlichen Eigenschaften von leitenden und nichtleitenden Stoffen. Es besteht im Innern aus einem Metall-Draht als Leiter. Aussen ist es von Kunststoff als Isolator umgeben. Dadurch können wir das Kabel gefahrlos berühren. Ein Experimentierkabel zum Beispiel besteht aus vielen feinen Kupferdrähten im Innern. Kupfer ist ein Metall. Durch die vielen dünnen Drähte bleibt das Kabel biegsam. Das Drahtbündel ist von biegsamem Kunststoff umhüllt.

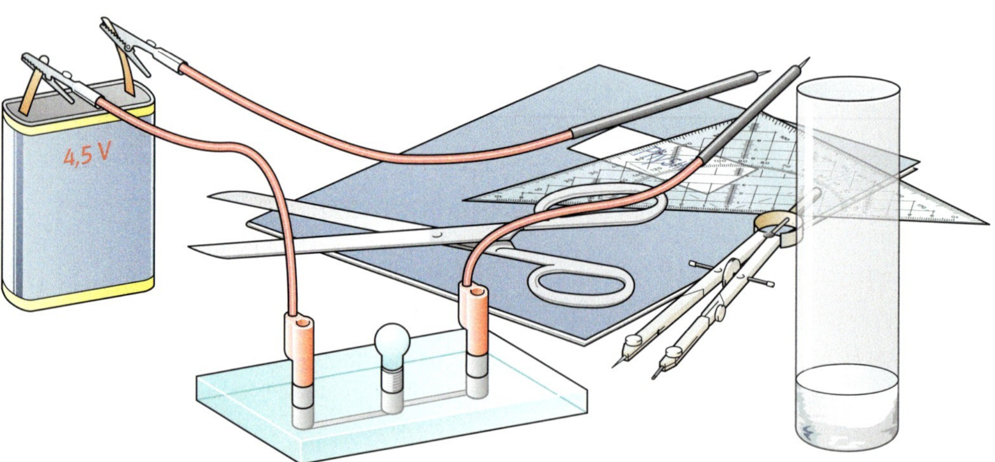

1 Leiter oder Nichtleiter? Der Test mit einem einfachen Stromkreis gibt die Antwort.

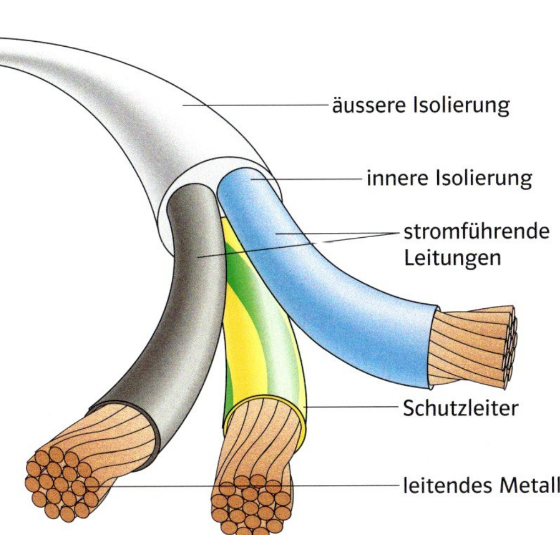

2 Aufbau eines Kabels für Haushaltsgeräte

3 Freileitungen

Stromkabel im Haushalt

Ein Kabel für elektrische Haushaltsgeräte besteht meistens aus drei einzelnen Leitungen [B2]. Sie enthalten ebenfalls mehrere Kupferdrähte. Diese sind jedoch dicker als im Experimentierkabel, weil im Haushalt stärkerer Strom fliesst. Alle drei Leitungen sind voneinander gut isoliert. Aussen sind alle Leitungen von einem weiteren Mantel aus Kunststoff umgeben. Die Leitungen von Kabeln, die fest in der Wand verlegt sind, bestehen meistens aus einzelnen massiven Kupferdrähten.

Freileitungen

Elektrizitätswerke transportieren den elektrischen Strom in Freileitungen über grosse Entfernungen [B3]. Freileitungen müssen leicht und dennoch fest genug sein, damit sie jedem Wetter standhalten. Freileitungen bestehen deshalb aus einem stabilen Stahlkern, der mit gut leitenden Aluminiumseilen umwickelt ist. Freileitungen haben also keine isolierende Schutzhülle. Sie dürfen deshalb nie berührt werden.

Experimentierkabel und Haushaltskabel bestehen immer aus einem Kupferdraht (Leiter) und einem Kunststoffmantel (Isolator). Freileitungen haben keine Hülle aus einem Isolator. Sie dürfen deshalb nie berührt werden.

AUFGABEN

1 △ a) Erkläre die Begriffe «Leiter» und «Isolator» und verwende dabei das Wort «Elektronen».
△ b) Nenne je mindestens zwei Beispiele für einen Leiter und einen Isolator.

2 □ a) Notiere die Bestandteile eines Stromkabels.
□ b) Erkläre in 3–4 Sätzen, wie sich ein Experimentierkabel von einem Haushaltskabel unterscheidet.

3 □ Notiere zwei Beispiele, bei denen Isolatoren besonders wichtig sind.

4 □ Erkläre in 4–5 Sätzen den unterschiedlichen Aufbau eines Experimentierkabels und einer Freileitung.

5 ◇ Diskutiert zu zweit. Warum muss ein in der Wand verlegtes Kabel anders aufgebaut sein als das Anschlusskabel eines Haushaltsgeräts?

6 ◆ Elektrische Geräte brauchen zwei stromführende Leitungen, damit der Stromkreis geschlossen ist. Viele elektrische Geräte haben eine dritte Leitung, den sogenannten Schutzleiter [B2]. Diskutiert zu zweit. Was ist die Aufgabe des Schutzleiters? Wie löst der Schutzleiter diese Aufgabe?

Serie- und Parallelschaltung

Lämpchen können in Serie oder parallel geschaltet sein. Man spricht von Serieschaltung und Parallelschaltung.

Wenn du zwei oder mehr Lämpchen an eine einzige Stromquelle anschliessen möchtest, hast du zwei Möglichkeiten: Die Bauteile können parallel oder in Serie geschaltet werden.

Serieschaltung

In einer Serieschaltung sind alle Lämpchen nacheinander in Serie geschaltet [B1]. Das bedeutet, dass sich alle Bauteile im gleichen Stromkreis befinden.

Je mehr gleiche Lämpchen in Serie geschaltet werden, desto schwächer leuchtet jedes einzelne Lämpchen. Wird ein Lämpchen aus der Fassung gedreht, dann ist der gesamte Stromkreis unterbrochen: Alle Lämpchen gehen aus.

Parallelschaltung

Bei einer Parallelschaltung ist jedes Lämpchen einzeln an die Batterie angeschlossen [B2]. Somit hat jedes Lämpchen seinen eigenen Stromkreis.

Für die Helligkeit der Lämpchen gilt hier: Du kannst weitere, gleiche Lämpchen parallel hinzuschalten, ohne dass die Lämpchen schwächer leuchten. Ist eines der Lämpchen defekt, so ist nur der Stromkreis dieses Lämpchens unterbrochen – die anderen leuchten weiter.

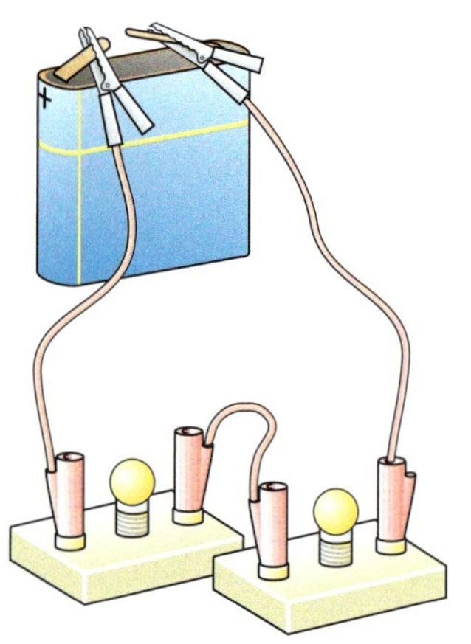
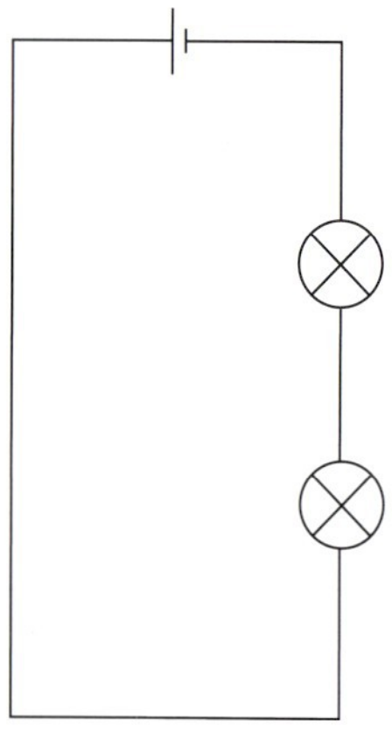

1 Aufbau und Schaltplan einer Serieschaltung

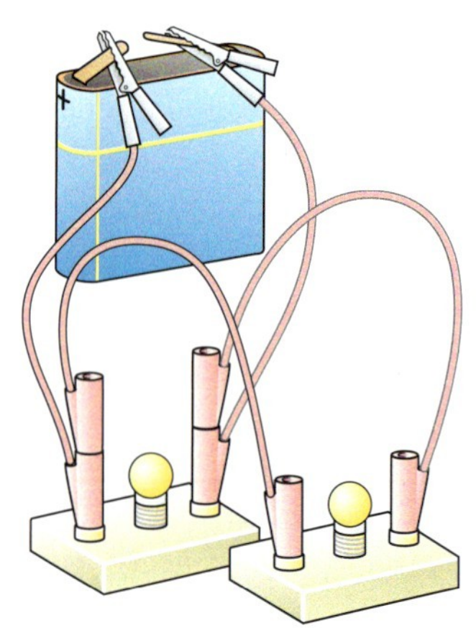
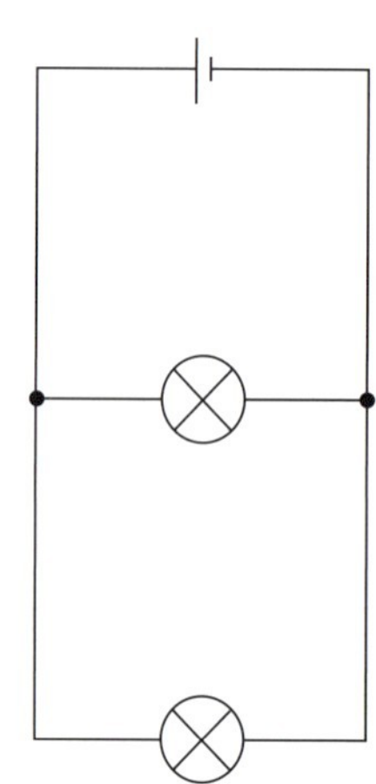

2 Aufbau und Schaltplan einer Parallelschaltung

AUFGABEN

1 △ **Notiere je drei Merkmale einer Serieschaltung und einer Parallelschaltung.**

2 □ **Du drehst in einer Schaltung mit mehreren Lämpchen ein Lämpchen heraus. Daraufhin gehen alle anderen Lämpchen aus. Begründe in 1–2 Sätzen, ob es sich um eine Serieschaltung oder um eine Parallelschaltung handelt.**

3 □ **In einer Schaltung mit mehreren Lämpchen soll jedes einzeln ein- und ausgeschaltet werden können. Erkläre in 1–2 Sätzen, ob die Lämpchen in Serie oder parallel geschaltet werden müssen.**

4 ◇ **Wie sind wohl die Lampen in eurem Wohnzimmer oder in eurer Küche geschaltet, in Serie oder parallel? Diskutiert zu zweit und notiert eure Antwort.**

E32 Genug Saft für alle
Verändert sich die Helligkeit der Lämpchen, wenn ich mehrere zusammenschliesse? Spielt es eine Rolle, wie ich sie anordne? Das Experiment gibt dir Antwort.

Schaltungen im Alltag

1 Verschiedene Velolichter

1 Die Velobeleuchtung

Material
Mindestens 3 Velos mit (Naben-) Dynamo und funktionierenden Lichtern

Experimentieranleitung
1. Bringe die Velolampen zum Leuchten. Beobachte die Helligkeit der Lampen genau.

2. Entferne eine der beiden Lampen. Du kannst die Lampe dazu entweder aus der Halterung herausdrehen oder ein Kabel entfernen. Bringe die andere Lampe erneut zum Leuchten. Was beobachtest du? Verändert sich die Helligkeit? Notiere deine Beobachtung.

Auftrag
a) Suche die Kabel der Vorderlampe und der Hinterlampe. Überlege dir: Wie kommt der Strom zu den Lampen? Vergleiche mit Bild 1 und notiere deine Überlegungen in 2–3 Sätzen.
b) Vergleiche die Velolampen und die Kabel der verschiedenen Velos miteinander. Wie viele Möglichkeiten zur Versorgung der Lampen mit Strom findest du? Notiere und beschreibe sie in 1–2 Sätzen.
c) Diskutiert zu zweit. Handelt es sich bei der Velobeleuchtung um eine Parallelschaltung oder um eine Serieschaltung? Begründet eure Antwort.

2 Die Lichterkette

Material
Mindestens 4 Lämpchen mit Fassung, Batterie oder Netzgerät, mindestens 6 Kabel

Experimentieranleitung
1. Baue eine Lichterkette mit mindestens vier Lämpchen. Mache eine Skizze deiner Lichterkette.

2. Schalte die Lichterkette ein. Leuchten alle Lämpchen?

3. Schalte die Lichterkette aus. Drehe ein Lämpchen aus der Fassung und schalte die Lichterkette wieder ein. Was beobachtest du? Notiere deine Beobachtung.

Auftrag
a) Diskutiert zu zweit. Handelt es sich bei einer Lichterkette um eine Parallelschaltung oder um eine Serieschaltung? Begründet eure Antwort.
b) Es gibt Lichterketten mit einer Kombination von Serieschaltung und Parallelschaltung. Wie könnte eine solche Schaltung aussehen? Skizziere die Schaltung.
c) Welche Vorteile weist die Schaltung aus Auftrag b) gegenüber der Schaltung im Experiment auf? Notiere deine Überlegungen in 1–2 Sätzen.

3 Taschenlampe, Wecker, Laserpointer

Material
Verschiedene Geräte mit zwei Batterien (z. B. Taschenlampe, Wecker, Laserpointer, Küchenwaage)

Experimentieranleitung
Serieschaltung und Parallelschaltung gibt es nicht nur bei Lampen. Finde heraus, wie die Batterien in den verschiedenen Geräten geschaltet sind [B2].

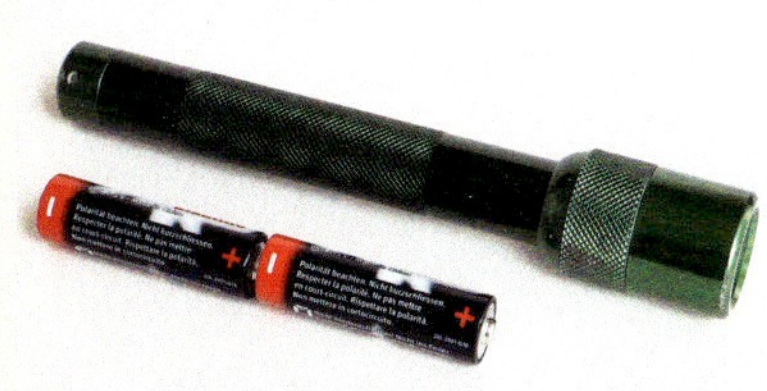

2 Taschenlampe mit zwei Batterien

Auftrag
Zeichne den Schaltkreis eines Geräts mit zwei Batterien. Handelt es sich hier um eine Serieschaltung oder um eine Parallelschaltung? Begründe deine Antwort.

Die Stromstärke

Die elektrische Stromstärke gibt an, wie viele Elektronen in einer bestimmten Zeit an einem Messpunkt vorbeifliessen.

Formelzeichen: *I*
Masseinheit:
Ampere (A)
1 A = 1000 mA

E35 Stau am Lampendraht
Beobachte die Lichtwirkung und die Wärmewirkung des elektrischen Stroms und miss die fliessenden Ströme.

Die Stärke des elektrischen Stroms lässt sich messen. Damit wir uns besser vorstellen können, was mit dem Begriff ↗«**Stromstärke**» gemeint ist, schauen wir uns das Modell der Schülerstrom-Stärke an.

Die Schülerstrom-Stärke

Noah und Lara wollen die Stärke des Schülerstroms bestimmen, der am Ende der Pause in das Schulgebäude fliesst [B1]. Als Messstelle wählen sie den Eingang der Schule. Noah zählt die Schülerinnen und Schüler, die das Gebäude betreten. Lara misst die Zeit von der ersten Schülerin, die durch die Tür geht, bis zum letzten Schüler. Sie stellen fest, dass 180 Personen in 60 Sekunden das Gebäude betreten. Um daraus die Schülerstrom-Stärke zu berechnen, müssen sie nur die Anzahl der eintretenden Personen durch die dafür benötigte Zeit teilen, also 180 : 60. Die Schülerstrom-Stärke beträgt in diesem Fall drei Schülerinnen und Schüler pro Sekunde. Also betreten in einer Sekunde durchschnittlich drei Personen das Schulgebäude.

Die elektrische Stromstärke

Genau wie beim Schülerstrom kannst du auch die Stärke des elektrischen Stroms messen. Dazu misst du die Anzahl ↗Elektronen, die in einer bestimmten Zeit an einer bestimmten Stelle im Kabel vorbeifliessen. Die elektrische **Stromstärke** wird in der Masseinheit **Ampere (A)** angegeben. Sie ist benannt nach dem französischen Physiker André Marie Ampère (1775–1836). Kleinere Stromstärken werden in Milliampere (mA) angegeben. Dabei gilt: 1 A = 1000 mA.
Bei einer Stromstärke von einem Ampere (1 A) fliessen pro Sekunde etwa 6 000 000 000 000 000 000 (6 Trillionen) Elektronen an der Messstelle vorbei. Als Formelzeichen für die Stromstärke wurde das *I* festgelegt.

Das Stromstärke-Messgerät

Das Messgerät zur Bestimmung der elektrischen Stromstärke heisst **Amperemeter** [B3]. Amperemeter werden immer in Serie in den Stromkreis geschaltet (Serieschaltung). So fliesst der gesamte Strom durch das Messgerät hindurch [B2].

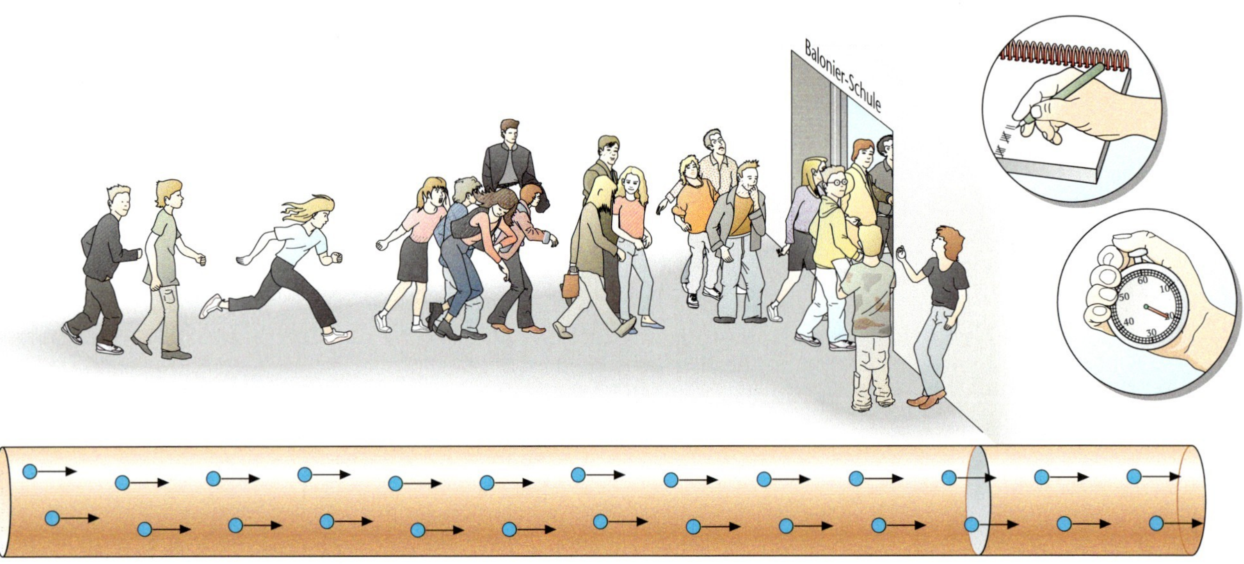

1 Messung der Schülerstrom-Stärke

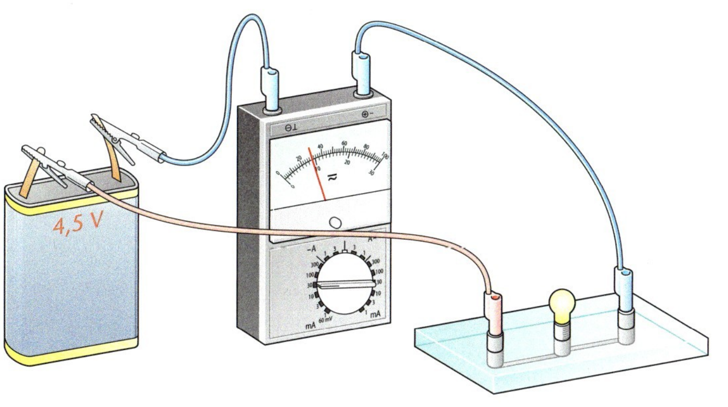

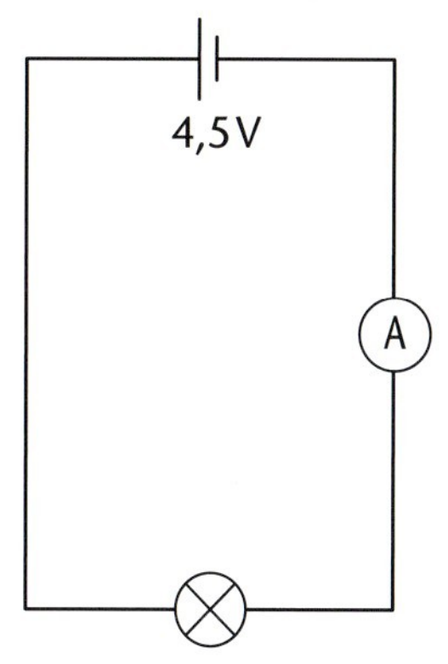

2 So wird das Amperemeter in den Stromkreis geschaltet.

Umgang mit dem Amperemeter

1. Viele Geräte zur Messung elektrischer Grössen können verschiedene elektrische Grössen (z. B. Spannung, Stromstärke) messen. Stelle deshalb den Messbereich auf A oder mA, wenn du die Stromstärke messen willst. Beachte dabei, ob du Gleichstrom oder Wechselstrom misst.

2. Du weisst meistens vorher nicht, welche Messwerte zu erwarten sind. Beginne deshalb mit dem grössten Messbereich, damit das Amperemeter nicht beschädigt wird.

3. Baue den Stromkreis mit Amperemeter und allen Bauteilen auf. Achte darauf, das Amperemeter in Serie zu schalten. Achte auch auf die richtige Polung.

4. Schliesse den Stromkreis. Ist der Zeigerausschlag am Amperemeter zu gering, dann darfst du den nächstkleineren Messbereich einstellen.

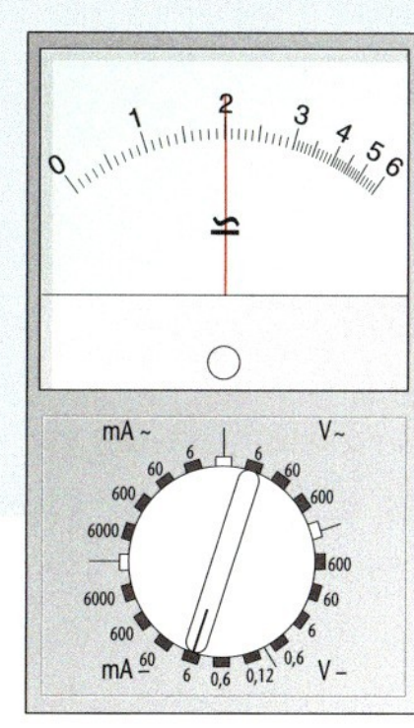

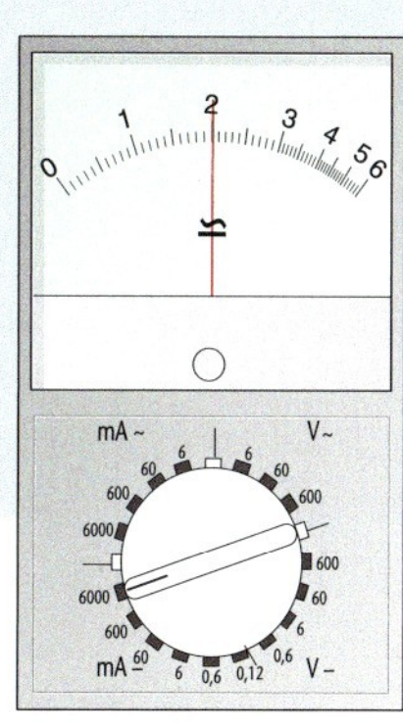

3 Zwei Amperemeter mit analoger Anzeige

Mit dem Amperemeter wird die Stromstärke gemessen. Das Amperemeter wird in Serie geschaltet (Serieschaltung).

AUFGABEN

1 △ **Beschreibe in 1–2 Sätzen, was man unter der elektrischen Stromstärke versteht.**

2 □ **Lies die Messwerte der beiden Amperemeter in Bild 3 ab. Notiere die Werte mit der korrekten Masseinheit. Verwende dazu eine Kurzschreibweise mit dem passenden Formelzeichen.**

3 ■ **a) Gib die folgenden Stromstärken in mA an: 3 A; 0,15 A; 0,08 A.**
■ **b) Gib die folgenden Stromstärken in A an: 1500 mA; 270 mA; 50 mA.**

4 ◆ **Manchmal werden Stromstärken auch in µA (Mikroampere) angegeben. Gib die Stromstärken von Aufgabe 3 in µA an.**

5 ◇ **a) Arbeitet zu dritt. Betrachtet das Messinstrument, mit welchem ihr in der Schule die Stromstärke messt (Amperemeter oder Multimeter). Überlegt euch, welche Einstellungen ihr wählen müsst, wenn ihr die Stromstärke messt. Überlegt euch zudem, wo ihr die Messkabel anschliessen müsst. Notiert die wichtigsten Einstellungen.**
◇ **b) Notiert, wie das Amperemeter am Stromkreis angeschlossen werden muss. Tragt anschliessend die wichtigsten Regeln für das Anschliessen des Amperemeters in der Klasse zusammen.**

AB 5.08 I + II

Die elektrische Spannung

Die Spannung gibt an, wie stark die Elektronen im Stromkreis angetrieben werden.

Formelzeichen: *U*
Masseinheit: Volt (V)
1 kV = 1000 V = 1 000 000 mV

E44 Spannende Wirkung
Besteht ein Zusammenhang zwischen der Helligkeit eines Lämpchens und der Batterie? Finde es heraus.

Die Vorgänge in einem Stromkreis kannst du nicht sehen. Mit einem ↗Modell kannst du sie jedoch besser verstehen. Bild 1 vergleicht den elektrischen Stromkreis mit einem Wasserkreislauf: Im Wasserstrom-Modell (→S. 106–107) treibt die Pumpe das Wasser in den Leitungen an. Die Pumpe entspricht der Spannungsquelle im elektrischen Stromkreis, die Turbine dem elektrischen Gerät. Beim Wasserstrom-Modell fliessen Wasserteilchen im Kreis. Im elektrischen Stromkreis fliessen ↗Elektronen. In beiden Kreisläufen wird mit dem Strom Energie transportiert. Diese Energie kann zum Beispiel genutzt werden, um einen Gewichtsstein anzuheben.

Die elektrische Spannung

Eine 9-Volt-Batterie treibt die Elektronen im Stromkreis stärker an als eine 1,5-Volt-Batterie. Deshalb leuchtet ein Lämpchen an einer 9-Volt-Batterie auch deutlich heller als das gleiche Lämpchen, das an eine 1,5-Volt-Batterie angeschlossen ist. Angaben wie 1,5 V oder 9 V bezeichnen die Grösse der **elektrischen ↗Spannung**. Die Spannung ist ein Mass dafür, wie stark eine Batterie (oder eine andere Spannungsquelle) die Elektronen antreibt. Die elektrische Spannung wird in der Masseinheit ↗**Volt (V)** gemessen. Sie ist nach dem italienischen Physiker Alessandro Volta (1745–1827) benannt, der die erste Batterie baute. Grössere Spannungen misst man in der Masseinheit Kilovolt (kV), kleinere Spannungen in Millivolt (mV). Als Formelzeichen wurde das *U* festgelegt.

Gleichspannung und Wechselspannung

Eine Batterie liefert ↗**Gleichspannung**. In einem Stromkreis mit einer Gleichspannungsquelle fliessen die Elektronen immer in die gleiche Richtung: vom Minuspol zum Pluspol. Ein Lämpchen leuchtet, auch wenn du die Pole an der Spannungsquelle vertauschst und damit die Stromrichtung änderst.

Anders beim Elektromotor: Dort ist die Drehrichtung des Motors von der Stromrichtung abhängig. Das heisst: Wenn du die Pole an der Spannungsquelle vertauschst, dann ändert sich auch die Drehrichtung des Elektromotors (→S. 105).
Das Gegenstück zur Gleichspannung ist die ↗**Wechselspannung**, die für Haushaltsgeräte verwendet wird. Bei Wechselspannungsquellen werden ständig Plus- und Minuspol vertauscht. Dadurch fliessen die Elektronen im Stromkreis kurzzeitig in die eine und dann in die andere Richtung.

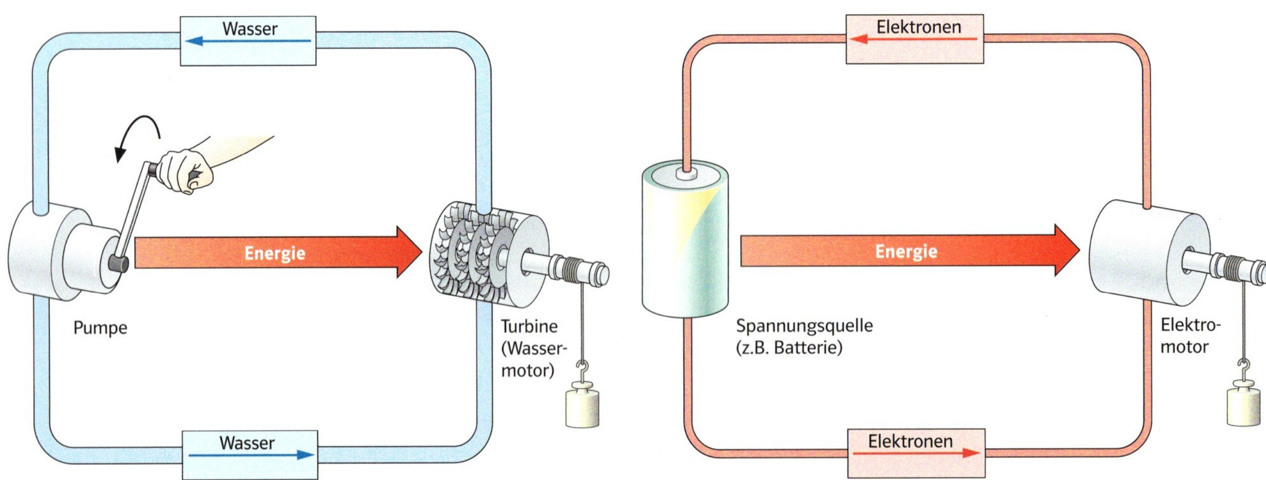

1 Das Wasserstrom-Modell hilft, unsichtbare Vorgänge im elektrischen Stromkreis zu verstehen.

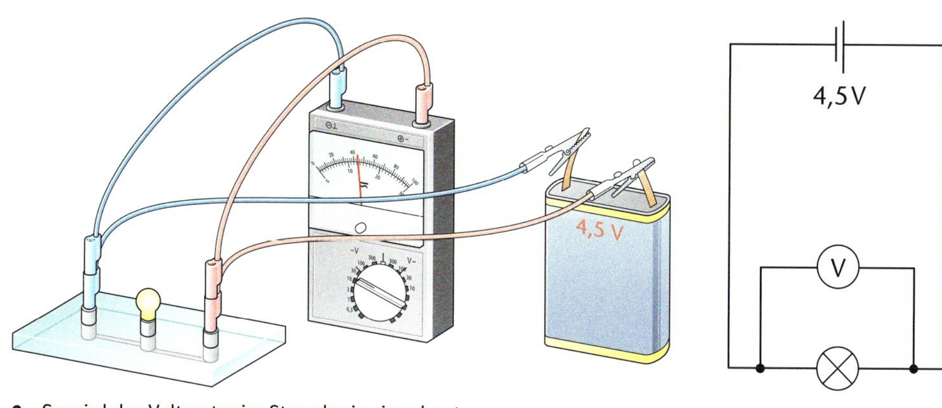

2 So wird das Voltmeter im Stromkreis eingebaut.

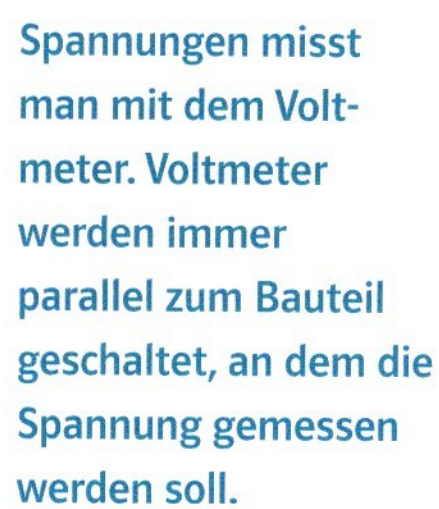

Spannungen misst man mit dem Voltmeter. Voltmeter werden immer parallel zum Bauteil geschaltet, an dem die Spannung gemessen werden soll.

Wechselspannung wird zum Beispiel mithilfe von Generatoren und Velo-Dynamos [B3] erzeugt. Ausserdem kann die Grösse der Wechselspannung je nach Bedarf verändert werden.

Das Spannungsmessgerät

Mit einem ↗**Voltmeter** misst du die Spannung, die an einer Batterie, einem Netzgerät oder einem anderen Bauteil anliegt. Spannungsmessgeräte werden immer parallel zur Spannungsquelle oder zum Bauteil geschaltet, an dem die Spannung gemessen werden soll [B2].

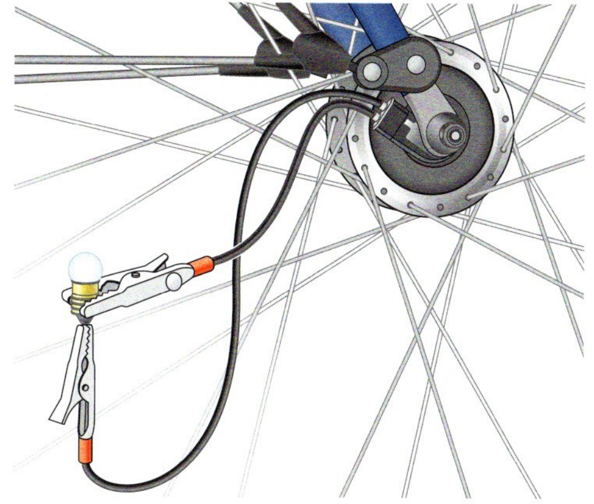

3 Der Dynamo als Elektronenantrieb

AUFGABEN

1 △ a) Was ist die Spannung im elektrischen Stromkreis? Beschreibe sie in 2–3 Sätzen.
△ b) Vergleiche die Spannung im elektrischen Stromkreis mit dem Wasserstrom-Modell und notiere 1–2 Sätze.

2 ▲ Gleichspannung und Wechselspannung:
a) Erkläre in je einem Satz die Begriffe «Gleichspannung» und «Wechselspannung».
b) Notiere eine Spannungsquelle, die immer Gleichstrom liefert.
c) Notiere zwei Vorteile von Wechselstrom.

3 □ a) Wie muss ein Voltmeter angeschlossen werden? Zeichne zur Beantwortung einen einfachen Schaltplan mit einer Spannungsquelle, einem Verbraucher und einem Voltmeter. Erkläre in 1–2 Sätzen, wie das Voltmeter angeschlossen werden muss.
◇ b) Du weisst jetzt, wie mit dem Amperemeter die Stromstärke und mit dem Voltmeter die elektrische Spannung gemessen werden kann. Diskutiert zu zweit die unterschiedlichen Messweisen. Haltet in 4–5 Sätzen fest, warum die beiden Messungen so unterschiedlich durchgeführt werden müssen.

4 ◇ Diskutiert zu zweit, warum eine Deckenlampe nicht leuchtet, wenn sie an eine Batterie angeschlossen wird. Notiert eure Erklärungen in wenigen Sätzen.

5 ◆ a) Rechne die folgenden Spannungen in kV um: 3 V; 230 V; 8 mV.
◆ b) Rechne die folgenden Spannungen in V um: 1,5 kV; 450 mV; 70 mV.

Der elektrische Widerstand

Metalle sind gute Leiter für elektrischen Strom und für Wärme. Wie alle anderen Stoffe bestehen auch Metalle aus kleinsten Teilchen. Den Aufbau eines Metalls stellen wir uns im Teilchenmodell (→S. 70) als Gitter vor [B1]. Dabei bilden ortsfeste kleinste Teilchen die Gitterbausteine. Im Raum dazwischen befinden sich bewegliche Elektronen (Stromteilchen). Diese Elektronen können sich in Metallen frei bewegen. Wird ein Metall-Draht an eine Spannungsquelle angeschlossen, werden die freien Elektronen durch den Draht vom Minuspol zum Pluspol getrieben [B2].

Die Elektronen stossen dabei immer wieder mit den kleinsten Teilchen im Draht zusammen. Dadurch werden die Elektronen in ihrer Bewegung eingeschränkt. Je mehr Zusammenstösse stattfinden, desto langsamer wird der Elektronenfluss. Durch die Zusammenstösse beginnen die kleinsten Teilchen heftiger zu schwingen. Nach aussen hin macht sich das durch eine Erwärmung des Drahts bemerkbar. Diese Zusammenstösse finden jedoch nicht nur im Metall-Draht statt, sondern in allen elektrischen Bauteilen des Stromkreises. Dadurch wird der Strom an verschiedenen Stellen im Stromkreis eingeschränkt. Dieses Phänomen heisst **elektrischer ↗Widerstand**.

1 Aufbau eines Metallgitters

Stromstärke, Spannung und Widerstand

Die **Stromstärke** hängt von der Spannung und vom elektrischen Widerstand der Bauteile ab. Die **Spannung** treibt die Elektronen an, der **Widerstand** der Bauteile schränkt den elektrischen Strom wieder ein. Das kannst du überprüfen, indem du die elektrische Stromstärke mit dem Amperemeter misst (→S. 114–115). Bei gleicher Spannung gilt: Je grösser der Widerstand eines Bauteils ist, desto kleiner ist die elektrische Stromstärke. Elektrische Geräte müssen immer mit der passenden Spannung betrieben werden. Deshalb wird auf elektrischen Geräten angegeben, mit welcher Spannung sie betrieben werden dürfen [B3]. So wird verhindert, dass zu viel oder zu wenig Strom durch das Gerät fliesst.

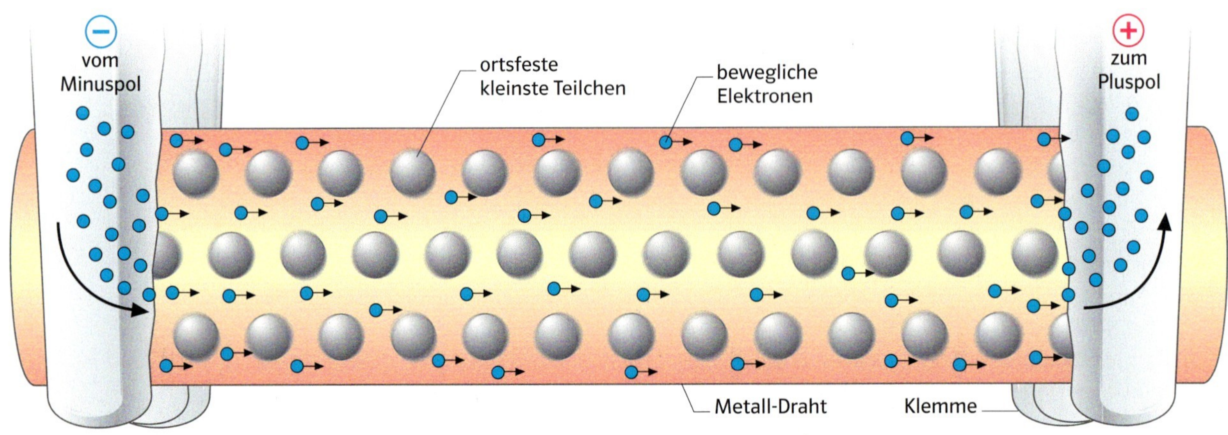

2 Elektronenfluss in einem Metall-Draht

Zum Beispiel können die meisten Haushaltsgeräte mit 220 V bis 230 V betrieben werden. Dies entspricht der Spannung von Steckdosen in Schweizer Haushalten. Eine Taschenlampe dagegen benötigt eine Spannung von 1,5 V. Sie kann mit herkömmlichen Haushaltsbatterien betrieben werden.

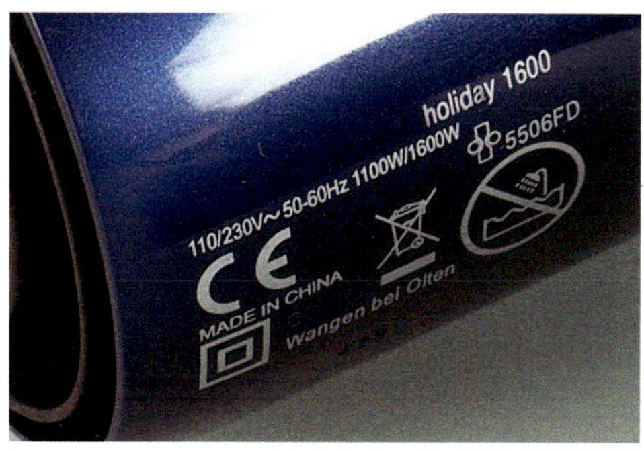

3 Betriebsdaten auf einem elektrischen Gerät

Berechnung des Widerstands

Den Widerstand eines elektrischen Bauteils kannst du berechnen. Dazu dividierst du die Spannung durch die Stromstärke [B4].

$$\text{Elektrischer Widerstand } (R) = \frac{\text{Spannung } (U)}{\text{Stromstärke } (I)}$$

Der elektrische Widerstand hat das Formelzeichen *R* (vom englischen *resistance*) und die Einheit ↗Ohm. Sie wurde nach dem Physiker Georg Simon Ohm (1789–1854) (→S. 121) benannt. Die Masseinheit Ohm wird mit dem griechischen Buchstaben Ω (Omega) abgekürzt. Grössere Widerstände werden in kΩ (Kiloohm) oder in MΩ (Megaohm) angegeben.

$$1 \text{ Ohm } (\Omega) = \frac{1 \text{ Volt (V)}}{1 \text{ Ampere (A)}}$$

1 MΩ = 1000 kΩ
1 kΩ = 1000 Ω

Beispiel: *Berechnung des elektrischen Widerstands*

Gegeben: Spannung (*U*) = 6,2 V
Stromstärke (*I*) = 300 mA
(Stromstärke (*I*) = 0,3 A)

Gesucht: Widerstand (*R*)

Lösung: $\text{Widerstand } (R) = \frac{\text{Spannung } (U)}{\text{Stromstärke } (I)}$

$\text{Widerstand } (R) = \frac{6{,}2 \text{ V}}{0{,}3 \text{ A}}$

$\text{Widerstand } (R) = 20{,}7 \frac{\text{V}}{\text{A}}$

$\text{Widerstand } (R) = \underline{\underline{20{,}7\ \Omega}}$

Bei einer Spannung von 6,2 V hat das Lämpchen einen Widerstand von 20,7 Ω.

4 Berechnung des Widerstands

Jeder Leiter und jedes elektrische Gerät schränkt den elektrischen Strom ein. Dieses Phänomen wird als elektrischer Widerstand bezeichnet. Formelzeichen: *R* Masseinheit: Ohm (Ω)

AUFGABEN

1 △ **Erkläre den Begriff «elektrischer Widerstand» in 2–3 Sätzen.**

2 ▲ **Warum wird auf elektrischen Geräten angegeben, mit welcher Spannung sie betrieben werden müssen? Erkläre in 2 Sätzen.**

3 □ **Du möchtest den Widerstand eines Lämpchens bestimmen. Beschreibe, wie du vorgehst.**

4 □ **Wenn eine Kaffeemaschine an die Steckdose angeschlossen ist, fliesst Strom einer mit Stärke von 3,5 A durch das Gerät. Berechne den elektrischen Widerstand.**

5 ◆ **In den USA und in manchen Ländern Südamerikas beträgt die Spannung an der Steckdose nur 110 V. Berechne die Stärke des Stroms, der dort durch den Heizdraht eines Haartrockners (50 Ω) fliesst.**

6 ◆ **Der Widerstand einer Lampe beträgt 20 Ω. Die Stromstärke soll 250 mA nicht überschreiten. Du hast drei Batterien mit 1,5 V, 4,8 V und 9 V zur Verfügung. Entscheide, an welche Batterie du die Lampe anschliessen musst. Begründe deine Entscheidung in 2–3 Sätzen.**

Kisam

E37 Das Stromkreis-Trio
Spannung, Stromstärke und Widerstand sind ein unzertrennliches Trio. Finde heraus, in welchem Verhältnis sie zueinander stehen.

→ AB 5.10 I + II, AB 5.11 I + II

Der Widerstand von Drähten

Der Widerstand eines Drahts hängt von der Länge, von der Querschnittsfläche, vom Material und von der Temperatur ab. Je länger ein Draht ist und je kleiner seine Querschnittsfläche ist, desto grösser ist sein Widerstand.

In ↗Stromkreisen haben Drähte oft sehr unterschiedliche Aufgaben zu erfüllen. Deshalb werden für unterschiedliche Einsatzgebiete unterschiedliche Drähte verwendet. Der ↗**Widerstand** von Leitungsdrähten (Stromkabel) soll möglichst klein sein, damit der Strom gut fliessen kann und sich der Leiter (Draht) nicht erwärmt. Dagegen soll der Widerstand des Glühdrahts in einem Toaster so gross sein, dass der Draht zu glühen beginnt.

Der Widerstand eines Drahts wird von mehreren Faktoren bestimmt. Dazu gehören die Länge und die Querschnittsfläche des Drahts, sein Material und die Temperatur [B1]. Dabei gilt: Je länger ein Draht ist und je kleiner die Querschnittsfläche ist, desto grösser ist sein Widerstand.

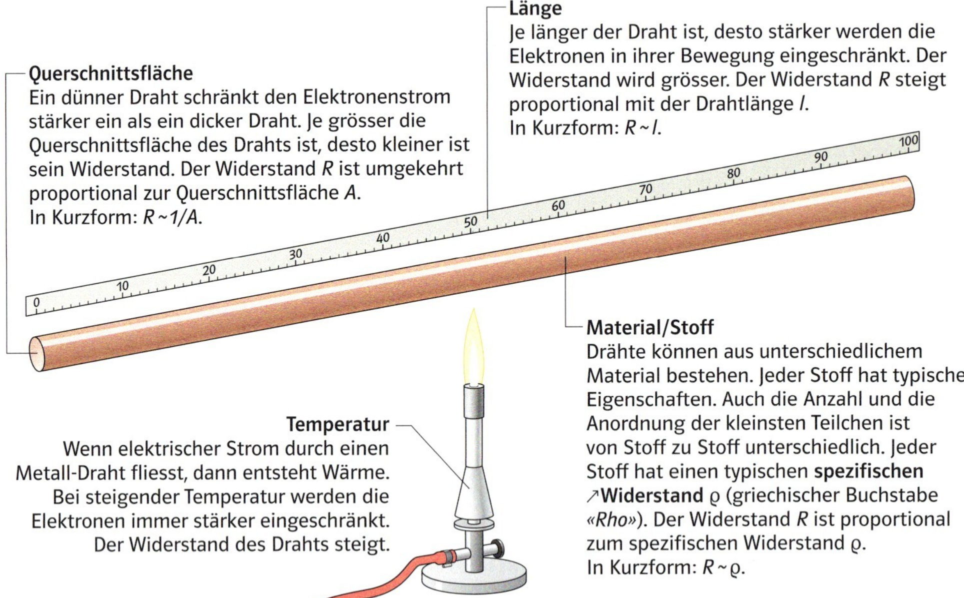

1 Der Widerstand eines Drahts hängt von mehreren Faktoren ab.

AUFGABEN

1 △ **Arbeitet zu zweit. Schaut euch Bild 1 an und erklärt euch gegenseitig, von welchen Faktoren der Widerstand von Drähten abhängt.**

2 ■ **Notiere zu jedem Faktor einen Merksatz, der den Zusammenhang zwischen Faktor und Widerstand beschreibt.**

3 ■ **Wie kann der Widerstand eines Metall-Drahts verdoppelt werden? Notiere die Möglichkeiten.**

4 ◆ **Begründe, weshalb Leitungsdrähte und Glühdrähte in den traditionellen Glühbirnen einen unterschiedlichen Widerstand haben müssen.**

5 ◆ **Erkläre, warum in Leitern der elektrische Widerstand bei höherer Temperatur zunimmt. Stelle dafür den elektrischen Leiter modellartig dar und ergänze dein Modell mit erklärenden Symbolen. Gelingt dir eine hilfreiche Darstellung des Modells? Präsentiere dein Modell der Klasse.**

E33 Wenn Strom dem Draht einheizt
E36 Schnelle Piste, grosse Röhre oder lange Leitung
Auf vereister Piste flitzt du schneller den Hang runter als auf «warmem» Schneematsch. Der Draht hat eine ähnliche Wirkung auf die Elektronen. Es kommt auf den Widerstand an!

1 Georg Simon Ohm (1789–1854)

2 Von Ohm entwickelte und gebaute Apparate

Georg Simon Ohm

Am 16. März 1789 wurde Georg Simon Ohm [B1] in Erlangen (Deutschland) geboren. Mit 16 Jahren begann Ohm, Mathematik und Physik an der Universität Erlangen zu studieren. Seine Familie hatte jedoch nicht genügend Geld, um die teure Ausbildung zu finanzieren. Deshalb musste Ohm sein Studium unterbrechen und unterrichtete sechs Jahre an einer Privatschule im ehemaligen Kloster Gottstatt im Kanton Bern. Mit 22 Jahren kehrte er nach Erlangen zurück und schrieb seine Doktorarbeit «Über Licht und Farben».

Lehrer und Forscher

Später arbeitete Ohm als Dozent an verschiedenen Universitäten. 1817 ging er nach Köln und unterrichtete Mathematik und Physik an einem Gymnasium. Er betreute auch die physikalische Sammlung der Schule. Dort experimentierte Ohm viele Jahre mit Drähten aus unterschiedlichen Metallen und untersuchte ihre elektrische ↗Leitfähigkeit.

Ohms wichtigste Entdeckung

Für seine Experimente entwickelte Ohm verschiedene Apparate [B2].
Im Jahr 1826 entdeckte er einen Zusammenhang zwischen den beiden physikalischen Grössen ↗Spannung und ↗Stromstärke. Er formulierte dazu den Satz: «Wenn der Widerstand eines Leiters gleich bleibt, dann ist die Stromstärke proportional zur Spannung.» Wir nennen diesen Satz heute das ↗«Ohm'sche Gesetz» (→S. 122–123). Es vergingen jedoch viele Jahre, bis die Wissenschaft die grosse Bedeutung dieser Entdeckung erkannte und Ohms Leistungen anerkannte.
1833 erhielt Ohm eine Professur für Physik am «Königlich-bayerischen Polytechnikum» in Nürnberg. Sechs Jahre später wurde er Rektor des Polytechnikums. Mit 63 Jahren ernannte ihn die Universität München zum Professor für Physik. Zwei Jahre später starb Georg Simon Ohm in München. 1893 wurde die Einheit des elektrischen Widerstands mit «Ohm» benannt.

AUFGABEN

1 △ **Beschreibe in 2–3 Sätzen, durch welche Untersuchungen Ohm zu einem berühmten Forscher wurde.**

2 □ **Schreibe die wichtigsten Daten zum Leben von Georg Simon Ohm auf. Erstelle eine Zeitleiste.**

3 ◇ **Diskutiert zu zweit, warum man die Einheit Ohm mit Ω abkürzt und nicht mit dem Buchstaben O. Notiert eure Überlegungen.**

Das Ohm'sche Gesetz

Wenn ein Leiter einen konstanten Widerstand hat, dann gilt für ihn das Ohm'sche Gesetz: Spannung und Stromstärke sind proportional zueinander *(U ~ I)*. Für die meisten Metalle gilt dies nur, wenn ihre Temperatur gleich bleibt.

1 Ein Potentiometer reguliert die Lautstärke der Stereoanlage.

Stereoanlagen, Fernseher und Radios verfügen über einen Knopf oder einen Schieber, mit dem die Lautstärke stufenlos eingestellt werden kann. Die Technik dahinter heisst ↗«**Potentiometer**» oder kurz «Poti» [B1].
Ein Poti ist ein verstellbarer ↗Widerstand. Das heisst, der Poti bestimmt die Stärke des Stroms, der durch ein Gerät fliesst, und reguliert damit die Lautstärke. Das Besondere am Poti: Durch Drehen oder Schieben des Potis nimmt die Stromstärke **proportional** zu oder ab. Das bedeutet, dass bei Verdoppelung der Poti-Einstellung die Stromstärke ebenfalls verdoppelt wird. Damit dies gelingt, braucht es ein Material mit **konstantem Widerstand**.

Konstantan – eine besondere Mischung

Wenn Strom durch einen gewöhnlichen Metall-Draht (z. B. Eisen) fliesst, dann erwärmt sich dieser und der Widerstand wird grösser. Konstantan [B2] verhält sich anders: Sein Widerstand bleibt immer konstant (d.h. gleich). Daher hat das Material seinen Namen. Konstantan ist eine Mischung aus Kupfer, Nickel und Mangan.

Das unterschiedliche Verhalten von Eisen und Konstantan kannst du mit einem Experiment überprüfen. Dazu musst du die ↗Spannung schrittweise erhöhen und die Stromstärke messen. Die Unterschiede werden besonders deutlich, wenn du die Messwerte in ein Diagramm überträgst [B3].

Doppelte Spannung – doppelte Stromstärke

Im Diagramm erkennst du, dass alle Messwert-Paare von Konstantan auf einer Geraden durch den Koordinatenursprung liegen. Bei doppelter oder dreifacher Spannung ist auch die Stromstärke doppelt oder dreimal so gross. Spannung und Stromstärke sind zueinander proportional. Der Widerstand von Konstantan bleibt gleich.

Eisen verhält sich anders

Bei Eisen steigt die Kurve anfangs steil an und wird danach immer flacher [B3]. Das bedeutet, dass Eisen mit zunehmender Spannung immer schlechter leitet. Der Widerstand eines Eisen-Drahts nimmt zu, wenn er sich erwärmt. Die Stromstärke wächst damit **nicht proportional** zur Spannung.

2 Konstantan

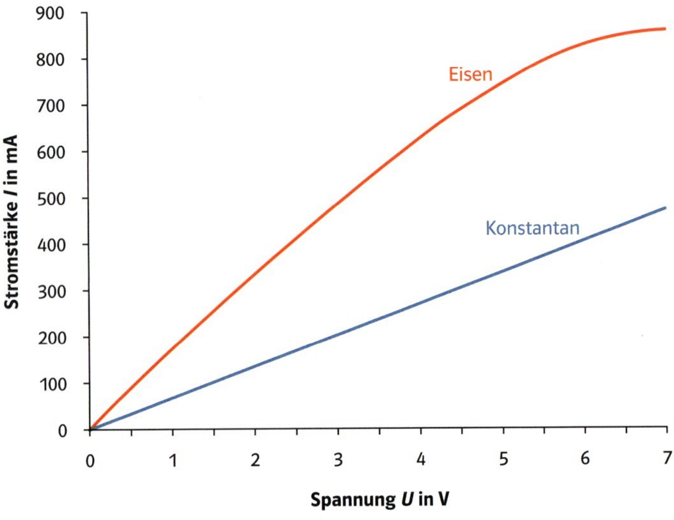

3 *U~I*-Diagramm für Eisen und Konstantan

Wird der Eisen-Draht jedoch während des Experiments gekühlt und die Temperatur konstant gehalten, dann bleibt der Widerstand gleich. Spannung und Stromstärke sind nun **proportional** zueinander.

Das Ohm'sche Gesetz

Der Physiker Georg Simon Ohm (→S. 121) entdeckte vor etwa 200 Jahren den Zusammenhang zwischen Stromstärke und Spannung: Wenn der Widerstand eines Leiters konstant ist, dann sind die Spannung *U* und die Stromstärke *I* zueinander proportional. Man schreibt $U \sim I$. Dies ist das ↗**Ohm'sche Gesetz**.

Der Festwiderstand

Es gibt auch Bauteile, die **elektrischer ↗Widerstand** genannt werden. Damit wird die Stromstärke im Stromkreis geregelt. Dazu gehören neben den Potis auch die ↗**Festwiderstände** [B4].

Ein Festwiderstand hat einen konstanten Widerstand. Die farbigen Ringe markieren die Stärke des Widerstandes. Festwiderstände werden auch **Ohm'sche Widerstände** genannt, weil bei ihnen Stromstärke und Spannung proportional zueinander sind [B5].

Festwiderstände sind Bauteile mit einem konstanten Widerstand. Für sie gilt das Ohm'sche Gesetz.

4 Festwiderstände mit unterschiedlichen Stärken

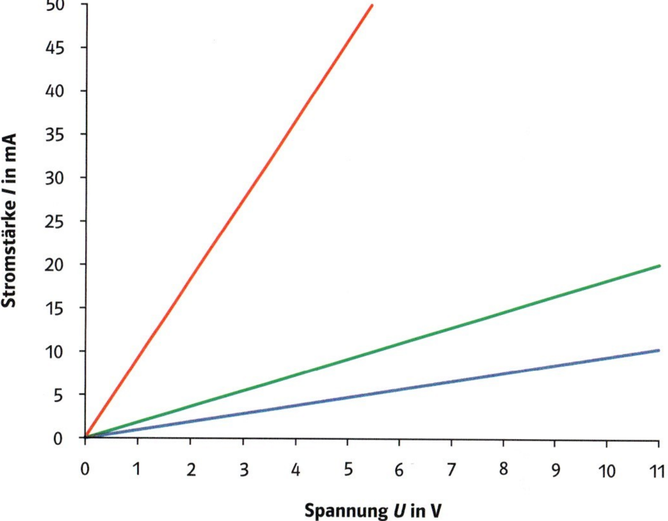

5 $U \sim I$-Diagramm für verschiedene Festwiderstände

AUFGABEN

1 △ Nenne das Ohm'sche Gesetz.

2 □ Notiere den Unterschied zwischen Konstantan und Eisen. Nutze dazu das Diagramm in Bild 3. Verwende dafür die Begriffe «proportional» und «nicht proportional».

3 ■ Bestimme aus dem Diagramm in Bild 5 den Widerstand der Bauteile.

4 ■ a) Berechne den Widerstand des Konstantan-Drahts und des Eisen-Drahts in Bild 3 bei 2 V, 5 V und 7 V.

■ b) Welche Aussagen kannst du über die Widerstände der Drähte in Bild 3 ableiten, wenn eine Spannung von 12 V angelegt wird? Begründe deine Aussagen.

5 ◆ Begründe in 3–4 Sätzen, warum der Widerstand der meisten Metalle mit zunehmender Temperatur steigt.

6 ◆ Stell dir vor, ein Poti wird mit normalem Eisen-Draht hergestellt. Beschreibe in 2–3 Sätzen, wie sich die Lautstärke beim Drehen am Poti verändert. Welche Unterschiede zu einem richtigen Poti könnte man beobachten?

Kisam

E42 Der Weg des geringsten Widerstands
E43 Je mehr, desto mehr?
Mehr Widerstand bitte! Entdecke die Wirkung verschiedener Widerstände und das Zusammenspiel von Strom und Draht.

TESTE DICH SELBST

Sicheres Experimentieren mit Strom
Ich kann die Gefahren im Umgang mit elektrischem Strom kontrollieren, indem ich die wichtigsten Vorsichtsmassnahmen berücksichtige. (→S. 100–101)

Die Wirkungen von elektrischem Strom
Ich kann mit einfachen Experimenten zeigen, dass elektrischer Strom Wärme, Licht und magnetische Kräfte erzeugen und Stoffe verändern kann. (→S. 102–103)

Ich kann erklären, wie ein Elektromotor funktioniert. (→S. 104–105)

Der elektrische Strom
Ich kann mithilfe des Wasserstrom-Modells beschreiben, wie sich die Stromteilchen bewegen. (→S. 106–107)

Ich kann den Stromkreis mit dem Wasserstromkreis vergleichen. (→S. 107)

Ich kann ein Gerät so in einen elektrischen Stromkreis einbauen, dass ich es einschalten und ausschalten kann. Zudem kann ich erklären, welche Aufgaben die einzelnen Teile im elektrischen Stromkreis übernehmen. (→S. 108–109)

Leiter und Nichtleiter (Isolatoren)
Ich kann mit einem Stromkreis testen, ob ein Gegenstand elektrischen Strom leitet oder nicht. (→S. 110–111)

Ich kann erklären, welche Gegenstände gute Leiter sind und welche Gegenstände sinnvollerweise nicht leiten (Isolatoren). (→S. 110–111)

Serie- und Parallelschaltung
Ich kann mithilfe einfacher Experimente zeigen, wie sich mehrere Geräte unterschiedlich in einen Stromkreis einbauen lassen: in Serieschaltung oder in Parallelschaltung. (→S. 112–113)

Ich kann zeigen, welche Regeln gelten, wenn Geräte in Serie oder parallel zusammengebaut werden. (→S. 112–113)

Ich kann an Beispielen aus dem Alltag zeigen, in welchen Situationen Geräte in Serie oder parallel zusammengebaut werden sollten. (→S. 112–113)

Elektrische Grössen
Ich kann erklären, wofür der Begriff «elektrische Stromstärke» steht und was damit angegeben wird. (→S. 114–115)

Ich kann erklären, was unter dem Begriff «elektrische Spannung» verstanden wird. (→S. 116–117)

Ich kann die Bedeutung des Begriffs «elektrischer Widerstand» erklären. (→S. 118–119)

Ich kann die drei Grössen Stromstärke, Spannung und elektrischer Widerstand mit geeigneten Messgeräten untersuchen. (→S. 114–119)

Das Ohm'sche Gesetz
Ich kann an einem einfachen elektrischen Stromkreis experimentell zeigen, wie Spannung, Stromstärke und elektrischer Widerstand zusammenhängen. (→S. 122–123)

WEITERFÜHRENDE AUFGABEN

1 □ Begründe, warum ein Stromschlag tödlich sein kann. (→S. 100)

2 □ Welche sicheren Spannungsquellen nutzt du beim Experimentieren? Begründe deine Wahl. (→S. 101)

3 △ Nenne die vier Wirkungen des elektrischen Stroms. (→S. 103)

4 □ Nenne mindestens zwei praktische Vorteile des Elektromagneten gegenüber dem Permanentmagneten. (→S. 104)

5 ◇ Beschreibe, wie ein elektrisches Gerät angeschlossen werden muss, damit es funktionieren kann. Verwende hierbei die Begriffe «Spannungsquelle», «Pol» und «elektrischer Stromkreis». (→S. 106)

6 ◇ Zeichne einen Schaltplan zu einem Stromkreis, der aus einer Batterie, einem Lämpchen und einem Schalter besteht. (→S. 109)

7 ◇ Begründe, warum die Zange in einer Elektrowerkstatt Handgriffe aus Kunststoff hat. (→S. 110)

8 ◆ a) Zeichne die Schaltpläne aus Bild 1 ab. Ergänze in den Schaltplänen die fehlenden Schaltzeichen für Voltmeter (V) und Amperemeter (A). (→S. 109, 115, 117)
◆ b) Erläutere, wie die Lämpchen im mittleren und im rechten Schaltplan [B1] geschaltet sind. (→S. 112)
◇ c) In Bild 2 sind drei Lämpchen auf einer Kiste montiert. Den Stromkreis kannst du nicht sehen, er ist in der Kiste versteckt. Beim Überprüfen der Lämpchen stellst du Folgendes fest: Wird Lämpchen A herausgedreht, leuchten die Lämpchen B und C. Dreht man jedoch Lämpchen B heraus, leuchtet nur noch Lämpchen A.
Finde heraus, welcher Schaltplan zur Beschreibung passt. Begründe deine Entscheidung. (→S. 112)

9 ◆ Stelle die Regeln für die Spannung und die Stromstärke bei Parallelschaltung und Serieschaltung in einer Tabelle dar. (→S. 114–117)

10 ■ a) Erkläre die Begriffe «Stromstärke», «Spannung» und «elektrischer Widerstand» in je einem Satz. (→S. 114–119)
◆ b) Beschreibe die Zusammenhänge von Stromstärke, Spannung und Widerstand in Sätzen, die folgendermassen aufgebaut sind: «Wenn ich ... erhöhe, dann ...» (→S. 118–119, Kisam E37)

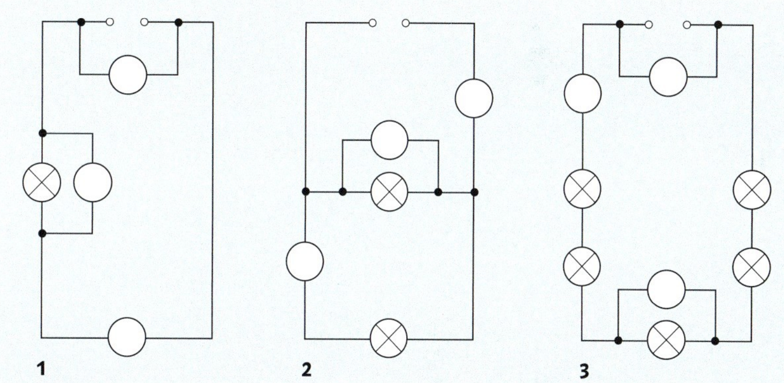

1 Schaltpläne

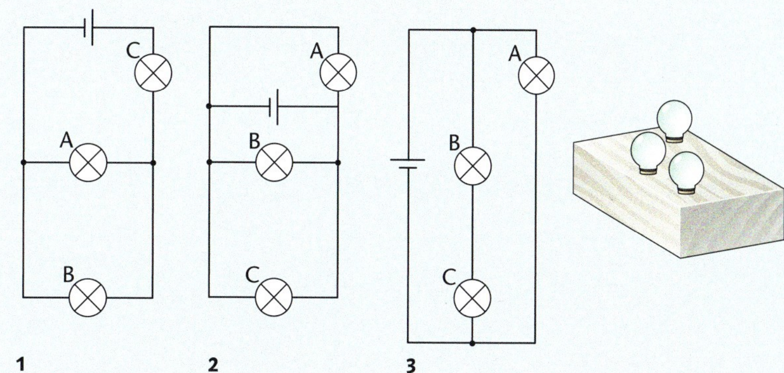

2 Drei Lämpchen im Stromkreis

6 Wasser – ein lebenswichtiger Stoff

- Wofür brauchen wir täglich Wasser und was passiert mit dem Abwasser?
- Warum wird die Erde auch «blauer Planet» genannt?
- Wie funktioniert eine Kläranlage?
- Inwiefern dient Wasser als Antrieb für Maschinen?

1 Der grösste Teil der Erdoberfläche ist von Wasser bedeckt.

2 Eis am Südpol

Die Erde – ein Wasserplanet

Der grösste Teil unserer Erde ist von Wasser bedeckt. Nur ein sehr kleiner Teil davon ist flüssiges Süsswasser.

Mehr als zwei Drittel der Erde sind mit Wasser bedeckt. Aus dem Weltall betrachtet, erscheinen diese Wasserflächen blau [B1]. Daher wird unsere Erde auch als «blauer Planet» bezeichnet. Wasser gibt es auf der Erde also scheinbar im Überfluss.

«Süss» bedeutet «weniger salzig»

Der grösste Teil des Wassers auf der Erde ist ↗**Meerwasser**. Meerwasser ist stark salzhaltig. In jedem Liter Meerwasser sind etwa 35 g Salze gelöst. Flusswasser, Regenwasser und Leitungswasser enthalten dagegen nur sehr wenig gelöste Salze (etwa 1 g pro Liter). Dieses Wasser nennt man ↗**Süsswasser**.

Die Verteilung des Süsswassers

Das meiste Süsswasser ist gefroren. Es befindet sich als Eis am Nordpol, am Südpol und in den Gletschern der Hochgebirge [B2]. Nur etwa ein Prozent des gesamten Wassers auf der Erde ist flüssiges Süsswasser. Es befindet sich in Flüssen, Bächen und Seen (Oberflächenwasser) sowie unter der Erde. Man nennt das unterirdische Wasser ↗**Grundwasser**.

Der Wasserkreislauf

Süsswasser kommt auf der Erde in allen drei Aggregatzuständen vor: fest, flüssig und gasförmig (→ S. 58). Gasförmiges Wasser entsteht, wenn die Sonne die Oberfläche der Meere erwärmt. Dabei ↗verdunstet das flüssige Wasser und es bildet sich unsichtbarer Wasserdampf.

Der Wasserdampf steigt auf und kühlt dabei langsam ab. Das Wasser wird wieder flüssig. Es kondensiert. Dabei bilden sich feinste Tröpfchen: Aus Wasserdampf entstehen Wolken.

Die Wolken werden vom Wind weitertransportiert. Über dem Meer oder über dem Festland sorgen die Wolken für Niederschläge (Regen, Schnee oder Hagel). Ein Teil der Niederschläge verdunstet an der Erdoberfläche. Das restliche Wasser gelangt auf verschiedenen Wegen zurück ins Meer. Entweder sammelt es sich in Bächen und Flüssen oder es versickert im Boden. Dort wird es zu Grundwasser und fliesst unterirdisch zurück ins Meer.

Das Wasser bewegt sich also wie in einem grossen Kreis [B3]: vom Meer über die Wolken und die Niederschläge wieder zurück ins Meer. Wir sagen, das Wasser auf der Erde bewegt sich in einem ↗**Wasserkreislauf**.

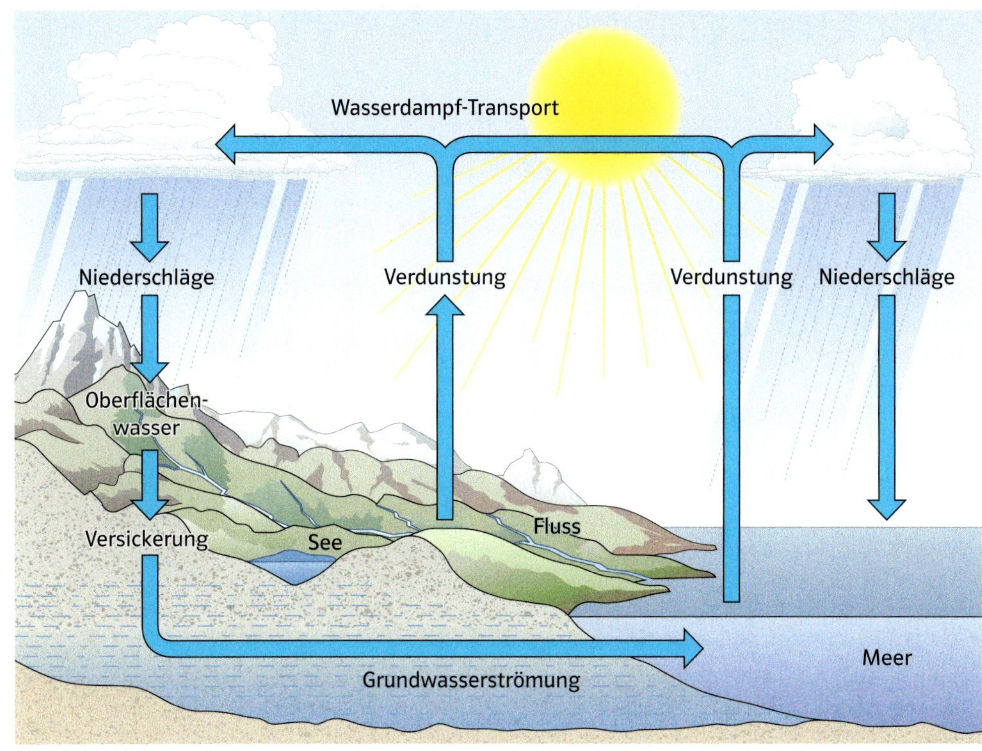

3 Die Sonne treibt den Wasserkreislauf an.

Wasser bewegt sich auf der Erde über Verdunstung, Wolken, Wind und Niederschläge in einem Kreislauf.

AUFGABEN

1 △ Wasser kommt auf der Erde als Meerwasser, Süsswasser und Grundwasser vor. Erkläre in jeweils 1–2 Sätzen, was man unter diesen drei Arten von Wasser versteht.

2 △ Aggregatzustände im Wasserkreislauf:
a) Notiere die Aggregatzustände von Wasser, die im Wasserkreislauf vorkommen.
b) Erkläre in 2–3 Sätzen, was Wasserdampf ist und wie er entsteht. Suche die passende Textstelle und nimm Bild 3 zu Hilfe.

3 □ Arbeitet zu zweit. Erklärt euch gegenseitig den Wasserkreislauf anhand von Bild 3. Verwendet die Fachbegriffe aus dem Text.

4 □ Im ersten Abschnitt heisst es: «Wasser gibt es auf der Erde also scheinbar im Überfluss.»
a) Formuliere diese Aussage in eigenen Worten.
b) Arbeitet zu zweit. Könnt ihr begründen, warum Wasser nur «scheinbar» im Überfluss vorliegt? Sucht im Text die passenden Stellen.

5 ◆ Erkläre in wenigen Sätzen, warum man die Sonne als den «Motor des Wasserkreislaufs» bezeichnen kann.

6 ◆ Woher stammt das Salz im Meerwasser? Informiere dich in Sachbüchern, in Lexika und im Internet. Mache Notizen und tauscht euch anschliessend in der Klasse aus.

E45 Wasser im Kreis
Baue deinen eigenen Wasserkreislauf und führe eine Langzeitbeobachtung durch.

Dampf treibt Maschinen an

Wasserdampf braucht mehr Platz als flüssiges Wasser: Beim ↗Verdampfen wird das Volumen grösser, beim Kondensieren kleiner. Beides kann man nutzen, um Maschinen anzutreiben.

1 Die Dampfturbine wird durch Dampf unter hohem Druck angetrieben.

Dampf ist eine wichtige Antriebskraft für Maschinen. Mit Dampfmaschinen trieb man früher zum Beispiel Lokomotiven und riesige Webstühle an. Heute werden unter anderem Turbinen mit Dampf angetrieben [B1].
Wenn du dir vorstellst, dass eine Dampflokomotive einen ganzen Zug ziehen kann, dann muss mit Wasserdampf sehr viel Kraft erzeugt werden können.

Verdampfen macht Druck

Gasförmiger Wasserdampf braucht viel mehr Platz als flüssiges Wasser. Man sagt auch, Wasserdampf hat das **grössere Volumen** als flüssiges Wasser: Aus einem Liter Wasser werden mehr als 1600 Liter Wasserdampf. Wenn Wasser in einem **geschlossenen Gefäss** (z.B. Dampfkochtopf) zum Sieden gebracht wird, dann kann sich der Wasserdampf nur im Gefäss verteilen. Der Platz ist also sehr eng. Der Dampf drückt gegen die Gefässwände – er macht Druck.

Erklärung im Teilchenmodell

Mit dem ↗Teilchenmodell (→ S. 72–73) lässt sich der Vorgang so erklären: Wenn Wasser erhitzt wird, bewegen sich die Wasser-Teilchen immer stärker. Schliesslich ist ihre Bewegung so gross, dass die Anziehungskräfte die Teilchen nicht mehr zusammenhalten. Sie streben auseinander, verteilen sich im Gefäss und prallen auf die Gefässwände. Durch den Aufprall der Wasser-Teilchen entsteht Druck. Da dieser Druck

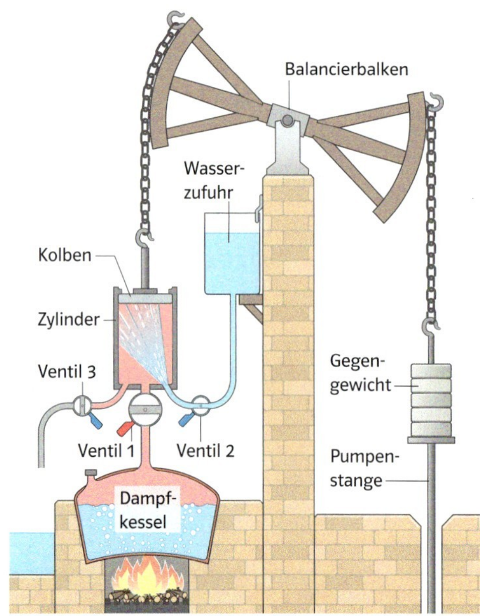

2 Dampfmaschine von Thomas Newcomen (1712)

grösser ist als der Druck ausserhalb des Gefässes, spricht man von einem **Überdruck**. Der Druck kann so gross sein, dass er Maschinen antreibt. In einer Dampfmaschine wird zum Beispiel ein Kolben in einem Zylinder nach oben bewegt [B2].

Kondensieren macht Unterdruck

Ist der Kolben oben, wird der Wasserdampf im Zylinder mit kaltem Wasser abgekühlt. Das Wasser wird wieder flüssig und kondensiert, das Volumen des Wassers nimmt ab. Dadurch entsteht **Unterdruck** im Zylinder. Der Kolben wird vom Luftdruck nach unten gedrückt.

AUFGABEN

1 △ **Wie viel Dampf entsteht aus einem Liter Wasser? Suche die entsprechende Stelle im Text und notiere die Zahl.**

2 ■ **Arbeitet zu zweit. Erklärt euch gegenseitig die Funktionsweise der Dampfmaschine anhand von Bild 2. Wo entsteht Dampf? Wodurch wird der Kolben im Zylinder nach oben gedrückt? Benützt die Begriffe «Überdruck» und «Unterdruck».**

3 ◇ **Kannst du erklären, warum auf dem Dampfkochtopf zuhause ein Ventil montiert ist? Notiere deine Vermutungen in 2–3 Sätzen.**

4 ◆ **Zeichne einen Plan einer selbst erfundenen Dampfmaschine. Überlege dir, wie der Antrieb funktioniert, und stelle ihn auf der Zeichnung dar.**

Dampf treibt Schiffe an

Mit Dampf lassen sich auch kleine und grosse Schiffe antreiben. Probiere es selber aus! Wer baut das schnellste Dampfschiffchen?

1 Wir bauen ein Tuk-Tuk

Material

Messing-Rohr (∅ 3 mm, L: 50 cm), Gasbrenner, Holzrundstab (∅ 15 mm, L: 20 cm), Tetra-Pack (0,25 l), Bastelkleber (wasserfest), Rechaud-Kerze, Ahle, Schere, wasserfester Filzstift, Heftklammern, Schutzhandschuhe, evtl. Schraubzwinge/Schraubstock

Bauanleitung

1. Ziehe die Schutzhandschuhe an. Erhitze das Messingrohr über der Flamme des Gasbrenners («ausglühen»). Bewege dazu das Rohr hin und her, bis es rundherum leicht rötlich glüht. Achtung: Bleibe nicht zu lange an derselben Stelle.

2. Mithilfe des Holzrundstabs biegst du mehrere Windungen ins Rohr. Beginne in der Mitte des Rohrs. Das Biegen sollte ganz leicht gehen, sonst musst du das Rohr besser ausglühen. Das Rohr könnte sonst knicken.

1 Biegen des Messing-Rohrs

3. Aus dem Tetra-Pack wird das Schiffchen gebaut. Dein Schiffchen soll schwimmen. Schneide dazu das Tetra-Pack mit der Schere entzwei. Plane zuerst, wo du schneiden willst, und markiere die Schnittstellen mit wasserfestem Filzstift.

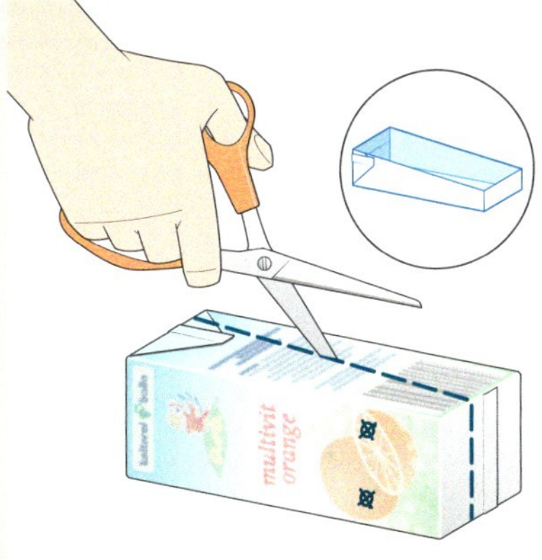

2 Zuschneiden des Tetra-Packs

4. Im hinteren Teil des Tetra-Pack-Schiffchens markierst du mit dem Filzstift die beiden Stellen, an denen die Rohrenden durch den Schiffboden geführt werden sollen [B3]. Mit der Ahle stichst du die beiden Löcher vor.

5. Führe die beiden Enden des Rohrs durch den Schiffboden und dichte die Löcher mit Bastelkleber ab.

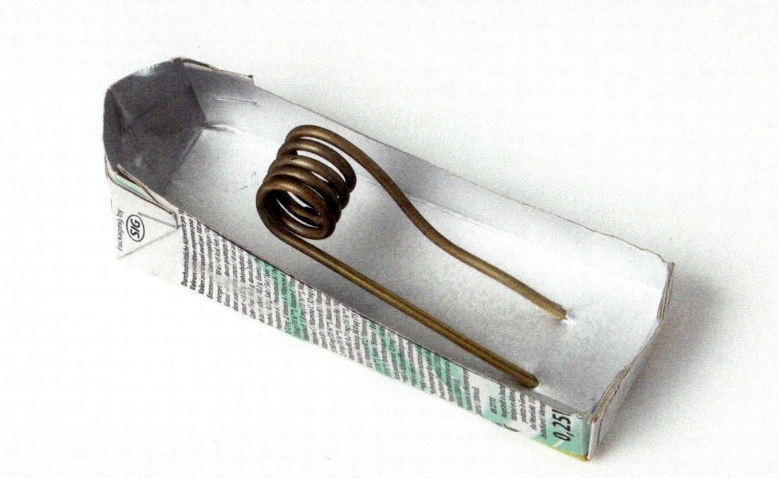

3 Das fertige Dampfschiffchen

Testen und Entwickeln

6. Teste dein Schiffchen: Fülle das Rohr mit Wasser, lege das Schiffchen ins Wasser, platziere die Rechaud-Kerze unter dem Rohr, zünde sie an und los gehts!

7. In der Technik werden Erfindungen stets getestet und dann verbessert. Kannst du dein Schiffchen verbessern? Besprecht zu zweit, welche Möglichkeiten es gibt. Setzt eure Ideen in die Praxis um. Verwendet dazu den restlichen Karton, Klebstoff oder Heftklammern.

Auftrag

a) Diskutiert zu zweit, wie der Antrieb des Schiffchens funktioniert. Sucht nach einer Erklärung, warum es im Dampfmotor auch nach einer Viertelstunde Betrieb noch Wasser hat.

b) Hast du eine Idee, warum das Dampfschiffchen auch «Tuk-Tuk» oder «Knatterboot» genannt wird?

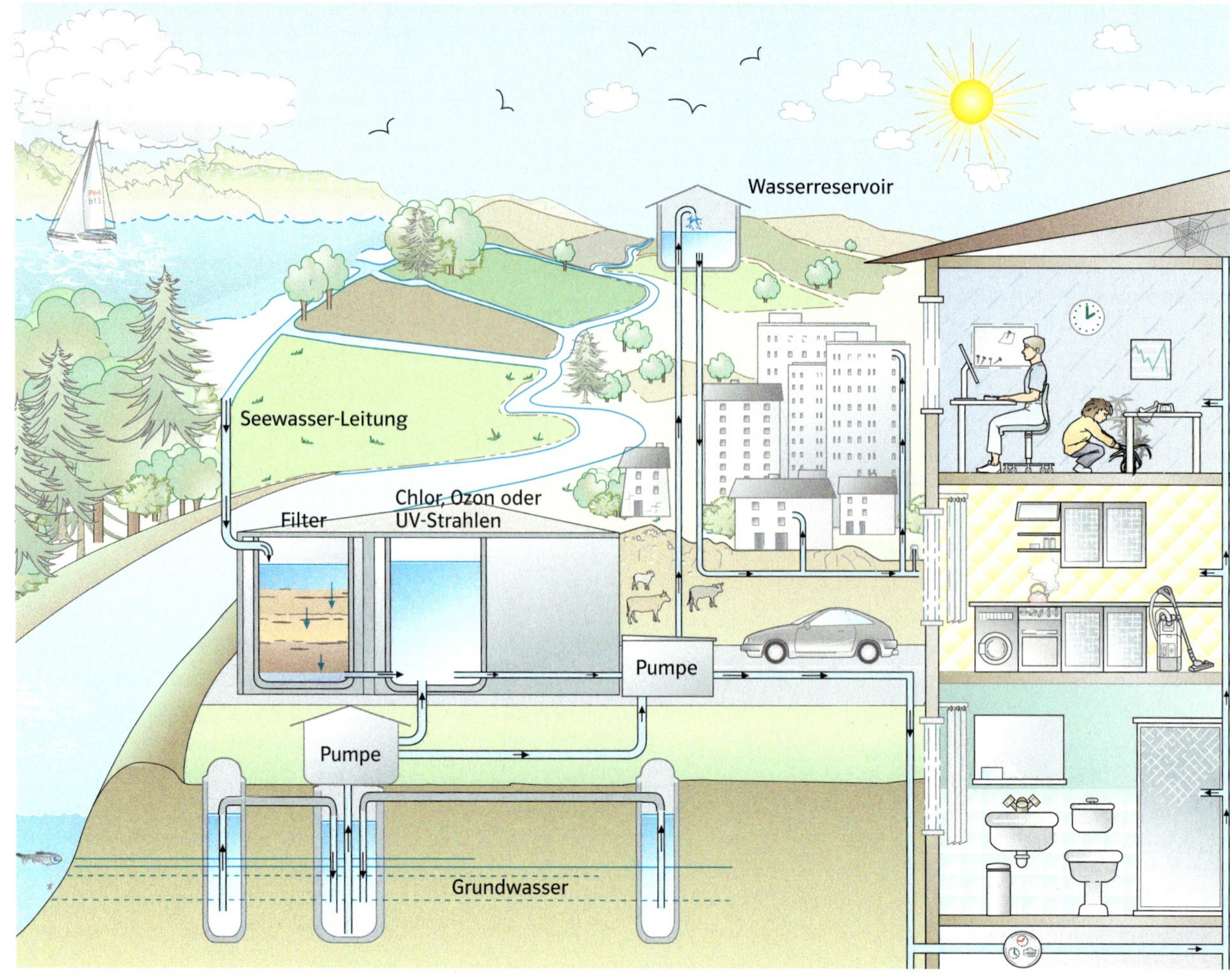

1 Trinkwassergewinnung aus Grundwasser und Seewasser

Vom Trinkwasser zum Abwasser

In der Schweiz können wir Leitungswasser ohne Bedenken trinken – es hat **Trinkwasserqualität**. Das heisst, es ist sehr sauber. Wie wird in der Schweiz Trinkwasser gewonnen? Und wie erreicht man eine so hohe Wasserqualität?

Trinkwassergewinnung

In der Schweiz wird Trinkwasser aus Quellwasser, Grundwasser und Seewasser gewonnen. ↗**Grundwasser** wird aus dem Boden an die Oberfläche gepumpt. ↗**Quellwasser** ist Grundwasser, das von alleine an einer Quelle an die Erdoberfläche kommt. Grundwasser und Quellwasser sind in der Schweiz meistens so sauber, dass keine oder nur eine einfache **Reinigung** nötig ist.

Seewasser dagegen hat keine Trinkwasserqualität. Es enthält Algen und verschiedene Schmutzstoffe, zum Beispiel Krankheitserreger, Metalle und Rückstände von Düngemitteln.

Aufbereitung von Seewasser

Das Seewasser muss deshalb in den Wasserwerken aufbereitet werden, damit daraus Trinkwasser wird [B1]. Das heisst, das Wasser muss gereinigt werden. Je nachdem wie stark das Wasser verschmutzt ist, durchläuft es einen oder auch mehrere Reinigungsschritte. Bei einer einfachen Aufbereitung wird das Wasser mit chlorhaltigem Gas, Ozongas oder UV-Strahlen behandelt. So werden Krankheitserreger im Wasser abgetötet. Bei einer mehrstufigen Aufbereitung kommen zusätzlich verschiedene Filter (→ S. 80) zum Einsatz. So werden weitere Schmutzstoffe aus dem Wasser entfernt. Das Wasser hat jetzt Trinkwasserqualität. Es wird ins Trinkwassersystem geleitet.

Wasserspeicher

Je nach Tageszeit und Jahreszeit verbrauchen wir unterschiedlich viel Trinkwasser. Deshalb werden grosse Wassermengen von den Wasserwerken in die höher gelegenen ↗**Wasserspeicher** (Reservoirs) gepumpt. Oft liegen diese Speicher auf Anhöhen. Von dort gelangt das Wasser ohne Pumpe zu uns nachhause [B1].

Vom Trinkwasser zum Abwasser

Im Haushalt brauchen wir Trinkwasser zum Trinken, Waschen, Kochen, Duschen und für vieles mehr. Dabei verschmutzen wir das Trinkwasser. Man nennt dieses verschmutzte Wasser ↗**Abwasser**. Über Abwasserleitungen gelangt das Abwasser zur ↗**Kläranlage**. Dort wird das Wasser gereinigt. Anschliessend kann es zurück in den natürlichen Wasserkreislauf geleitet werden.

2 Trinkwasser aus dem Brunnen

Trinkwasser wird aus Quellwasser, Grundwasser und Seewasser gewonnen. Bei der Aufbereitung werden Schmutzstoffe aus dem Wasser entfernt. Abwasser ist verschmutztes Wasser. Es muss in einer Kläranlage gereinigt werden.

AUFGABEN

1 △ Woher stammt das Trinkwasser in der Schweiz? Notiere drei Möglichkeiten.

2 ▲ Arbeitet zu zweit. Erklärt euch gegenseitig die Trinkwassergewinnung aus Seewasser anhand von Bild 1.

3 □ Warum eignet sich Grundwasser besser für die Gewinnung von Trinkwasser als Seewasser? Erkläre in 1–2 Sätzen.

4 ◇ Wie wird an deinem Wohnort Trinkwasser gewonnen? Beantworte die folgenden Fragen:
a) Woher stammt das Trinkwasser an deinem Wohnort? Wie wird es aufbereitet? Verwende verschiedene Quellen für deine Recherche (z. B. die Website deiner Gemeinde oder deines Kantons). Mache Notizen.
b) Tragt in der Klasse weitere Informationen zusammen: Wo liegen die Wasserspeicher in eurem Wohnort?
c) Erstelle eine Skizze, ähnlich wie Bild 1, die die Trinkwassergewinnung deines Wohnorts darstellt.

5 ◆ Diskutiert zu zweit. Warum ist Grundwasser meistens so sauber, dass es direkt oder nur mit einfachen Reinigungsverfahren in die Trinkwasserspeicher gepumpt werden kann? Notiert eure Überlegungen.

Kisam

E30 Alles auseinander!
E46 Sauber durch Dreck?
Eisenteile, Holz, Sand können wir aus einer Wasserprobe recht einfach trennen. Und wie wird Wasser in der Natur gereinigt? Die beiden Experimente geben Antwort.

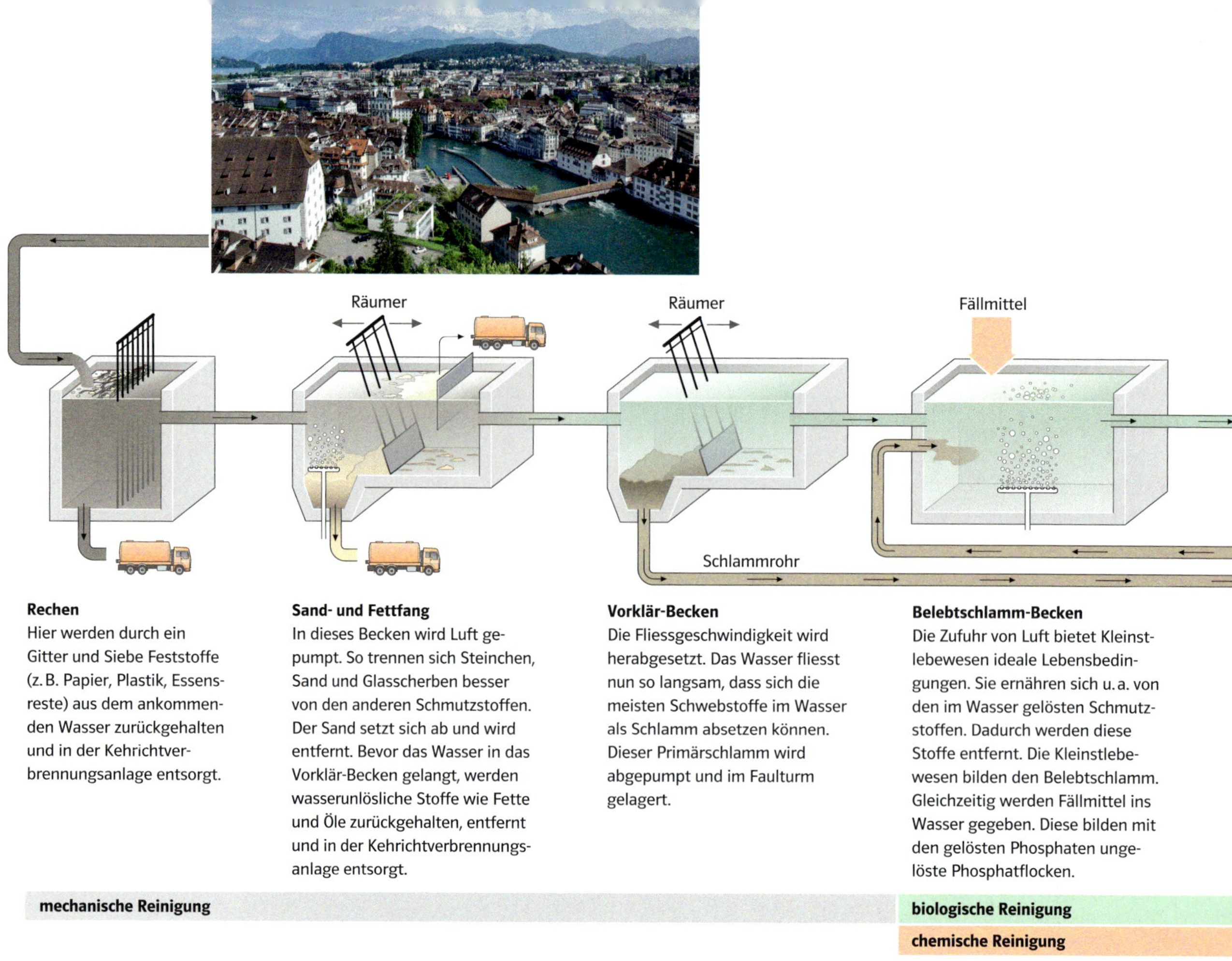

1 Die Abwasserreinigung in der Kläranlage erfolgt in vier Stufen. Dabei werden verschiedene Trennverfahren eingesetzt.

Die Kläranlage

Eine Kläranlage reinigt das Abwasser in vier Stufen: in einer mechanischen, einer biologischen und einer chemischen Reinigungsstufe sowie in einer Reinigung durch Filtration.

Wasser, das du in den Abfluss schüttest, wird zu ↗**Abwasser**. Abwasser enthält verschiedene gelöste und ungelöste Schmutzstoffe, die in einer ↗**Kläranlage** entfernt werden müssen. Zu den gelösten Stoffen gehören zum Beispiel Harnstoff aus dem Urin, Wirkstoffe aus Medikamenten, Reinigungsmittel und Duschmittel. Ungelöste Stoffe sind Feststoffe. Dazu gehören Speisereste, Verpackungsreste und Kot (Fäkalien).
In der Kläranlage wird das Abwasser in vier Stufen gereinigt [B1]: Die mechanische Reinigung entfernt ungelöste Feststoffe. Danach folgen die biologische und die chemische Reinigung sowie die Reinigung mit Filtern (↗Filtration).

Biologische Reinigung

Bei der biologischen Reinigung spielen zahlreiche Kleinstlebewesen (z. B. Bakterien) eine wichtige Rolle. Sie ernähren sich von gelösten Schmutzstoffen im Abwasser. Auch in der Natur sorgen diese Kleinstlebewesen dafür, dass Gewässer sauber bleiben.

Chemische Reinigung

Bei der chemischen Reinigung werden dem Wasser Fällmittel zugesetzt, um sogenannte Phosphate aus dem Abwasser zu entfernen. Phosphate sind ein häufiger Stoff im Abwasser von Haushalten. Die Fällmittel wandeln die gelösten Phosphate in ungelöste Phosphatflocken (Feststoff) um. Die Phosphatflocken werden anschliessend mit dem Klärschlamm aus dem Wasser entfernt.

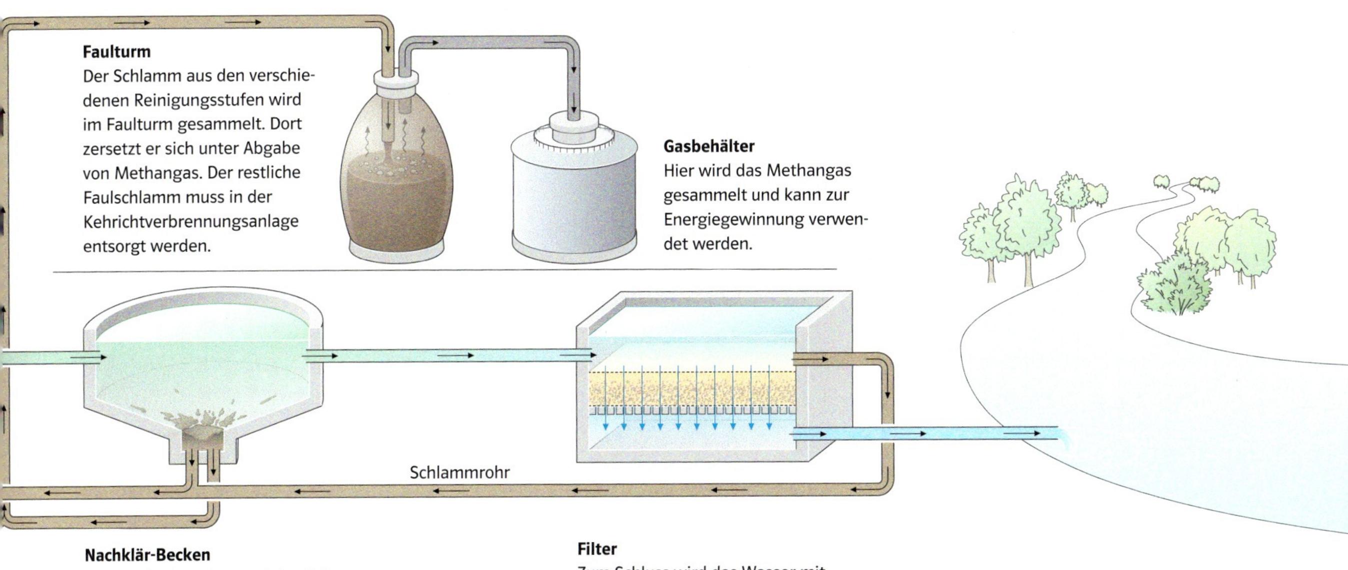

Nachklär-Becken
Hier bleibt das Wasser einige Zeit stehen, damit sich der Belebtschlamm und die Phosphatflocken absetzen können. Ein Teil des abgesetzten Belebtschlamms wird in den Faulturm gepumpt, der andere Teil wird in das Belebtschlamm-Becken zurückgepumpt. So gelangt ein Teil der Kleinstlebewesen zurück ins Belebtschlamm-Becken.

Filter
Zum Schluss wird das Wasser mit Filtern von den restlichen, ungelösten Phosphatflocken und von Partikeln aus dem Belebtschlamm befreit. Das Wasser hat nun fast Badequalität.

Reinigung durch Filtration

Filter aus Sand

Zum Schluss sickert das Wasser durch eine Sandschicht, die wie ein natürlicher Filter wirkt und übrig gebliebene Feststoffpartikel aus dem Wasser trennt. Nach der Reinigung in der Kläranlage wird das Abwasser über einen Fluss oder einen See in den natürlichen Wasserkreislauf eingeleitet.

Was bleibt im Wasser zurück?

Die Kläranlage kann nicht alle Schmutzstoffe vollständig aus dem Abwasser entfernen. Dazu gehören zum Beispiel Wirkstoffe aus Medikamenten oder künstliche Süssstoffe aus Erfrischungsgetränken. Diese Rückstände werden in die Gewässer geleitet und schaden möglicherweise unserer Umwelt.

AUFGABEN

1 △ Notiere die vier Reinigungsstufen einer Kläranlage und beschreibe jede in 1–2 Sätzen.

2 Arbeite mit Bild 1:
△ a) Notiere alle Stellen, bei denen in der Kläranlage Klärschlamm anfällt.
▲ b) «Im Klärschlamm steckt Energie.» Welche Stelle der Kläranlage passt zu dieser Aussage?

3 □ Welche Trennverfahren (→S. 90–91) werden bei der Abwasserreinigung genutzt? Notiere 2 Beispiele und benenne die entsprechende Stelle der Kläranlage.

4 ■ «Medikamente gehören nicht in die Toilette!» Erkläre diese Aussage mithilfe des Texts in 1–2 Sätzen.

5 ◆ Kläranlagen haben interne Kreisläufe. Finde in Bild 1 einen solchen Kreislauf. Welchen Zweck erfüllt er? Notiere.

E46 Sauber durch Dreck?
Kann Dreck Wasser reinigen? Finde heraus, wie die Natur Wasser reinigt.

Wasser reinigen und untersuchen

Die Wasserqualität kann sehr unterschiedlich sein. Die Ansprüche an die Qualität des Trinkwassers sind besonders hoch. In zwei einfachen Experimenten kannst du die Reinigung von Schmutzwasser nachvollziehen und in zwei weiteren Experimenten kannst du die Qualität von Wasser bestimmen.

1 Reinigung in mehreren Stufen

Material

2 Bechergläser, 2 Erlenmeyerkolben, Filterpapier (Rundfilter oder Faltenfilter), Trichter, Teelöffel, Pinzette, Mörser mit Pistill, Kohletabletten, Gartenerde, Sand, Öl, Mehl, Tinte, Holzkohle

Experimentieranleitung

1. Stelle ein «Modell-Abwasser» her. Zerreibe dazu die Holzkohle im Mörser zu einem feinen Pulver. Fülle ein Becherglas zu zwei Dritteln mit Wasser und gib Holzkohlepulver, Gartenerde, Sand, Tinte, Öl und Mehl hinein. Rühre gründlich um.

2. Lasse das Schmutzwasser einige Minuten stehen. Beobachte und notiere.

3. Giesse die Flüssigkeit über dem Bodensatz in ein zweites Becherglas (Dekantieren). Grobe Bestandteile entfernst du mit der Pinzette.

1 Die klare Flüssigkeit wird dekantiert.

4. Giesse das Wasser nun durch einen Filter in den Erlenmeyerkolben (Filtrieren). Beobachte und notiere.

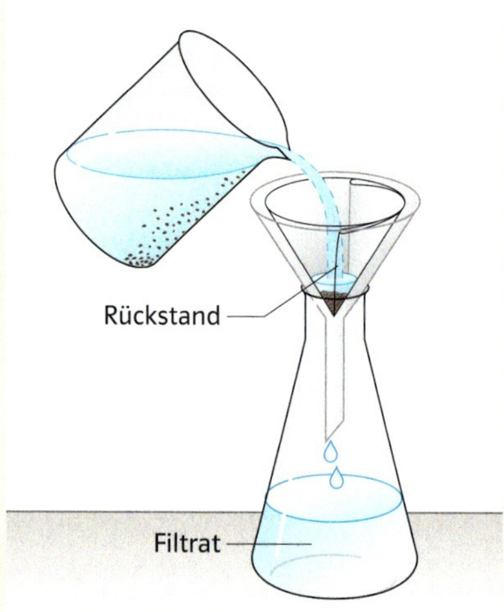

2 Die klare Flüssigkeit wird filtriert.

5. Gelöste Stoffe kannst du mithilfe von Kohletabletten beseitigen. Gib dazu eine Kohletablette in 50 ml filtriertes Wasser. Rühre, bis sich die Tablette aufgelöst hat.

6. Giesse die Lösung durch einen neuen Filter in den zweiten Erlenmeyerkolben.

Auftrag

a) Mit welchen Trennverfahren hast du das Schmutzwasser in den Schritten 2–4 gereinigt? Verwende die Fachbegriffe für die Trennverfahren (→ S. 90–91).
b) Ordne Schritt 5 einer Reinigungsstufe einer Kläranlage zu.
c) Notiere diejenige Reinigungsstufe einer Kläranlage, die im Experiment fehlt.

2 Wasserreinigung in der Natur

Material

Becherglas, PET-Flasche, Schmutzwasser wie in Experiment 1, Gaze, Gummiband, Sand, grober und feiner Kies, Schere oder Cutter, Stativ

Experimentieranleitung

1. Schneide den Boden der PET-Flasche weg (Vorsicht: scharfe Kante!). Spanne die Gaze über die Flaschenöffnung und befestige sie mit dem Gummiband.

2. Befestige die Flasche am Stativ. Befülle sie wie in Bild 3 mit Schichten aus Kies und Sand. Stelle das Becherglas unter die Flasche.

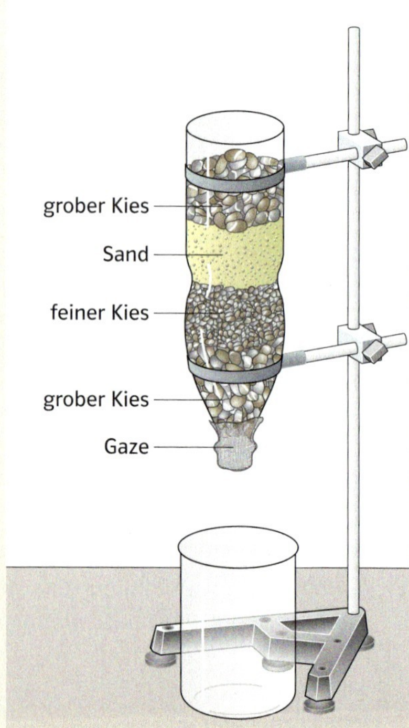

3 Aufbau von Experiment 2

3. Schütte die Hälfte des Schmutzwassers in die Flasche.

Auftrag

a) Vergleiche das gereinigte Wasser im Becherglas mit dem Schmutzwasser. Notiere deine Beobachtung.
b) Vergleiche das gereinigte Wasser mit dem gereinigten Wasser aus Experiment 1. In welchem Experiment wird das Wasser gründlicher gereinigt? Begründe in 2–3 Sätzen.
c) Diskutiert zu zweit. Gibt es in diesem Experiment eine biologische Reinigung wie bei einer Kläranlage?

3 Test mit Stäbchen

Material

Bechergläser, pH-Teststäbchen, Teststäbchen für Nitrat, Phosphat und Wasserhärte, Wasserproben (z. B. Mineralwasser, Leitungswasser, See- oder Flusswasser)

Experimentieranleitung

1. Lies die Gebrauchsanleitung der Teststäbchen genau durch.

2. Halte ein Teststäbchen so lange in die erste Wasserprobe, wie in der Gebrauchsanleitung angegeben.

3. Vergleiche die Farbe der Reaktionszone mit der beiliegenden Farbskala. Notiere das Ergebnis.

4. Wiederhole den gleichen Test mit verschiedenen Wasserproben.

5. Wiederhole die Schritte 1–4 mit anderen Teststäbchen.

Auftrag

Der Nitratgehalt im Trinkwasser darf 40 mg/l nicht überschreiten, weil zu viel Nitrat für unsere Gesundheit schädlich sein kann. Beurteile anhand dieses Grenzwerts die Qualität deiner Proben.

4 Test mit Flüssigkeiten

Die Messungen mit Testflüssigkeiten sind etwas aufwändiger, dafür viel genauer als mit Teststäbchen. Die Bestimmung des Sauerstoffgehalts im Wasser lässt sich nur mit Testflüssigkeiten durchführen.

Material

Testflüssigkeiten für Sauerstoff-Bestimmung, frische Wasserproben, Thermometer

Experimentieranleitung

1. Lies zuerst die Gebrauchsanleitung zu den Testflüssigkeiten.

2. Entnimm eine Wasserprobe. Bestimme sofort den Sauerstoffgehalt anhand der Vergleichsflüssigkeiten [B5]. Der Sauerstoffgehalt ändert sich, wenn die Wasserprobe länger steht.

3. Halte dich an die Gebrauchsanleitung.

4. Die Löslichkeit des Sauerstoffs hängt von der Temperatur ab. Deshalb musst du die Temperatur des Wassers notieren.

5. Wiederhole das Experiment mit weiteren Wasserproben.

6. Notiere die ermittelten Werte.

Auftrag

Entscheide, ob du in den folgenden Situationen Teststäbchen oder Testflüssigkeiten verwendest. Begründe deine Wahl.
a) Den Sauerstoffgehalt im Fischzuchtteich messen.
b) Im Auftrag einer Mineralwasserfirma den Nitratgehalt des Mineralwassers messen.
c) Im privaten Schwimmteich alle paar Tage den Nitratgehalt des Wassers ungefähr einschätzen.

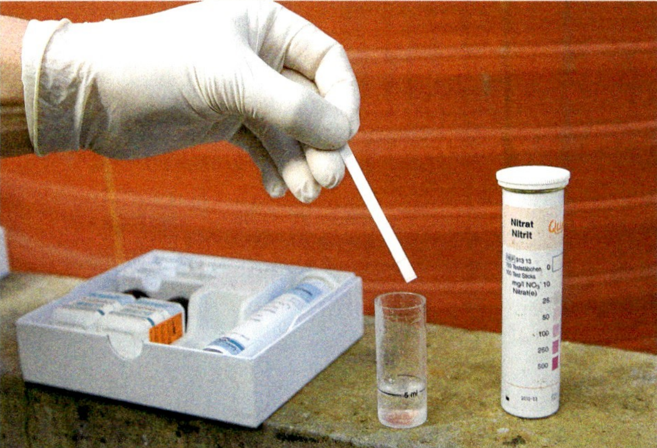

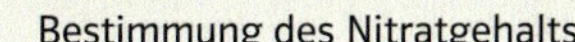
4 Bestimmung des Nitratgehalts

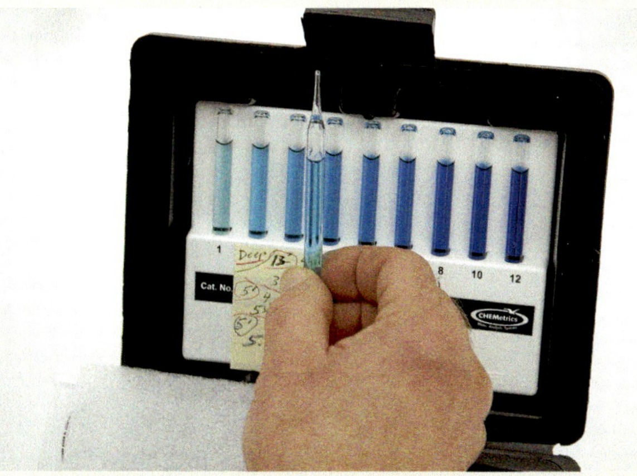

5 Testflüssigkeiten zur Sauerstoff-Bestimmung

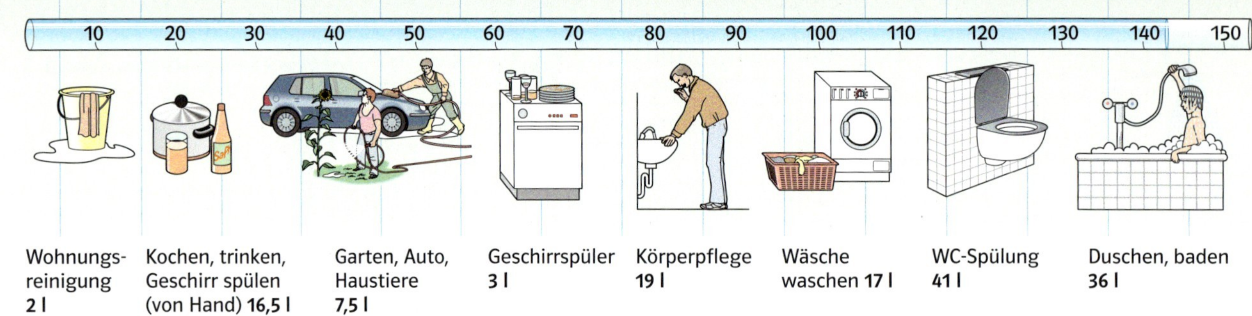

1 Allein im Haushalt entspricht der tägliche Wasserverbrauch einer Person in der Schweiz rund 142 Litern (geschätzte Zahlen).

Wasser unterschiedlich genutzt

Wir brauchen Wasser jeden Tag: im Haushalt, für die Herstellung von Lebensmitteln sowie industriellen Produkten. Das Wasser wird dabei nicht verbraucht, aber verschmutzt.

Pro Tag brauchen wir rund 4200 Liter Wasser pro Kopf. Das entspricht etwa 30 Badewannen gefüllt mit Wasser! Wofür verwenden wir all dieses Wasser in unserem Alltag?

Wasser als Lebensmittel

Unser Körper besteht zu etwa zwei Dritteln aus Wasser. Ohne Wasser könnten wir höchstens fünf Tage überleben. Es ist daher unser wichtigstes Lebensmittel. Wir nehmen es über Getränke und über die Nahrung auf.

Wasser im Haushalt

Leitungswasser brauchst du nicht nur zum Trinken. Du verwendest es auch zum Putzen, Waschen, Duschen und für die WC-Spülung. Im Haushalt benötigst du pro Tag etwa 142 Liter Wasser [B1]. Das entspricht etwa einer vollen Badewanne.

Wasser für die Produktion

Auch in einem Hamburger oder in einem Blatt Papier steckt Wasser. Die meisten Produkte (Lebensmittel und industrielle Güter) benötigen bei der Herstellung nämlich sehr viel Wasser. Um einen Hamburger herzustellen, braucht es etwa 2400 Liter Wasser für die Futterpflanzen der Rinder. Die Produktion von einem A4-Blatt Papier benötigt rund 10 Liter Wasser. Dazu gehört die Gewinnung der Papierfasern aus Holz oder Altpapier, das Mischen von Leim und Papierfasern, die Reinigung der Papiermaschinen (→ S. 92–93).

Wasser wird nicht verbraucht

Zwar reden wir bei der Nutzung von Wasser auch vom «Wasserverbrauch». Damit ist aber nicht gemeint, dass das Wasser nach der Nutzung nicht mehr vorhanden ist. Es fliesst nämlich immer wieder zurück in den natürlichen Wasserkreislauf. Deshalb kann es immer wieder genutzt werden. Wird das Wasser in der Industrie oder im Haushalt genutzt, dann wird es meistens auch verschmutzt. Es wird zu Abwasser, das in der Kläranlage gereinigt werden muss.

AUFGABEN

1 △ **Bei welchen Tätigkeiten brauchen wir Wasser? Notiere mindestens 6 Beispiele.**

2 ▲ **In der Zeitung steht: «Schweizer Haushalte verbrauchen viel Wasser!» Wird Wasser verbraucht? Was passiert mit dem Wasser? Notiere 3–4 Sätze.**

3 ◆ **Diskutiert zu zweit. Welcher Teil des täglichen Wasserverbrauchs fehlt in der Darstellung in Bild 1?**

4 ◆ **Arbeitet zu zweit. Wann ist der Wasserverbrauch klein, wann ist er gross? Notiert eure Überlegungen zu folgenden Uhrzeiten: 2 Uhr, 7 Uhr, 13 Uhr, 20 Uhr. Gibt es Unterschiede zwischen einer kleinen Landgemeinde und einer grossen Stadt?**

1 Der Aralsee früher und heute

Verstecktes Wasser in der Jeanshose

Für die Herstellung landwirtschaftlicher und industrieller Güter wird sehr viel Wasser gebraucht. Die Güter enthalten von diesem Wasser gar nichts oder nur einen kleinen Teil. Deshalb wird es ↗**verstecktes Wasser** genannt.

10 000 Liter für eine Jeanshose

Um eine einzige Jeanshose herzustellen, benötigt man etwa 10 000 Liter Wasser. Der grösste Teil davon wird für die Herstellung der Baumwolle benötigt, aus der Jeansstoff gemacht ist. Das restliche Wasser wird für die Verarbeitung verwendet (Reinigung der Baumwollfasern, Färben der Stoffe).

Wasserverbrauch im Ausland

Viele Güter, die wir in der Schweiz kaufen, werden im Ausland hergestellt. Das bedeutet, dass auch das Wasser für die Herstellung aus dem Ausland stammt. Zu solchen Gütern gehört auch die Jeanshose. Die Baumwolle stammt aus Ländern wie China, Indien oder Usbekistan, wo Wasser knapp ist.

Baumwollproduktion in Usbekistan

Usbekistan liegt am Aralsee [B1] inmitten von grossen Wüsten und Steppen. Das Land gehört zu den wichtigsten Anbaugebieten für Baumwolle. Die Baumwollfelder müssen künstlich bewässert werden. Das Wasser dafür stammt aus den Flüssen Amudarja und Syrdarja. Die Baumwollpflanzen nehmen aber nur einen kleinen Teil dieses Wassers auf. Das meiste Wasser verdunstet auf den Baumwollfeldern.
Durch die starke Nutzung des Wassers für die Bewässerung von Landwirtschaftsflächen und durch die Industrie trocknen Flüsse und Seen immer mehr aus. Dies führt dazu, dass viele Menschen um ihre Existenz fürchten müssen.

Mujnak war eine Hafenstadt

Mujnak war bis in die 1960er-Jahre eine kleine Hafenstadt am Aralsee. Die Menschen verdienten mit Fischfang und mit der Produktion von Fischkonserven ihren Lebensunterhalt. Weil der Wasserspiegel des Aralsees seither dramatisch zurückging, lag das Ufer des Aralsees 2014 über 100 km entfernt und viele Menschen haben ihre Arbeit verloren [B1].

In einer Jeanshose steckt sehr viel Wasser, das für die Produktion von Baumwolle und Baumwollstoff benötigt wird. Weil wir dieses Wasser nicht sehen, spricht man von verstecktem Wasser.

AUFGABEN

1 △ **Was versteht man unter «verstecktem Wasser»? Notiere ein Beispiel.**

2 △ **Die Baumwollfelder in Usbekistan werden künstlich bewässert. Woher stammt das Wasser für die Bewässerung? Was passiert mit diesem Wasser? Notiere 2–3 Sätze.**

3 □ **Vergleiche die Karten in Bild 1. Was fällt dir auf? Notiere 1–2 Sätze.**

4 ◆ **Diskutiert zu zweit oder zu dritt die folgende Aussage: «Die Bewässerung der Baumwollfelder verändert den natürlichen Wasserkreislauf!» Tipp: Nehmt Bild 3 auf S. 129 zu Hilfe.**

Aggregatzustände im Wasserkreislauf

Ich kann die wichtigsten Stationen des natürlichen Wasserkreislaufs auf einer Skizze erkennen und den Kreislauf in eigenen Worten erklären. (→ S. 128–129)

Ich kann die verschiedenen Aggregatzustände von Wasser bestimmten Orten auf der Erde zuordnen. (→ S. 128–129)

Ich kann anhand der Eigenschaften von Wasser in verschiedenen Aggregatzuständen die Funktionsweise von Dampfmaschinen erklären. (→ S. 130)

Ich kann den Antrieb eines Dampfschiffchens nach Anleitung nachbauen und seine Funktionsweise in einfachen Worten erklären. (→ S. 131)

Ich kann mein selbst gebautes Dampfschiffchen testen und Verbesserungen vorschlagen. (→ S. 131)

Vom Trinkwasser zum Abwasser

Ich kann mich selbstständig über das Trinkwassersystem meines Wohnorts informieren und weiss, wo ich diese Informationen bekomme. (→ S. 132–133)

Ich kann das Trinkwassersystem meines Wohnorts mit einer Skizze darstellen und beschriften. Meine Skizze erklärt folgende Punkte:
- Woher stammt das Wasser?
- Wird es aufbereitet?
- Wie gelangt das Wasser zu uns nachhause?
- Was passiert mit dem verschmutzten Trinkwasser aus den Haushalten?

(→ S. 132–133)

Ich kann die vier Reinigungsstufen einer Kläranlage nennen und erklären, welche Verunreinigungen dabei auf welche Art entfernt werden. (→ S. 134–135)

Ich kann einen Filter bauen und damit Schmutzwasser reinigen. (→ S. 136–137)

Ich kann Wasseruntersuchungen mit Teststäbchen und mit Testflüssigkeiten nach Anleitung durchführen. (→ S. 136–137)

Wassernutzung im Alltag

Ich kann verschiedene Bereiche nennen, in denen wir im Alltag Wasser brauchen. (→ S. 138)

Ich kann erklären, warum Wasser nicht «verbraucht» wird. (→ S. 138)

Ich kann den Begriff «verstecktes Wasser» an einem Beispiel erklären. (→ S. 139)

WEITERFÜHRENDE AUFGABEN

1 ◆ Dampfmaschinen, aber auch der Dampfkochtopf zuhause, nutzen die verschiedenen Aggregatzustände von Wasser. Erkläre mit dem Teilchenmodell, wie Überdruck im Dampfkochtopf entsteht. (→S. 130)

2 □ Beim Bau des Tuk-Tuks wird eine Kerze unterhalb des gebogenen Messing-Rohrs angebracht. Erkläre in 1–2 Sätzen, welche Funktion die Kerze beim Antrieb des Tuk-Tuks hat. (→S. 131)

3 □ Um aus Seewasser Trinkwasser zu gewinnen, wird das Wasser in einem Wasserwerk aufbereitet. Erkläre in 1–2 Sätzen, warum diese Aufbereitung bei Quellwasser und Grundwasser oft nicht notwendig ist. (→S. 132–133)

4 □ Nenne die vier Reinigungsstufen einer Kläranlage. Beschreibe das Verfahren jeder Stufe in 1–2 Sätzen. (→S. 134–135)

5 ■ Es gibt Schmutzstoffe, die man in einer Kläranlage mit den vier Reinigungsstufen nicht aus dem Abwasser entfernen kann. Notiere mindestens 3. (→S. 134–135)

6 ◆ Damenbinden und Tampons, Plastiksäcke, Medikamente und Essensreste gehören nicht in den Abfluss. Begründe diese Aussage. (→S. 134–135)

7 ■ Bei den zwei Experimenten zur Wasserreinigung hast du die Filtration angewendet. Wo finden wir diese Art der Wasserreinigung in der Natur? Erkläre in eigenen Worten, was dabei passiert. (→S. 136–137)

8 □ Untersuchungen zur Wasserqualität lassen sich auf unterschiedliche Weise durchführen. Beschreibe zwei Verfahren. (→S. 137)

9 □ Wir brauchen jeden Tag Trinkwasser zum Duschen, zum Kochen und zum Waschen. Das ist aber nur ein kleiner Teil unseres täglichen Wasserverbrauchs. Erkläre, wozu wir sonst noch Wasser brauchen. (→S. 138–139)

10 ■ Die Karten in Bild 1 zeigen die grossen Veränderungen des Aralsees. Welche Folgen haben diese Veränderungen für die Menschen? Notiere 3–4 Sätze. (→S. 139)

11 ◆ Erkläre den Begriff «verstecktes Wasser» am Beispiel von Rindsleder-Schuhen. (→S. 139)

1 Der Aralsee früher und heute

7 Lebensraum Gewässer

- Was ist ein Ökosystem?
- Welche Ansprüche haben Lebewesen an ihren Lebensraum?
- Woran erkennt man, ob ein Gewässer belastet ist?
- Wie wird ein schmutziger Bach wieder sauber?

Der Lebensraum der Rotfeder

1 Die Flossen einer ausgewachsenen Rotfeder sind orange-rot.

Lebewesen lassen sich an typischen Merkmalen erkennen. Solche Erkennungsmerkmale betreffen oft die äussere Erscheinung, aber auch wie sich ein Lebewesen verhält und fortpflanzt.

Eine junge Rotfeder [B1] sucht an der Wasseroberfläche nach Nahrung. Algen und Wasserflöhe [B2] mag sie besonders gerne. Das Wasser ist still. Plötzlich bewegt sich etwas unter ihr. Ist das ein Hecht auf der Jagd nach Fischen? Blitzschnell schwimmt die Rotfeder zurück in die tieferen Wasserschichten und versteckt sich hinter den dichten Wasserpflanzen.

Rotfedern brauchen Wasserpflanzen

Die Rotfeder kommt in der Schweiz häufig vor. Sie lebt hauptsächlich in Seen und Teichen [B3]. Manchmal findet man sie auch in langsam fliessenden Gewässern. Die Rotfeder hält sich am liebsten im Uferbereich auf. Dort gibt es viele Wasserpflanzen. Diese bieten ihr Schutz vor Raubfischen (z. B. Hechte oder Zander). Raubfische jagen und fressen die Rotfeder. Erwachsene Rotfedern fressen Algen und Wasserpflanzen. Aber auch kleine Insekten und Kleinkrebse stehen auf ihrem Speiseplan.

Erkennungsmerkmale

Jedes Lebewesen hat besondere Merkmale, an denen du es erkennen kannst. Man spricht von **Erkennungsmerkmalen**. Bei den

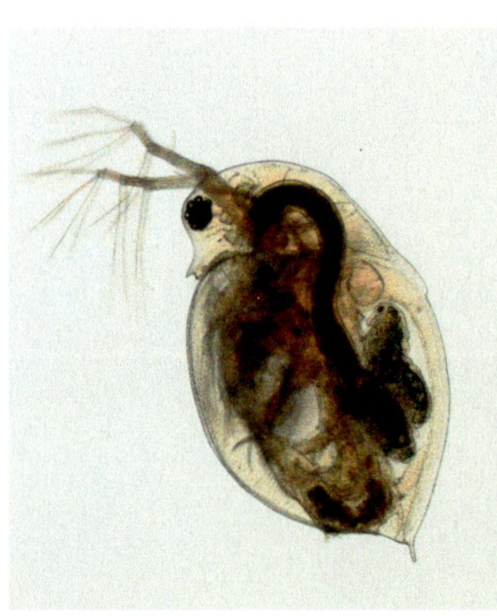

2 Wasserfloh

3 Die Rotfeder lebt in Seen mit vielen Wasserpflanzen.

Fischen sind dies zum Beispiel die Körperform, die Körpergrösse, die Farbe und die Lage der Flossen. Eine Rotfeder misst etwa 20–30 cm. Ihr Körper ist flach und oval. Die orange-roten Flossen sind ein wichtiges Erkennungsmerkmal der Rotfeder. Nach der Farbe der Flossen ist die Rotfeder auch benannt.

Verhalten und Fortpflanzung

Auch das Verhalten und die Fortpflanzung sind Erkennungsmerkmale: Die Rotfeder schwimmt im Frühling in Gruppen. Man spricht von einem Schwarm [B4]. Im Schwarm suchen Rotfedern einen flachen Uferbereich mit Wasserpflanzen, damit die Weibchen dort ihre durchsichtigen Eier an die Wasserpflanzen kleben können. Ein Weibchen kann mehr als 100 000 Eier legen. Die Männchen geben danach ihre Spermien über die Eier, um sie zu befruchten. Es dauert nur wenige Tage, dann schlüpfen aus den Eiern junge Rotfedern [B5].

4 Rotfedern schwimmen im Frühling im Schwarm.

5 Ein Schwarm junger Rotfedern

AUFGABEN

1 △ Was ist ein Erkennungsmerkmal? Erkläre den Begriff in 1–2 Sätzen.

2 △ a) Notiere 2–3 Erkennungsmerkmale der Rotfeder.
□ b) Erstelle einen Steckbrief für die Rotfeder. Benütze dazu Arbeitsblatt 7.01.

3 ■ Warum sind Wasserpflanzen für die Rotfeder wichtig? Notiere 3 Gründe.

4 ◇ Arbeitet zu zweit. Erstellt einen Steckbrief zu einem der folgenden Lebewesen: Gemeiner Wasserfloh, Posthornschnecke, Hufeisen-Azurjungfer, Hecht, Teichhuhn, Kleiner Wasserfrosch, Zuckmücke, Köcherfliege, Mehlschwalbe, Graureiher. Benützt dazu Arbeitsblatt 7.02.

5 ◆ Arbeitet zu zweit. Benützt ein Lexikon, Fachbücher oder das Internet.
a) Rotfedern werden manchmal mit Rotaugen verwechselt. Notiere Erkennungsmerkmale, mit denen du Rotfedern und Rotaugen unterscheiden kannst.
b) Finde weitere Erkennungsmerkmale, mit denen man Fische voneinander unterscheiden könnte. Betrachte dazu Bild 1.
c) Gelten für alle Rotfedern die gleichen Erkennungsmerkmale? Betrachte dazu die Bilder 4 und 5.

→ AB 7.01, AB 7.02

1 Die Lebewesen im Ökosystem See werden von belebten und unbelebten Umweltfaktoren beeinflusst.

Ökosystem See

Gewässer sind Lebensräume. Ein Ökosystem besteht aus einem Lebensraum und einer Lebensgemeinschaft (Pflanzen, Tiere). In einem Ökosystem gibt es unbelebte und belebte Umweltfaktoren.

Fast drei Viertel der Erdoberfläche sind mit Wasser bedeckt (→ S. 128–129). Das meiste davon ist Salzwasser in den Weltmeeren. ↗Süsswasser findet man in Seen, Flüssen und Bächen. Man unterscheidet zwei Arten von Süssgewässern, die sich durch unterschiedlich starke Strömungen unterscheiden. Flüsse und Bäche haben eine starke Strömung. Sie heissen deshalb **Fliessgewässer**. Seen, Teiche und Weiher sind stehende Gewässer. In **stehenden Gewässern** nimmt man kaum Strömung wahr.

Die Rotfeder lebt in einem Ökosystem

Die Rotfeder lebt im Uferbereich von stehenden Gewässern (Seen und Teiche). Ihr **Lebensraum** ist also der See oder der Teich. Man nennt einen solchen Lebensraum auch ↗**Biotop.** Zum Lebensraum der Rotfeder gehören das Seewasser, der Seegrund, die Steine im Uferbereich, die Luft und der Wind über der Wasseroberfläche. Das heisst: alle unbelebten Dinge, zwischen denen sie lebt [B2, oben].

Die Rotfeder teilt sich ihren Lebensraum mit anderen Lebewesen: zum Beispiel mit Wasserpflanzen, anderen Fischen, Insekten und Wasservögeln. Alle Lebewesen, die sich einen Lebensraum teilen, bilden eine ↗**Lebensgemeinschaft** [B2, unten]. Lebensraum und Lebensgemeinschaft bilden zusammen ein ↗**Ökosystem**. Der See mit der Rotfeder und allen anderen Tieren und Pflanzen ist also ein Ökosystem [B1].

Belebte und unbelebte Umweltfaktoren

Die verschiedenen Lebewesen in einem Ökosystem beeinflussen einander. Das heisst, das Leben der Rotfeder wird durch andere Tiere und durch Pflanzen im Lebensraum beeinflusst. Man spricht auch von der Beeinflussung durch **belebte** ↗**Umweltfaktoren**. Zu den belebten Umweltfaktoren der Rotfeder zählen Raubfische und Wasserpflanzen. Raubfische wie der Hecht fressen die Rotfeder. Wasserpflanzen dagegen bieten Nahrung und Schutz vor Gefahren, und sie dienen als Ablageplatz für die Eier.

Auch der Lebensraum hat Einfluss auf die Rotfeder. Die Einflüsse des Lebensraums nennt man **unbelebte ↗Umweltfaktoren**. Dazu gehören die Strömung des Gewässers und der Salzgehalt. Die Rotfeder lebt am liebsten in Süssgewässern mit wenig Strömung (Seen, Teiche). Im Salzwasser kann sie nicht leben.

Ansprüche an das Ökosystem

Jedes Lebewesen hat unterschiedliche Ansprüche an sein Ökosystem. Das heisst, ein Lebewesen kann nur in einem Ökosystem leben, das bestimmte Umweltfaktoren aufweist. Die Rotfeder braucht zum Beispiel ein Gewässer mit Wasserpflanzen und ohne starke Strömung.
Wenn sich ein solcher Umweltfaktor ändert, hat das einen Einfluss auf das Lebewesen: Wenn die Lebensbedingungen **ungünstiger** werden, sinkt die Zahl dieser Lebewesen im Ökosystem. Wenn die Bedingungen **günstiger** werden, steigt die Zahl.

2 Ein Ökosystem besteht aus einem Lebensraum (oben) und einer Lebensgemeinschaft (unten).

AUFGABEN

1 △ **Notiere zwei Arten von Süssgewässern.**

2 △ **Notiere zwei belebte und zwei unbelebte Umweltfaktoren, die in einem See vorkommen. Benütze dazu auch die Bilder.**

3 □ **Arbeitet zu zweit. Was ist ein Ökosystem?**
a) Erstellt eine Liste mit den Fachbegriffen aus dem Text, die ein Ökosystem beschreiben. Schreibt zu jedem Fachbegriff eine kurze Erklärung (1 Satz).
b) Erklärt einander die Fachbegriffe mit Beispielen aus Bild 2.

4 ◇ **Diskutiert zu zweit folgende Situationen. Macht euch Notizen.**
a) Situation 1: Die Zahl der Rotfedern in einem See sinkt. Welche Umweltfaktoren könnten sich verändert haben?
b) Situation 2: Die Zahl der Rotfedern in einem See steigt. Welche Umweltfaktoren könnten sich jetzt verändert haben?

5 ◆ **Ein See ist ein Ökosystem. Daneben gibt es weitere Ökosysteme. Welche kennst du?**
a) Notiere 2–3 Ökosysteme, die an einen See angrenzen.
b) Der Graureiher baut sein Nest in hohen Bäumen und jagt auf Wiesen und am Seeufer nach Fröschen. Sind Grenzen zwischen Ökosystemen geschlossen oder durchlässig? Begründe am Beispiel des Graureihers.

Wir untersuchen ein Gewässer

1 Strömungsgeschwindigkeit

Material

Messband, Sägemehl, 2 Holzstücke, Kamera und Stoppuhr (z. B. Smartphone oder Tablet)

Experimentieranleitung

1. Miss einen 5 m langen Gewässerabschnitt ab.

2. Mache dir Notizen zum Aussehen des Gewässerabschnitts (z. B. Wasserlauf, Wasserstand, Ufer, Gewässergrund (Boden), Gefälle sowie weitere Merkmale wie Zuflüsse oder spezielle Verbauungen).

3. Gib am oberen Ende des Gewässerabschnitts (Startpunkt) eine Handvoll Sägemehl ins Wasser. Beobachte, wie sich das Sägemehl im Wasser bewegt. Mache Notizen. Mit dem Smartphone oder dem Tablet kannst du das Sägemehl im Wasser filmen.

4. Gib nun am Startpunkt ein Stück Holz ins Wasser und miss die Zeit, bis das Holz am unteren Ende ankommt. Trage das Ergebnis in eine Tabelle wie in Bild 1 ein.

5. Wiederhole Schritt 4 mindestens einmal.

Auftrag

a) Vergleicht in der Klasse eure Ergebnisse zu Schritt 3. Was sind mögliche Ursachen für unterschiedliche Wasserströmungen?
b) Berechne die Strömungsgeschwindigkeit (*v*), indem du die Wegstrecke (*s*) durch die gemessene Zeit (*t*) teilst.
c) Diskutiert in der Gruppe: Warum werden zwei Messungen durchgeführt? Notiert eure Überlegungen.
d) Tragt eure Ergebnisse zur Strömungsgeschwindigkeit in der Klasse zusammen. Was stellt ihr fest?

2 Warm oder kalt?

Material

Thermometer mit Öse, kräftige Schnur, schwere Schrauben oder Gewicht, weisse Plastikstreifen (z. B. von einem Plastiksack)

Experimentieranleitung

1. Bringe an der Schnur exakt alle 10 cm eine Markierung mit Plastikstreifen an.

2. Knüpfe die Schnur gut an die Öse des Thermometers.

3. Beschwere das Thermometer mit der Schraube oder dem Gewicht, damit es im Wasser sinkt.

4. Lasse das Thermometer ins Wasser. Warte 1–2 min. Bestimme mithilfe der Plastikstreifen die Tiefe des Thermometers. Notiere den Wert.

5. Ziehe das Thermometer aus dem Wasser. Lies sofort die Temperatur ab. Notiere den Wert.

6. Wiederhole den Vorgang für verschiedene Wassertiefen.

7. Miss die Lufttemperatur. Notiere den Wert.

Auftrag

a) Vergleiche die verschiedenen Wassertemperaturen mit derjenigen der Luft. Welche Temperatur ist jeweils höher? Notiere.
b) Ist die Wassertemperatur ein unbelebter oder ein belebter Umweltfaktor? Begründe deine Antwort in 1–2 Sätzen.

3 Klares oder trübes Wasser?

Material

2 verschliessbare Glasbehälter, weisses Papier, Fotokamera (z. B. Smartphone oder Tablet)

Experimentieranleitung

1. Zeichne eine Tabelle wie in Bild 2.

2. Bestimme in einem Gewässer zwei unterschiedliche Stellen für die Entnahme der Wasserproben.

3. Beschreibe die beiden Stellen stichwortartig.

Messung	Wegstrecke (*s*)	Zeit (*t*)	Strömungsgeschwindigkeit (*v*)
1.			
2.			
3.			

1 Messung der Strömungsgeschwindigkeit

Wasserprobe	Trübung	Farbe
1		
2		

2 Tabelle zur Bestimmung der Wasserprobe

4. Entnimm je eine Wasserprobe. Schöpfe dafür mit dem Glasbehälter das Wasser unterhalb der Wasseroberfläche, ohne dabei Sand und andere Partikel vom Boden aufzuwirbeln.

5. Verschliesse die Glasbehälter und schüttle sie. Betrachte die Wasserproben vor dem weissen Papier als Hintergrund.

6. Beurteile deine Wasserproben hinsichtlich Trübung (durchsichtig, schwach getrübt, stark getrübt, undurchsichtig) und Farbe (farblos, grün, gelb, braun, grau). Notiere das Ergebnis in der Tabelle.

Auftrag

a) Diskutiert zu zweit. Welche Umweltfaktoren sind für die Farbe und die Trübung der Wasserproben verantwortlich? Macht Notizen.

b) Überlegt zu zweit, warum die Farbe als Merkmal zur Einstufung einer Wasserprobe problematisch sein könnte. Notiert eure Vermutungen.

4 Welche Pflanzen wachsen am Gewässer?

Material

Bestimmungsbücher für Pflanzen, Fotokamera (z. B. Smartphone oder Tablet)

Experimentieranleitung

1. Skizziere den Umriss des Gewässers, das du untersuchst.

2. Trage in die Skizze die Pflanzen ein, die du von deinem Standort aus erkennst. Dazu nimmst du für jede Pflanze ein anderes Symbol [B3].

3. Fotografiere zu jedem Symbol die zugehörige Pflanze. Mach zuerst ein Foto der ganzen Pflanze und dann eine Nahaufnahme, auf der man zum Beispiel nur die Blätter, die Rinde oder die Blüten sieht.

Auftrag

a) Übertrage nach der Untersuchung die Skizze des Gewässerumrisses auf ein grosses Plakat. Anstelle der Symbole klebst du nun die Fotos der Pflanzen an die Stelle, an der sie wachsen. Beschrifte die Fotos mit den Pflanzennamen aus den Bestimmungsbüchern.

b) Gehören Pflanzen zu den unbelebten oder den belebten Umweltfaktoren? Begründe deine Antwort in 1–2 Sätzen.

Legende:
= Wasserschwertlilie
∧ Schilf
× Rohrkolben
○ Teichrose
• Tauchblattpflanzen

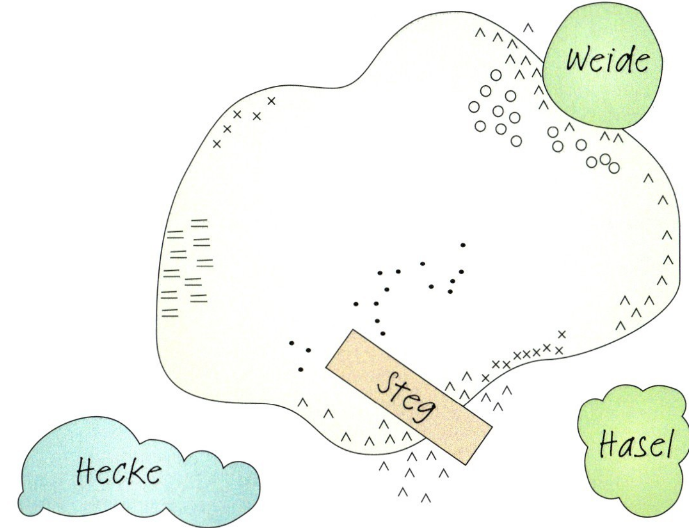

3 Umrissskizze eines Gewässers mit Legende

Nahrungsnetze und Nährstoffkreislauf

Lebewesen sind durch Nahrungsketten und Nahrungsnetze miteinander verbunden.

Unzählige, winzige Algen färben im Sommer das Wasser in einem See grün. Wasserflöhe und andere Kleinkrebse haben jetzt genügend zu fressen. Sie vermehren sich. Das freut die junge Rotfeder, die sich von Wasserflöhen und Kleinkrebsen ernährt. Auch sie kann sich nun vermehren. Das wiederum freut den Graureiher: Er frisst gerne Rotfedern.

Nahrungsketten

Ein Lebewesen dient dem anderen als Nahrung. Wie eine Kette baut sich so eine Folge von **Beute** und **Räubern** auf. Ein Räuber ist ein Lebewesen, das ein anderes Lebewesen frisst. Das gefressene Lebewesen ist die Beute.
Solche Ketten von Beute und Räubern heissen ↗**Nahrungsketten.** Am Anfang einer Nahrungskette steht immer eine Pflanze. Man spricht auch von einem **Erzeuger**. Lebewesen, die sich von Pflanzen oder Tieren ernähren, heissen **Verbraucher**.
Pflanzen stehen am Anfang der Nahrungskette, weil sie sich nicht von anderen Lebewesen ernähren.

Nahrungsnetze

Die Rotfeder frisst Wasserpflanzen, Algen und Wasserflöhe. Die Rotfeder selbst steht auf dem Speiseplan des Hechts und des Graureihers. So kann ein Lebewesen ein Glied in verschiedenen Nahrungsketten sein. Viele Nahrungsketten schliessen sich zu einem ↗**Nahrungsnetz** zusammen [B1].

Zersetzer

Neben Erzeugern und Verbrauchern gibt es in einem Ökosystem eine dritte Gruppe von Lebewesen: die ↗**Zersetzer.** Die Zersetzer ernähren sich vom Kot der Tiere und von abgestorbenen Lebewesen. Man sagt auch, Zersetzer bauen Abfallstoffe ab. Zu den Zersetzern gehören Pilze, Bakterien und Würmer.

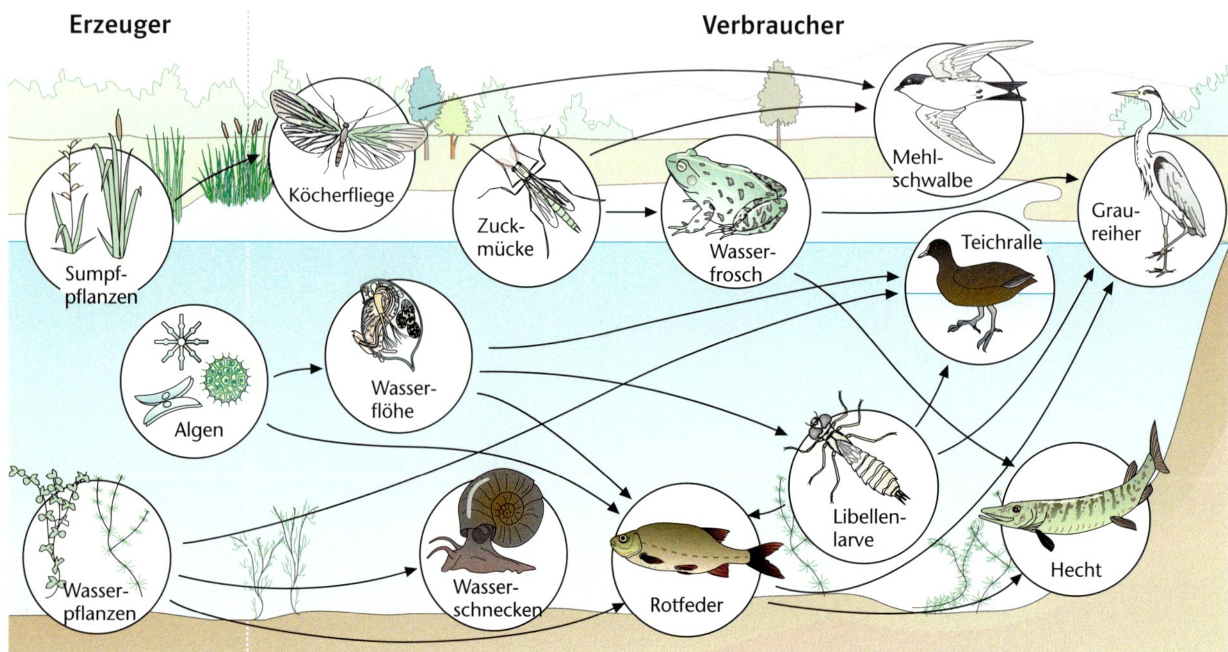

1 Nahrungsketten und Nahrungsnetz im See

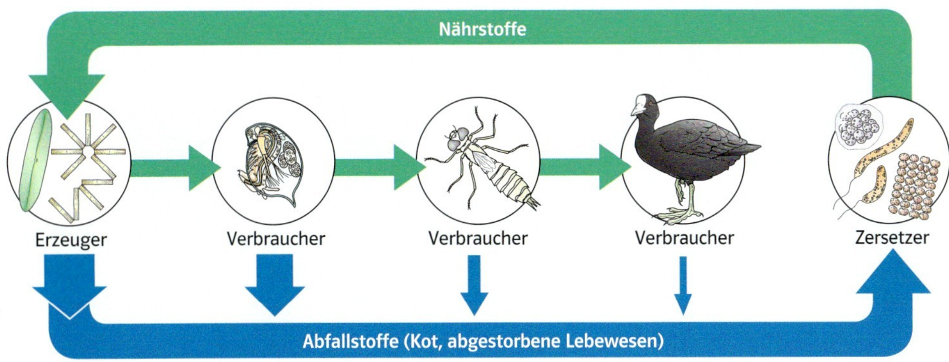

2 Zersetzer bauen Kot und abgestorbene Lebewesen ab.

In einem Ökosystem gibt es Erzeuger (Pflanzen), Verbraucher (Tiere) und Zersetzer (Pilze, Bakterien, Würmer). Die Zersetzer bauen Abfallstoffe ab und machen daraus neue Nährstoffe. Damit schliessen Zersetzer den Nährstoffkreislauf in einem Ökosystem.

Nährstoffkreislauf

Alle Lebewesen brauchen Nährstoffe zum Leben. Die Pflanzen im See (Erzeuger) nehmen Nährstoffe aus dem Wasser auf. Sie brauchen diese für ihr Wachstum. Die Verbraucher nehmen die Nährstoffe über Pflanzen und Tiere auf, die sie fressen. Auch die Zersetzer nehmen Nährstoffe über ihre Nahrung (tote Lebewesen, Kot) auf.

Zersetzer schliessen den Nährstoffkreislauf

Wenn die Zersetzer die toten Lebewesen und den Kot abbauen, entstehen dabei neue ↗**Nährstoffe** [B2]. Diese Nährstoffe geben die Zersetzer ins Wasser ab – und werden von den Pflanzen wieder aufgenommen. Somit schliesst sich der Kreis und wir sind wieder am Anfang der Nahrungskette angekommen. Der Fachbegriff für diesen Kreis ist ↗**Nährstoffkreislauf**.

AUFGABEN

1 △ Finde im Text je drei Beispiele für Beute und Räuber. Erkläre die beiden Begriffe in eigenen Worten.

2 △ Nenne Beispiele für Zersetzer und beschreibe die Aufgabe der Zersetzer in einem See in 1–2 Sätzen.

3 □ Notiere mithilfe von Bild 1 zwei Nahrungsketten im See. Markiere die Erzeuger und die Verbraucher mit unterschiedlicher Farbe.

4 □ Arbeitet zu zweit.
a) Sucht in Bild 1 Lebewesen, die zu mindestens 3 Nahrungsketten gehören.
b) Erklärt euch gegenseitig den Unterschied zwischen einer Nahrungskette und einem Nahrungsnetz. Nutzt dazu Bild 1.

5 ■ Arbeitet zu zweit. Erklärt euch gegenseitig, was mit den Nährstoffen in einem See passiert. Nutzt dazu Bild 2.

6 ◆ Diskutiert zu zweit und macht euch Notizen:
a) In einem kleinen See wachsen plötzlich sehr viele Algen. Welchen Einfluss hat das starke Algenwachstum auf die Rotfedern im See?
b) In der Nähe eines Sees finden Graureiher wegen einer neuen Überbauung weniger Nistplätze. Hat dies einen Einfluss auf die Rotfedern im See?
c) Das Nahrungsnetz in Bild 1 ist ein Modell. Was zeigt das Modell, was wird damit nicht dargestellt? Notiere.

Wir mikroskopieren Kleinstlebewesen

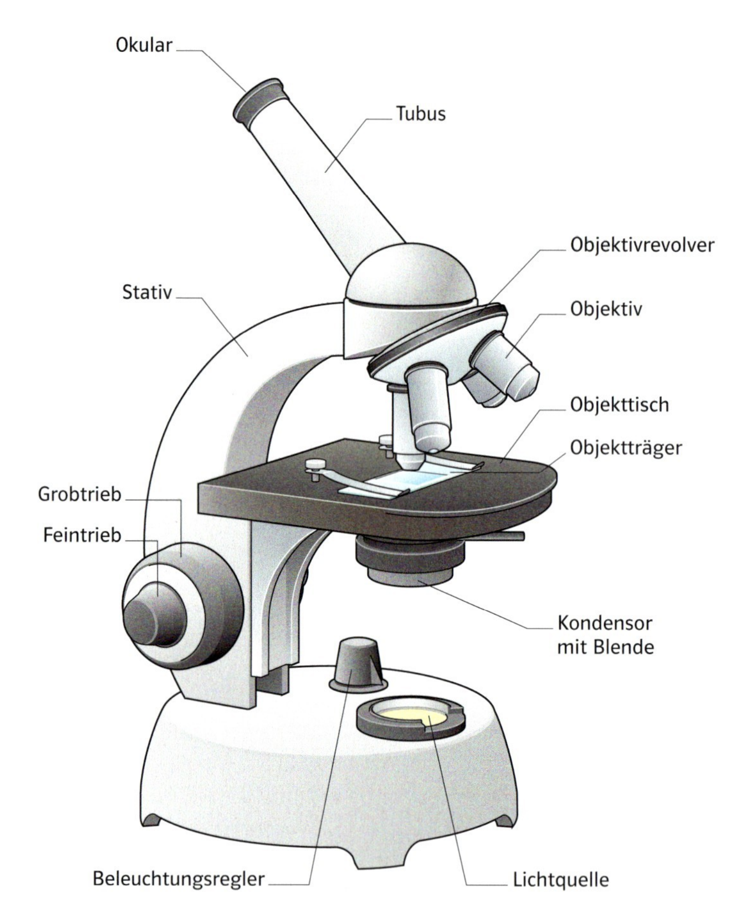

1 Aufbau eines Mikroskops

Bevor du mit dem Mikroskopieren beginnst, solltest du dich mit dem Mikroskop vertraut machen. Dabei hilft dir Bild 1. Achte darauf, dass du das Mikroskop beim Herumtragen immer am Stativ festhältst.

1 Umgang mit dem Mikroskop

Material

Mikroskop, Fertigpräparat

Experimentieranleitung

1. Fahre den Objekttisch mit dem Grobtrieb ganz nach unten.

2. Stecke den Stecker in die Steckdose. Schalte das Licht ein.

3. Lege das Fertigpräparat auf den Objekttisch. Fixiere es mit der Halterung.

4. Am Anfang muss immer das Objektiv mit der kleinsten Vergrösserung über dem Präparat stehen. Drehe dazu den Objektivrevolver [B2].

5. Schaue durch das Okular. Vermutlich ist das Bild noch nicht sichtbar. Drehe vorsichtig am Grobtrieb, um den Objekttisch nach oben zu bewegen, bis das Bild sichtbar ist. **Achtung:** Das Objektiv darf das Präparat nicht berühren!

2 Objektivrevolver bedienen

6. Vermutlich ist das Bild noch unscharf. Um es scharf zu stellen, bewegst du den Objekttisch nach oben oder unten. Dazu drehst du vorsichtig am Feintrieb.

7. Die Helligkeit kannst du durch Schliessen und Öffnen des Beleuchtungsreglers verändern.

8. Wechsle zur nächstgrösseren Vergrösserung. Drehe dazu am Objektivrevolver, bis das nächste Objektiv über dem Präparat steht. Drehe vorsichtig am Feintrieb, bis das Bild wieder scharf ist.

9. Nach dem Mikroskopieren drehst du den Objekttisch ganz nach unten. Stelle die kleinste Vergrösserung ein. Entferne das Präparat. Schalte das Licht aus und säubere das Mikroskop.

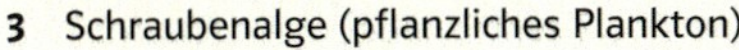

3 Schraubenalge (pflanzliches Plankton)

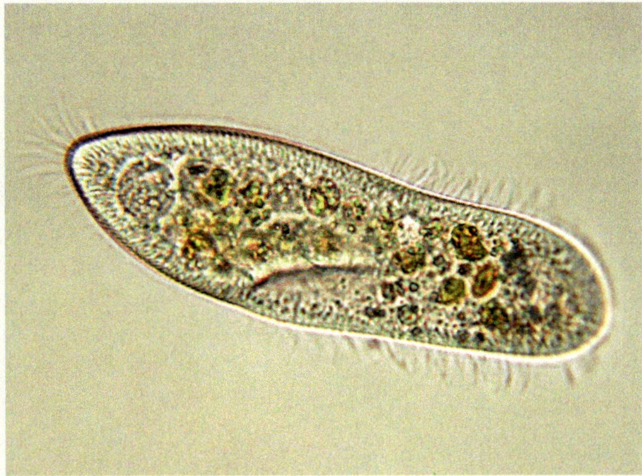

4 Pantoffeltierchen (tierisches Plankton)

2 Kleinstlebewesen «fischen»

Mit einem feinmaschigen Netz kannst du kleinste Lebewesen fischen. Diese Kleinstlebewesen (Plankton) schweben im Wasser und werden von der Strömung bewegt. Es gibt pflanzliche und tierische Kleinstlebewesen [B3, B4].

Material

Gewässerprobe, feinmaschiges Netz (Planktonnetz), Becherglas (ca. 250 ml)

Experimentieranleitung

1. Fülle zirka 50 ml Wasser aus einem Gewässer in ein Becherglas.

2. Ziehe das Netz einige Male langsam im Gewässer hin und her.

3. Stülpe das Netz vorsichtig um und gib den Inhalt in das Becherglas.

4. Halte das Becherglas gegen das Licht und kontrolliere, ob du Kleinstlebewesen erkennen kannst.

5. Mikroskopiere deine Wasserprobe. Gehe vor, wie in Experiment 3 beschrieben.

3 Kleinstlebewesen mikroskopieren

Material

Wasserprobe aus Experiment 2, Mikroskop, Objektträger, Deckglas, Pipette, Papiertücher

Experimentieranleitung

1. Gib mit der Pipette einen Tropfen der Wasserprobe auf einen Objektträger.

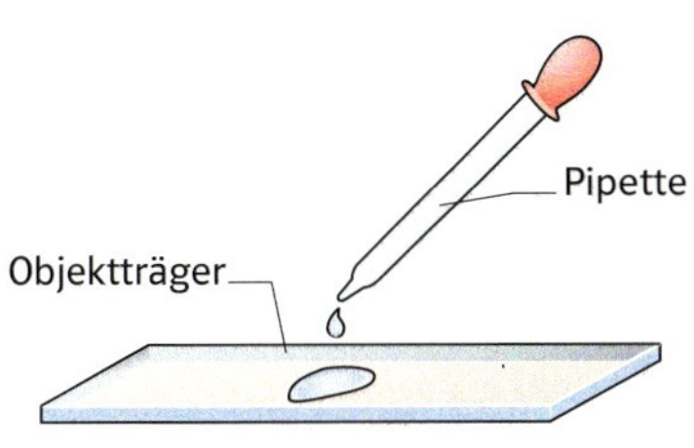

5 Auftragen der Wasserprobe

2. Lege vorsichtig ein Deckglas auf. Achte darauf, dass keine Luftblasen unter das Deckglas gelangen.

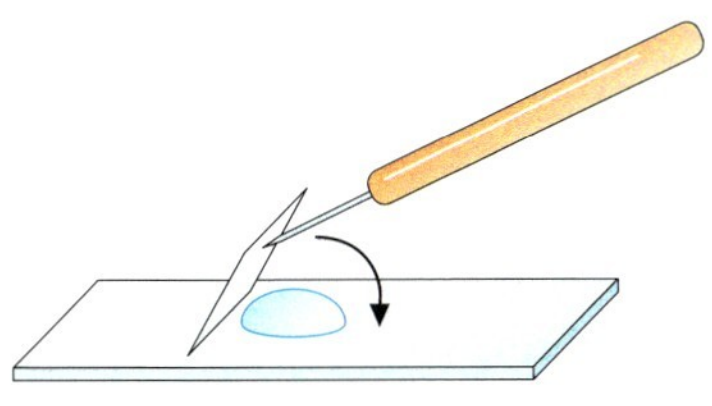

6 Absenken des Deckglases

3. Sauge mit einem Papiertuch überschüssiges Wasser auf.

4. Lege den Objektträger auf den Objekttisch. Mikroskopiere deine Wasserprobe. Beginne mit der kleinsten Vergrösserung. Achte darauf, dass das Objektiv das Deckglas nicht berührt.

Auftrag

a) Skizziere 2–3 Kleinstlebewesen aus deiner Wasserprobe. Notiere für jedes Lebewesen 2–3 mögliche Erkennungsmerkmale (→ S. 144–145).
b) Vergleicht eure Skizzen in Vierergruppen: Erkennt ihr Lebewesen mit gleichen Erkennungsmerkmalen?

Unsere Gewässer sind belastet

Schadstoffe aus Landwirtschaft, Industrie und Haushalten gelangen in die Flüsse und Seen. Schadstoffe sind eine Gefahr für Tiere, Pflanzen und Menschen.

Immer wieder lesen wir in der Zeitung Schlagzeilen wie diese: «Viele tote Fische im Bach entdeckt» [B1]. Oft ist verschmutztes Wasser aus der Landwirtschaft, aus der Industrie oder aus den Haushalten der Grund für das Fischsterben. Das verschmutzte Wasser enthält Stoffe, die bei Lebewesen Schaden anrichten können. Wir nennen diese Stoffe darum ↗**Schadstoffe**.

Schadstoffe aus der Landwirtschaft

Bauern düngen ihre Böden mit künstlichen Düngemitteln oder mit Gülle aus Urin und Kot von Nutztieren. Düngemittel und Gülle enthalten Nährstoffe und fördern so das Wachstum von Pflanzen. Häufig werden in der Landwirtschaft auch Pflanzenschutzmittel eingesetzt. Auch Pflanzenschutzmittel fördern das Wachstum von Pflanzen, denn sie enthalten Stoffe gegen Schädlinge – zum Beispiel gegen Insekten oder Pilze.
Für den Einsatz von Düngemitteln und Pflanzenschutzmitteln gibt es strenge Regeln. Diese Regeln sollen verhindern, dass Lebewesen Schaden nehmen. Trotzdem gelangen diese Stoffe mit dem Regenwasser von den Feldern in die Gewässer. Hier wirken sie als Schadstoffe.

1 Tote Fische in einem Bach

Schadstoffe werden weitergegeben

Wenn Fische in Wasser leben, das mit Schadstoffen angereichert ist, werden die Schadstoffe in der Nahrungskette weitergegeben (→ S. 150–151). Am Ende vieler Nahrungsketten steht der Mensch. So nehmen auch wir Schadstoffe über unsere Nahrung auf. Die Folgen dieser Entwicklung können wir heute noch nicht abschätzen.

Schadstoffe sind eine Gefahr

Schadstoffe können in Bächen und Seen Fische vergiften und bereits in kleinen Mengen das Wachstum und die Vermehrung von Wasserlebewesen negativ beeinflussen. Sie stellen daher eine Gefahr für die Gewässer dar.

AUFGABEN

1 △ **Was sind Schadstoffe? Erkläre in 1–2 Sätzen.**

2 △ **Erkläre in 2–3 Sätzen, wie Bauern das Wachstum von Pflanzen fördern.**

3 □ **Schadstoffe aus der Landwirtschaft:**
a) Erkläre in 3–4 Sätzen, wie Düngemittel, Gülle und Pflanzenschutzmittel aus der Landwirtschaft in unsere Gewässer gelangen.
b) Diskutiert zu zweit. Warum gelten Düngemittel, Gülle und Pflanzenschutzmittel in Gewässern als Schadstoffe?

4 ◆ **Diskutiert zu zweit, wie Pflanzenschutzmittel von Haushalten in die Gewässer gelangen können.**

Kisam

E48 Zu viel des Guten
Was passiert, wenn Düngemittel in ein Gewässer gelangen? Heute, morgen, in ein paar Wochen?

Debattieren in der Expertenrunde

1 Diskutieren in der Expertenrunde

Sollen künstliche Hilfsstoffe (z. B. Pflanzenschutzmittel und Düngemittel) in der Landwirtschaft verboten werden? Diese Frage kann man mit Ja oder Nein beantworten. Es ist eine typische Frage für eine Debatte in der Expertenrunde. Expertinnen und Experten kennen sich in ihrem Fachgebiet gut aus. In einer Debatte diskutieren sie verschiedene Meinungen und Informationen.

Wenn du ein Thema oder eine Frage mit anderen diskutieren willst, gehst du folgendermassen vor:

1. Fragen stellen

Nicht bei jedem Thema kannst du sofort mitdiskutieren. Trotzdem weisst du wahrscheinlich schon einiges dazu. Notiere in Stichworten, was du schon weisst. Überlege, welche Fragen offen bleiben, und notiere sie. Zum Beispiel:

- Welche Hilfsstoffe werden in der Landwirtschaft eingesetzt?
- Warum werden künstliche Hilfsstoffe in der Landwirtschaft eingesetzt?
- Gibt es Regeln und Richtlinien für den Einsatz von Düngemitteln und Pflanzenschutzmitteln?
- Inwiefern belasten diese Hilfsstoffe unsere Umwelt und uns Menschen?
- Welche Alternativen gibt es zum Einsatz künstlicher Hilfsstoffe?
- Haben die Alternativen Nachteile?

2. Experten bestimmen

In einer Expertenrunde müssen nicht alle alles wissen. Bestimmt in der Klasse, wer zu welchen Fragen eine Expertin oder ein Experte werden soll.

3. Argumente sammeln

Um Antworten auf deine Frage zu bekommen, recherchierst du Daten und Fakten (→ S. 25). Überlege, ob die gesammelten Daten und Fakten für oder gegen Hilfsstoffe in der Landwirtschaft sprechen. Bilde dir eine Meinung und notiere einige Argumente als Begründung für deine Meinung.

4. Debattieren in der Expertenrunde

In der Debatte diskutiert ihr, was für und was gegen Hilfsstoffe in der Landwirtschaft spricht. Zuerst tragen alle Expertinnen und Experten nacheinander ihre Meinung mit Argumenten vor. Dann folgt die Diskussion. Das Ergebnis der Debatte kann auf einer Plakatwand übersichtlich dargestellt werden.

AUFGABEN

1 ▲ Wie bereitest du dich auf eine Debatte vor? Notiere drei Vorbereitungsschritte.

2 ▲ Notiere die Aufgabe der Expertinnen und Experten bei einer Debatte.

3 ◆ Arbeitet zu zweit. Sollen künstliche Hilfsstoffe (Düngemittel und Pflanzenschutzmittel) in der Landwirtschaft verboten werden? Recherchiert zum Thema, bildet euch eine Meinung und begründet sie mit mindestens zwei Argumenten. Macht Notizen.

4 ◆ Führt in einer Vierergruppe die Debatte zum Thema «Hilfsstoffe in der Landwirtschaft» durch. Zwei von euch sind dafür und zwei sind dagegen.

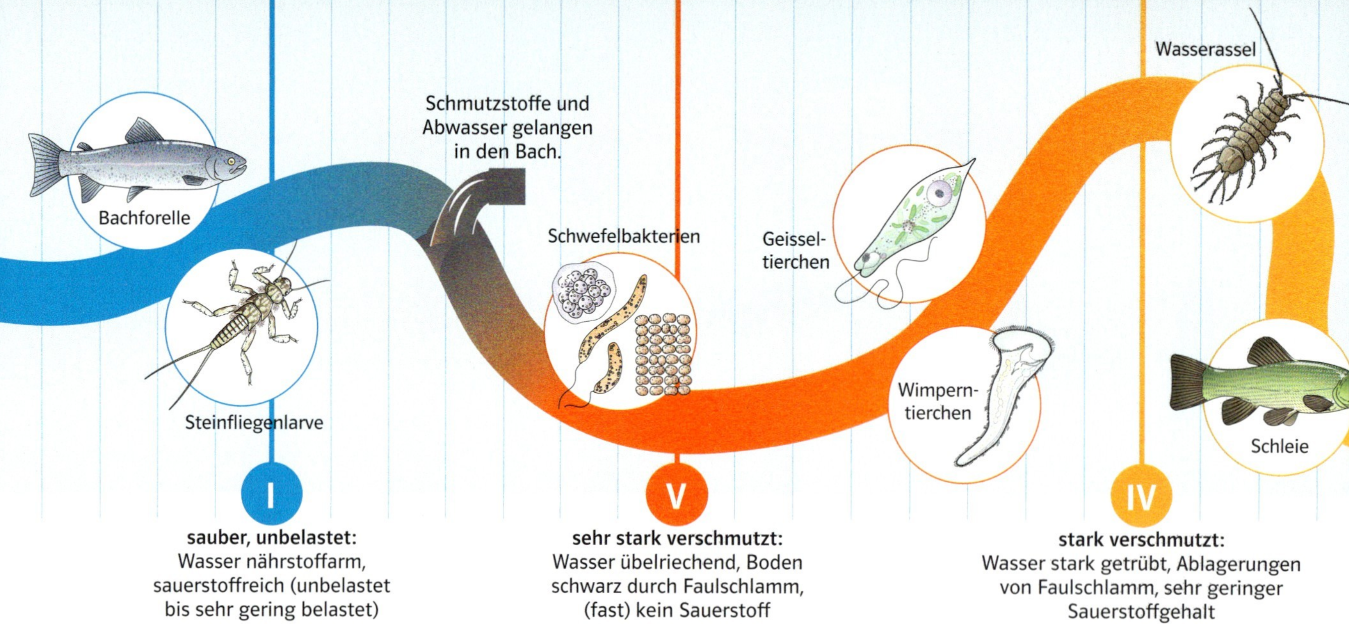

1 Ein sauberer Bach wird verschmutzt und wird wieder sauber.

Ein Bach wird sauber

Ein verschmutztes Fliessgewässer kann sich selbst reinigen. Mithilfe von Zeigerlebewesen teilt man Gewässer in verschiedene Gewässergüteklassen ein.

In einem unbelasteten Bach fliesst sauberes, klares und sauerstoffreiches Wasser. Es wachsen nur wenige Algen und Wasserpflanzen. Verschiedene Insekten und Fische leben im Bach.

Gewässer werden verschmutzt

Leider sind die meisten Bäche nicht so sauber. Von vielen Seiten gelangen Schmutzstoffe und ↗Abwasser in das Gewässer und verändern die Lebensgrundlagen der Bachbewohner. Mit dem Abwasser gelangen auch unerwünschte **Nährstoffe** in den Bach. Das Abwasser wirkt wie ein Düngemittel. Zum Beispiel wachsen und vermehren sich Algen viel stärker als vorher. Sterben die Algen ab, werden sie von den ↗Zersetzern (Pilze, Bakterien, Würmer) abgebaut. Dazu verbrauchen die Zersetzer viel Sauerstoff. Der Sauerstoffgehalt im Wasser sinkt. Die Folge ist, dass andere Lebewesen sterben, weil sie im sauerstoffarmen Wasser nicht überleben können [B1].

Selbstreinigung

Je weiter sich das Wasser vom Ort der Verschmutzung entfernt, desto sauberer wird es wieder. Doch was ist der Grund dafür? Durch die Wasserströmung gelangt Sauerstoff aus der Luft ins Wasser. Das verbessert die Lebensbedingungen. Schon bald siedeln sich wieder anspruchsvollere Kleinstlebewesen im Bach an: Wimperntierchen, Geisseltierchen, Wasserasseln und Schnecken. Sobald genügend Sauerstoff vorhanden ist und Pflanzen und Kleinkrebse im Wasser leben, siedeln sich auch wieder Fische und anspruchsvollere Lebewesen an [B1].

Grenzen der Selbstreinigung

Die Selbstreinigung funktioniert nur in einem natürlichen Bach. Oft verändern die Menschen jedoch den Flusslauf, indem sie ihn begradigen. Das heisst, der Fluss wird so umgelenkt, dass er ganz gerade durch eine Landschaft fliesst statt in seinem natürlichen Verlauf. Bei einem begradigten Fluss strömt das Wasser viel zu schnell und gleichförmig: Die Lebewesen finden keinen Lebensraum mehr und der Sauerstoff aus der Luft gelangt nur langsam ins Wasser. In einem solchen Bach dauert es sehr lange, bis man von einer Selbstreinigung etwas bemerkt. Natürlich darf unterwegs nicht noch mehr Abwasser eingeleitet werden.

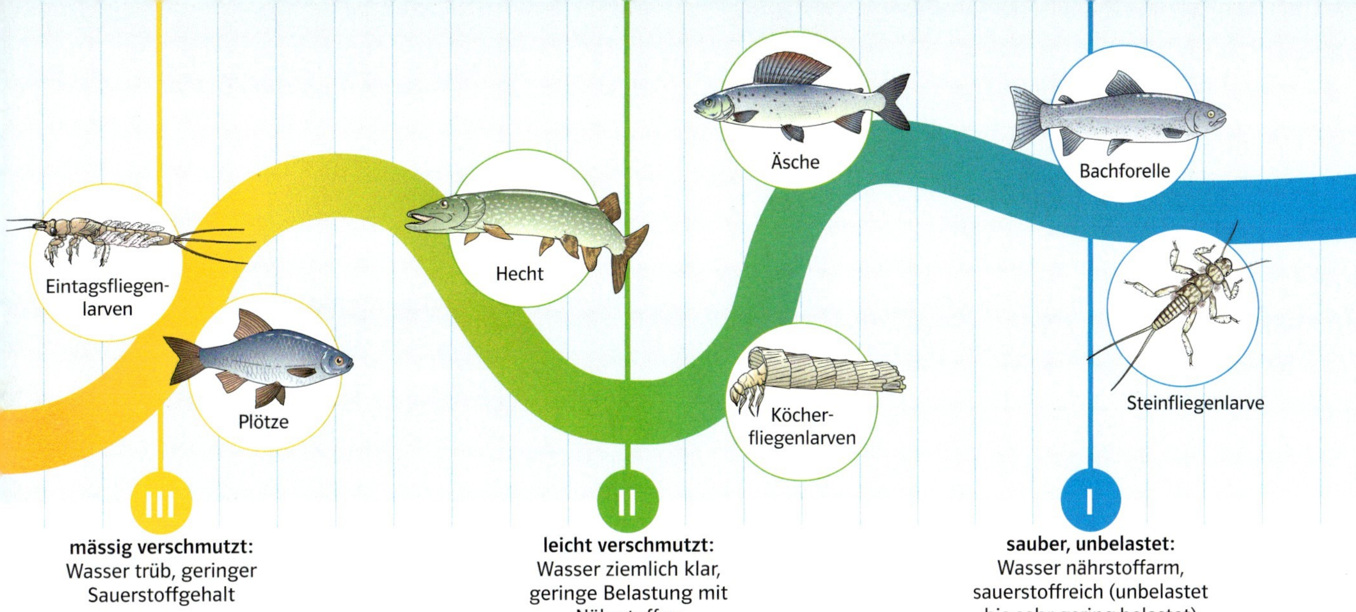

Zeigerlebewesen verraten Wasserqualität

In jedem Abschnitt eines Baches kommen typische Lebewesen vor. Sie sind an die Lebensbedingungen des jeweiligen Abschnitts angepasst. Sie kommen nur dort vor, wo die Lebensbedingungen für sie günstig sind. Deshalb verraten die Lebewesen etwas über die Lebensbedingungen und damit über die Wasserqualität eines Bachabschnitts. Wir nennen diese Lebewesen ↗**Zeigerlebewesen**. Mit ihrer Hilfe beurteilen Fachleute den Verschmutzungsgrad. Sie ordnen jedem Abschnitt eines Gewässers eine ↗**Gewässergüteklasse** zu: von I (sauber) bis V (stark verschmutzt). Jede Güteklasse hat eine festgelegte Farbe. So kann man auf speziellen Karten sofort die Verschmutzung eines Bachabschnitts bestimmen [B1].

AUFGABEN

1 △ Zeigerlebewesen und Güteklasse:
a) Erkläre die Begriffe «Zeigerlebewesen» und «Güteklasse» in je 1–2 Sätzen.
b) Die Gewässergüteklassen haben verschiedene Farben. Ordne den Güteklassen I–V die richtige Farbe zu.
c) Notiere mithilfe von Bild 1 für jede Güteklasse 1–2 Zeigerlebewesen.

2 ■ Erkläre in 2–3 Sätzen, warum übermässig viele Nährstoffe dazu führen, dass im Wasser weniger Sauerstoff vorhanden ist.

3 ■ Warum wird ein Gewässer mit sehr vielen Algen als «krank» bezeichnet?

4 ■ Arbeitet zu zweit. Erklärt euch gegenseitig die Selbstreinigung eines Bachs. Verwendet die Begriffe «sauerstoffarm», «Sauerstoff», «Algen», «Zersetzer» und «Wasserströmung».

5 ◇ Ein Bachabschnitt wird in die Gewässergüteklasse IV eingestuft. Ein Jahr später wird der gleiche Bachabschnitt nochmals untersucht. Jetzt gehört der Bach zur Güteklasse II. Wie ist das möglich? Diskutiert zu zweit.

6 ◆ Arbeitet zu zweit. Ein begradigter Bach soll so verändert werden, dass seine Selbstreinigung wieder zunimmt. Notiert 2–3 bauliche Veränderungen, die ihr am Bach vornehmen würdet. Begründet eure Vorschläge.

E47 Tierisch sauber
E48 Zu viel des Guten
Kleine Tierchen verraten dir, wie sauber ein Gewässer ist. Doch was passiert, wenn Düngemittel in einen Teich gelangen? Untersuche selbst!

Wir beurteilen ein Fliessgewässer

1 Wir bestimmen Zeigerlebewesen
(Kisam E47)

Material
Weisse Plastikschüssel, engmaschiges Sieb, Pinsel, Lupe, Stifte, Arbeitsblatt 7.04, Gummistiefel, Smartphone oder Tablet

Experimentieranleitung

1. Fülle die Plastikschüssel mit Wasser.

2. Bestimme 3–5 mittelgrosse Steine im Wasser. Halte das Sieb stromabwärts direkt hinter den ersten Stein. Hebe den Stein vorsichtig an und lasse die Zeigerlebewesen in das Sieb spülen.

3. Gib die Zeigerlebewesen in die Plastikschüssel. Wiederhole das Vorgehen mit den anderen Steinen.

4. Untersuche die Unterseite der Steine. Manche Tiere haften an den Steinen. Streife sie vorsichtig mit dem feuchten Pinsel ab und sammle sie in der Plastikschüssel.

5. Halte das Sieb senkrecht zur Strömung auf den Gewässergrund. Eine zweite Person stellt sich etwa 50 cm stromaufwärts vor das Sieb und wühlt den Gewässergrund auf. Die aufgewirbelten Tiere verfangen sich im Sieb. Gib die Tiere in die Plastikschüssel.

6. Bestimme die gefangenen Zeigerlebewesen mithilfe von Bild 1 und Arbeitsblatt 7.04. Für jedes Tier machst du einen Strich unter dem Bild auf dem Arbeitsblatt. Benütze die Lupe.

Wichtig: Die Tiere müssen immer im Wasser bleiben. Gib sie nach der Untersuchung in das Gewässer zurück.

1. Steinfliegenlarve

Güteklasse I

2. Köcherfliegenlarve

Güteklasse II

3. Bachflohkrebs

Güteklasse III

4. Wasserassel

Güteklasse IV

5. Rote Zuckmückenlarve

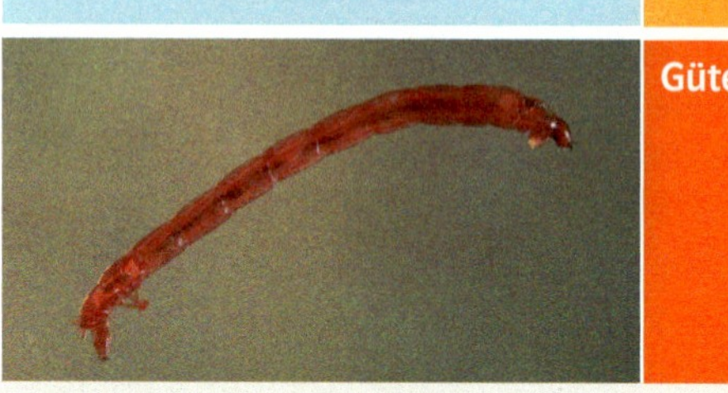

Güteklasse V

1 Zeigerlebewesen in einem Fliessgewässer

Tipp: Fotografiere die Tiere mit dem Smartphone oder dem Tablet. So kannst du die Tiere später im Schulzimmer bestimmen. Mithilfe eines Übersichtsfotos der Plastikschüssel kannst du die Tiere zählen.

Auftrag

a) Von welcher Güteklasse habt ihr am meisten Tiere gefangen? Was bedeutet dies für die Wasserqualität? Diskutiert in der Gruppe und notiert euer Ergebnis.

b) Vergleicht eure Resultate in der Klasse. Gibt es Unterschiede zwischen den verschiedenen Gruppen? Sucht nach möglichen Gründen für diese Unterschiede.

 AB 7.04

Über ein Experiment nachdenken

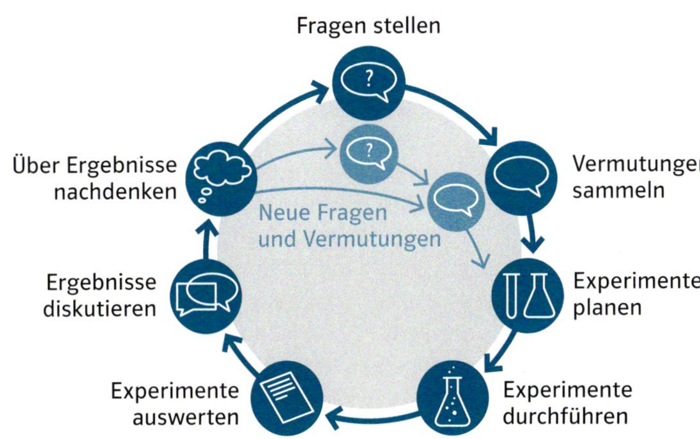

1 Der Experimentierzyklus (→ S. 16)

Beim Experiment «Wir bestimmen Zeigerlebewesen» hast du Wassertierchen gefangen und ausgewertet. Die Arbeit einer Naturwissenschaftlerin, eines Naturwissenschaftlers endet nicht mit dem Sammeln und Auswerten von Daten. Wenn Wissenschaftler ein Experiment durchgeführt haben, diskutieren und denken sie über ihre Ergebnisse nach [B1]. Sie überprüfen, ob ihr Experiment und ihre Ergebnisse zuverlässig sind. Das ist wichtig. Denn: Nur überprüfte Ergebnisse können von anderen Wissenschaftlerinnen und Wissenschaftlern genutzt werden.

Bei der Überprüfung eines Experiments helfen folgende Fragen:
- Kann ich mit diesem Experiment meine Forschungsfrage beantworten?
- Wodurch werden meine Ergebnisse beeinflusst?
- Wie kann ich mein Experiment verändern, um genauere Ergebnisse zu bekommen?
- Habe ich genügend Proben untersucht?
- Würde eine andere Person die gleichen Resultate erhalten?

Kritische Fragen zum eigenen Experiment helfen, Fehler zu erkennen und das Experiment zu verbessern. Die Messungen werden dadurch genauer und zuverlässiger. Wissenschaftlerinnen und Wissenschaftler müssen ein Experiment oft verändern und mehrmals durchführen. Das gehört zum Experimentieren.

AUFGABEN

1 ■ Wissenschaftlerinnen und Wissenschaftler überprüfen ihr Experiment und ihre Resultate. Finde die entsprechende Stelle im Experimentierzyklus [B1].

2 ◆ Wir wollen unser Experiment «Wir bestimmen Zeigerlebewesen» überprüfen. Arbeitet in Gruppen. Diskutiert drei der im Text aufgeführten Fragen. Macht euch Notizen.

3 ◆ Arbeitet in Gruppen. Warum und wie würdet ihr euer Experiment «Wir bestimmen Zeigerlebewesen» verändern? Notiert einen Änderungsvorschlag und eine Begründung dazu.

4 ◆ Du hast zwei verschiedene Methoden zur Bestimmung der Wasserqualität kennen gelernt: die chemische Bestimmung (Nitrat-, Phosphat- und Sauerstoffmessung, →S. 137) und die biologische Bestimmung mit Zeigerlebewesen (→S. 158). Arbeitet zu zweit. Vergleicht die beiden Bestimmungsmethoden und notiert die Vorteile und Nachteile.

Naturschutz an Gewässern

Bei einer Renaturierung werden Eingriffe durch den Menschen rückgängig gemacht. Damit sollen die Pflanzen und Tiere ihren Lebensraum zurückerhalten.

Menschen verändern Gewässer: Flüsse und Bäche werden begradigt oder in betonierte Rinnen und unterirdische Röhren umgeleitet [B1, B2]. Auch der Bau von Wasserkraftwerken verändert Flussläufe und Seeufer. Durch solche Eingriffe verlieren viele Tiere und Pflanzen ihren Lebensraum.

Der Fischotter war ausgestorben

Der Fischotter braucht saubere, unverbaute Gewässer. Nur in ihnen findet er genügend Nahrung und Unterschlupf. Der Fischotter ernährt sich hauptsächlich von Fischen. Daneben stehen auch Insekten, Frösche, Wasservögel, kleine Nagetiere und Krebse auf seinem Speiseplan.
1989 galt der Fischotter in der ganzen Schweiz als ausgestorben. Inzwischen gibt es Bemühungen, dem Fischotter seinen Lebensraum zurückzugeben: Gewässer werden vernetzt, Brücken werden fischottergerecht gebaut und Gewässer werden sauber gehalten. Seither werden in der Schweiz wieder vereinzelt Fischotter gesehen. Es wird jedoch noch lange dauern, bis der Fischotter in der Schweiz wieder heimisch ist.

1 Begradigter Bach

2 Verbauung eines Bachs

Durch Renaturierung mehr Lebensraum

Auch in anderen Bereichen werden die Eingriffe durch den Menschen wieder rückgängig gemacht. Zum Beispiel werden Flussbette verbreitert und durch Zugabe von Kies wieder natürlicher gestaltet. Auch werden Uferverbauungen entfernt und in den Untergrund verlegte Bäche wieder an die Oberfläche geholt. Der Fachbegriff für solche Massnahmen heisst ↗**Renaturierung**. Durch die Renaturierung sollen Pflanzen und Tiere ihren ursprünglichen Lebensraum zurückerhalten.

Gewässerschutz ist Landschaftsschutz

Von einer Renaturierung profitieren nicht nur Pflanzen und Tiere. Weil sich dadurch auch die Verschmutzung der Gewässer verringert, wird die Aufbereitung des Trinkwassers einfacher. Gewässerschutz und Renaturierung nützen also Menschen und Tieren.

AUFGABEN

1 △ **Notiere 3–4 Beispiele, wie Menschen Gewässer verändert haben.**
Hinweis: Informiert euch dazu auch in Fachbüchern und im Internet.

2 □ **Erkläre den Begriff «Renaturierung» und nenne 2–3 Beispiele, wie man ein Fliessgewässer renaturieren kann.**

3 ◆ **Diskutiert in der Gruppe: Aus welchen Gründen verbauen die Menschen Gewässer?**

4 ◆ **Führt in der Klasse eine Debatte zur folgenden Frage durch: Sollen wir den Fischotter in der Schweiz schützen – ja oder nein?**
Hinweis: In Fachbüchern und im Internet findet ihr Informationen zum Fischotter und zu seiner Lebensweise.

Wie natürlich ist unser Bach?

1 Bachabschnitt vor der Renaturierung

2 Bachabschnitt nach der Renaturierung

Wie natürlich sind die Bäche in eurer Umgebung? Das lässt sich zum Beispiel daran erkennen, wie das Ufer beschaffen ist. Auch Bachbreite, Wassertiefe und andere Eigenschaften des Bachs sind Kriterien dafür. Beurteilt selbst, wie natürlich ein Bachabschnitt ist.

1 Bach und Ufer beurteilen

Material
Arbeitsblatt 7.05, Fotokamera (z. B. Smartphone oder Tablet)

Experimentieranleitung

1. Lies und bearbeite zuerst die Aufträge a) und b).

2. Notiere auf Arbeitsblatt 7.05 den Namen des Bachs und das Datum der Untersuchung. Beschreibe den Bachabschnitt, indem du zum Beispiel die Ortschaft nennst oder angibst, von wo bis wo der Bachabschnitt reicht.

3. Geh die Kriterien auf dem Arbeitsblatt der Reihe nach durch. Notiere zu jedem Kriterium die entsprechende Punktzahl. Du kannst auch halbe Punkte vergeben.

4. Berechne die Summe aller Punkte und die durchschnittliche Punktzahl (Summe aller Punkte dividiert durch Anzahl Kriterien). Trage beide Werte auf dem Arbeitsblatt ein.

5. Beurteile mithilfe der durchschnittlichen Punktzahl die Natürlichkeit von deinem Bachabschnitt. Nutze dazu die Auswertungs-Tabelle auf dem Arbeitsblatt.

Auftrag

a) Wähle von Arbeitsblatt 7.05 ein Beurteilungskriterium. Erkläre anhand dieses Kriteriums den Unterschied zwischen einem natürlichen und einem naturfremden Bach.

b) Arbeitet zu zweit. Beurteilt die abgebildeten Bachabschnitte in den Bildern 1 und 2 hinsichtlich des Kriteriums «Bachbreite», indem ihr eine passende Punktzahl vergebt.

c) Vergleicht eure Ergebnisse der Bachbeurteilung in der Klasse. Gibt es Unterschiede zwischen den verschiedenen Gruppen? Was sind die Gründe für diese Unterschiede? Diskutiert in der Klasse.

d) Sammelt in der Klasse Vorschläge für die Renaturierung von eurem Bachabschnitt.

Prisma 1 | 7 Lebensraum Gewässer AB 7.05 I

Name

Beurteilungsprotokoll (I)

Wie natürlich ist unser Bach?

Name des Bachs

Bachabschnitt

Datum der Untersuchung

Beurteilungskriterien	natürlich 1	2	naturfremd 3	Punkte
1 Bachbreite	Abwechselnd eng und breit	Manchmal etwas breiter und schmaler	Immer gleich breit	
2 Bachverlauf	Stark kurvig, schlängelnd	Manchmal leicht kurvig, teilweise verbaut	gerade, kanalisiert	
3 Wassertiefe	Abwechselnd tief und seicht	Am Ufer abwechselnd tief und seicht	einheitlich	
4 Wasserströmung	Abwechselnd stark und schwach, Stellen mit stehendem Wasser	Manchmal etwas stärker und schwächer	gleichbleibend	

3 Untersuchungsprotokoll auf dem Arbeitsblatt 7.05

AB 7.05 I + II

TESTE DICH SELBST

Nahrungsbeziehungen im Ökosystem See

Ich kann erklären, was ein Ökosystem ist. Dafür verwende ich die Begriffe «Lebensraum» und «Lebensgemeinschaft». (→S. 146–147)

Ich kann erklären, was belebte und unbelebte Umweltfaktoren in einem Gewässer sind, und je zwei Beispiele nennen. (→S. 146–147)

Ich kann erklären, wie die Lebewesen in einem See voneinander abhängig sind. Dafür erkläre und verwende ich die Fachbegriffe «Erzeuger» und «Verbraucher», «Nahrungsnetze» und «Nahrungsketten». (→S. 150–151)

Ich kann auf einer Abbildung zum Nährstoffkreislauf die beteiligten Lebewesen (Erzeuger, Verbraucher, Zersetzer) beschriften und die verschiedenen Stationen des Nährstoffkreislaufes beschreiben. (→S. 150–151)

Gewässer untersuchen

Ich kann nach Anleitung unbelebte und belebte Umweltfaktoren an einem Gewässer untersuchen. Ich kann die gesammelten Daten in einem Protokoll notieren und auswerten. (→S. 148–149)

Ich kann Kleinstlebewesen in einer Wasserprobe nach Anleitung mikroskopieren. (→S. 152–153)

Ich kann nach Anleitung Zeigerlebewesen sammeln und die Gewässergüteklasse eines Bachs beurteilen. (→S. 158)

Ich kann ein durchgeführtes Experiment nach vorgegebenen Kriterien überprüfen und Möglichkeiten zur Verbesserung vorschlagen. (→S. 159)

Menschen verändern und belasten Gewässer

Ich kann mich auf eine Debatte zu einer vorgegebenen Frage vorbereiten: Ich kann für die Frage wichtige Informationen sammeln und mit ihnen meinen Standpunkt belegen. (→S. 155)

Ich kann erklären, wie Zeigerlebewesen die Verschmutzung eines Bachs mit Schmutzstoffen und Abwasser anzeigen. (→S. 156–158)

Ich kann erklären, warum die Renaturierung von Gewässern wichtig ist, und zwei Beispiele für eine Renaturierung nennen. (→S. 160)

Ich kann je drei Merkmale von einem natürlichen und einem künstlich verbauten Bach aufzählen. Ich kann anhand von vorgegebenen Kriterien einen Bachverlauf beurteilen. (→S. 160–161)

WEITERFÜHRENDE AUFGABEN

1 △ Erkläre, was ein Ökosystem ist. Verwende die Begriffe «Lebensraum» und «Lebensgemeinschaft». (→S. 146–147)

2 □ Ordne die folgenden Faktoren nach belebten und unbelebten Umweltfaktoren:
- Wassertemperatur
- Licht
- Würmer
- Wasserpflanzen
- Strömungsgeschwindigkeit
- Sauerstoffgehalt
- Zersetzer
- Libellenlarven

(→S. 146–147)

3 ◆ Durchlässigkeit von Ökosystemen:
a) Welche Ökosysteme können an das Ökosystem Bach grenzen? Notiere 2–3 Beispiele.
b) Nenne eine Nahrungskette, die das Ökosystem Bach mit einem anderen Ökosystem verbindet.
c) Welche Rolle spielt die Durchlässigkeit von Grenzen zwischen Ökosystemen im Naturschutz? Notiere deine Überlegungen in 3–5 Sätzen.
(→S. 146–151)

4 ◇ Eine Gruppe von Schülerinnen und Schülern will die Wassertemperatur eines Bachs bestimmen. Sie entnimmt eine Wasserprobe im Uferbereich, bringt die Probe ins Schulzimmer und misst dort die Wassertemperatur.
a) Beurteile das Vorgehen der Schülerinnen und Schüler. Mache Notizen.
b) Wie und warum würdest du das Experiment verändern? Notiere einen Änderungsvorschlag und begründe ihn in wenigen Sätzen.
(→S. 148–149)

5 ■ Erkläre die Begriffe «Nahrungskette» und «Nahrungsnetz» in eigenen Worten.
(→S. 150–151)

6 □ Bilde aus den folgenden Lebewesen eine Nahrungskette und markiere Erzeuger und Verbraucher mit unterschiedlichen Farben: Graureiher, Alge, Rotfeder, Wasserfloh (ein Kleinkrebs).
(→S. 150–151)

7 ■ Kreisläufe in einem Ökosystem:
a) Warum spricht man von einem Nährstoffkreislauf? Erkläre mit den Begriffen «Erzeuger», «Verbraucher» und «Zersetzer».
b) Nenne ein Beispiel für einen Kreislauf im Ökosystem See.
(→S. 150–151)

8 ◇ Wo befinden sich die Zersetzer in einem See? Gehören Zersetzer zur Gruppe der Beute oder der Räuber? Notiere 3–4 Sätze. (→S. 150–151)

9 ◆ In einem See hat das Algenwachstum stark zugenommen. Dies ist für den Sauerstoffgehalt im See problematisch. Jetzt werden sehr viele Rotfedern in den See eingesetzt.
a) Welches Ziel wird mit dieser Massnahme verfolgt?
b) Welche ungewollten Auswirkungen könnte die Massnahme auf das Nahrungsnetz im See haben? Notiere 2–3 Beispiele.
c) Welche Rolle spielen Nahrungsnetze für die Arbeit von Biologinnen und Biologen? Welche Vorteile haben sie? Was zeigen Nahrungsnetze nicht?
(→S. 150–151)

10 ■ «Steinfliegenlarven sind Zeigerlebewesen für sauberes Wasser.» Erkläre diese Aussage in eigenen Worten. (→S. 156–157)

11 ■ Woran erkennst du einen natürlichen Bach?
a) Notiere je drei Merkmale eines natürlichen Bachs und eines künstlich verbauten Bachs.
b) Erkläre das Ziel einer Renaturierung in eigenen Worten.
(→S. 160–161)

HILFE ZU DEN ARBEITSAUFTRÄGEN

Jede Aufgabe enthält einen klaren Arbeitsauftrag. Je nach Formulierung werden jedoch unterschiedliche Antworten erwartet. Diese Liste hilft dir, Arbeitsaufträge richtig zu verstehen und zu bearbeiten.

aufzählen/nennen
Begriffe, Informationen oder Aussagen zusammentragen.
Beispiel: Nenne drei Stoffeigenschaften.

begründen
Ursachen oder Beweise für etwas anführen.
Beispiel: Begründe deine Vermutung.

beobachten
Veränderungen oder Abläufe nach vorgegebenen Kriterien verfolgen.
Beispiel: Beobachte, wie sich die Pflanze entwickelt.

beschreiben
Eine Sache durch Fachbegriffe und in eigenen Worten wiedergeben.
Beispiel: Beschreibe den Bachabschnitt.

bestimmen/messen
Merkmale von Tieren und Pflanzen erkennen und zuordnen oder etwas messen, z. B. die Körpergrösse oder die Geschwindigkeit.
Beispiel: Miss deine Körpergrösse.

diskutieren
Meinungen austauschen, einander gegenüberstellen und abwägen.
Beispiel: Diskutiert eure Forschungsfragen in der Klasse.

dokumentieren/protokollieren/festhalten
Alles Wichtige zu einem Thema oder Experiment aufschreiben und evtl. mit Smartphone oder Tablet aufzeichnen, z. B. im Experimentierprotokoll oder im Journal.
Beispiel: Halte die Ergebnisse deines Experiments im Experimentierprotokoll fest.

ein Experiment planen
Überlegen, wie ein Experiment zu einer bestimmten Forschungsfrage aufgebaut und durchgeführt werden könnte.
Beispiel: Plane ein Experiment zum Thema «Welche Gegenstände leiten Strom?».

erklären
Eine Sache mit Regeln, Gesetzmässigkeiten oder Ursachen darstellen.
Beispiel: Erkläre den Begriff «Kurzschluss» in 2–3 Sätzen.

(sich) informieren
Zu einem bestimmten Thema oder einer Frage Informationen in verschiedenen Quellen sammeln.
Beispiel: Informiere dich zum Thema Hautkrebs im Internet.

notieren
Begriffe, Informationen oder Aussagen zusammentragen und aufschreiben.
Beispiel: Notiere je zwei Beispiele für feste, flüssige und gasförmige Stoffe.

recherchieren
Zu einer Frage oder einem Thema systematisch und umfassend aus verschiedenen Quellen Informationen zusammentragen und auswerten.
Beispiel: Recherchiere für einen Kurzvortrag.

skizzieren
Eine Zeichnung erstellen, die nur das Wichtigste enthält.
Beispiel: Skizziere einen Stromkreis.

untersuchen
Mit Fragen oder Experimenten herausfinden, ob bestimmte Merkmale und Fakten vorhanden sind.
Beispiel: Untersuche mit einem Experiment, welche der drei Stoffe brennen.

zeichnen
Eine anschauliche und möglichst genaue grafische Darstellung zu einem bestimmten Inhalt machen.
Beispiel: Zeichne einen Plan einer selbst erfundenen Dampfmaschine.

Begriffsglossar

Gelb markiert sind Begriffe, die im Lehrplan 21 als verbindliche Inhalte gekennzeichnet sind.

Abwasser
Wasser, das bei der Nutzung durch die Menschen verschmutzt wird. Es muss zuerst gereinigt werden, bevor es in den natürlichen Wasserkreislauf zurückgeführt werden kann.

Aggregatzustände
↗*Stoffe* kommen in den Zustandsformen fest, flüssig und gasförmig vor (Aggregatzustände). Die Übergänge zwischen den Aggregatzuständen nennt man Schmelzen und Erstarren, Verdampfen und Kondensieren, Sublimieren und Resublimieren. Durch Erwärmen und Abkühlen kann der Aggregatzustand geändert werden.

Ampere (A)
Die Einheit der elektrischen Stromstärke ist nach dem Physiker André Marie Ampère (1775–1836) benannt. Die Stromstärke gibt an, wie viele Elektronen in einer bestimmten Zeit durch einen elektrischen Leiter fliessen. Die Einheit Ampere wird mit A abgekürzt.

Amperemeter
Ein Amperemeter ist ein Messgerät, mit dem die Stromstärke gemessen werden kann. Amperemeter gibt es in digitaler und analoger Ausführung.

Anode
Die Anode leitet elektrischen Strom. Als Gegenstück zur ↗*Kathode* nimmt die Anode freie Elektronen auf. Bei der LED bezeichnet man die Anode auch als Pluspol.

Anziehungskraft (Teilchenmodell)
Nach dem ↗*Teilchenmodell* besteht jeder Stoff aus kleinsten Teilchen. Zwischen den Teilchen wirken Anziehungskräfte, die mit zunehmendem Abstand der Teilchen geringer werden. Bei Feststoffen ist die Anziehung zwischen den Teilchen insgesamt am grössten, bei Gasen am kleinsten.

Arterie
Arterien sind grosse Blutgefässe mit einer dicken Muskelwand. Sie transportieren das Blut vom Herzen weg.

Bänder (Biologie)
Bänder verbinden Knochen miteinander. Sie halten die verschiedenen Teile von Gelenken in ihrer Position. Sie sorgen dafür, dass ein Gelenk zwar beweglich ist, aber nicht über ein bestimmtes Mass hinaus.

Base, basisch
Eine Base bzw. eine basische Lösung hat einen pH-Wert grösser als 7 (Schreibweise: >7).

Beobachtung, naturwissenschaftliche
Beobachten heisst, mit den Sinnen bestimmte Objekte und Vorgänge in der Natur wahrzunehmen. Dabei können Beobachtungshilfen wie Färbestoffe, Mikroskope oder Fernrohre zum Einsatz kommen. Beobachtungen werden sorgfältig dokumentiert. Man unterscheidet zwischen ↗*Langzeitbeobachtung* und ↗*Kurzzeitbeobachtung*.

Bewegungsenergie (Teilchenmodell)
Nach dem ↗*Teilchenmodell* besteht jeder Stoff aus kleinsten Teilchen, die sich ständig bewegen; man spricht von «Bewegungsenergie». Bei Feststoffen bewegen sich die Teilchen nur leicht auf ihren Plätzen. Die Anziehungskraft zwischen den Teilchen ist sehr gross. Bei Flüssigkeiten bewegen sich die Teilchen stärker als bei Feststoffen. Am stärksten bewegen sich die Teilchen bei Gasen. Die Anziehungskraft zwischen den Teilchen ist sehr schwach und es gibt keinerlei Ordnung zwischen den Teilchen.

Biotop
Ein Biotop ist ein einheitlicher, abgrenzbarer Lebensraum, in dem Tiere und Pflanzen leben. Ein Biotop umfasst alle unbelebten Dinge in einem Lebensraum (Wasser, Luft, Wind, Steine). So kann z. B. ein See oder Teich das Biotop der Rotfeder sein.

Blut
Das Blut fliesst durch unseren Körper und transportiert dabei einerseits Sauerstoff und Nährstoffe in den Körper und andererseits Kohlendioxid und Abfallstoffe aus dem Körper. Es besteht aus dem Blutplasma, aus roten und weissen Blutkörperchen sowie aus den Blutplättchen.

Blutkreislauf
Der Blutkreislauf beschreibt den Weg des Bluts durch den Körper. Auf dem Weg durch den Körper kommt das Blut immer wieder an den gleichen Orten vorbei, deshalb spricht man von einem Kreislauf. Der Blutkreislauf besteht aus zwei Teilkreisläufen: dem ↗*Lungenkreislauf* und dem ↗*Körperkreislauf*.

Blutplasma
Das Blutplasma besteht hauptsächlich aus Wasser. Es ist im Prinzip das ↗*Blut* ohne die Blutkörperchen. Das Blutplasma hält das Blut flüssig und transportiert Nährstoffe und Abfallstoffe.

Brennbarkeit
Stoffe sind brennbar, wenn sie bei Kontakt mit einer Flamme oder einer anderen Wärmequelle zu brennen beginnen. Je weniger Energie (z. B. in Form von Feuer, Wärme) ein Stoff zum Brennen benötigt, desto grösser ist die Brennbarkeit des Stoffs. Die Brennbarkeit ist eine Stoffeigenschaft.

Brustkorb
Der Brustkorb ist ein Teil des menschlichen Skeletts. Er wird von den Rippen gebildet und schützt Herz, Lunge und Leber.

Cellulosefaser
Cellulosefasern werden aus Pflanzenfasern (z. B. Holz) gewonnen. Cellulose-

fasern sind ein wichtiger ↗*Rohstoff* für die Papierherstellung.

Chromatografie
(Papierchromatografie)
Mit der Chromatografie (hier: Papierchromatografie) können Farbstoffgemische getrennt werden. Man nutzt dabei aus, dass die verschiedenen Farbstoffe unterschiedlich gut am Papier haften.

Dekantieren
Dekantieren ist ein Trennverfahren, bei dem eine Flüssigkeit über einem Bodensatz vorsichtig abgegossen wird. Es wird oft zusammen mit ↗*Sedimentieren* angewendet.

Denkmodell
↗*Modell*

Destillation, destillieren
Die Destillation ist ein Verfahren, um eine Flüssigkeit durch Verdampfen und Kondensieren des Dampfs aus einem Stoffgemisch zu trennen. Dabei nutzt man die unterschiedlichen Siedetemperaturen der Stoffe im Gemisch.

Dichte
Die Dichte ist eine messbare Stoffeigenschaft. Sie beschreibt, wie schwer ein bestimmtes Volumen eines Stoffs ist. Die Dichte berechnet sich als die Masse geteilt durch das Volumen ($\varrho = m/V$).

Druckfarbe
Druckfarbe bezeichnet die Farbe, die für den Druck von Zeitungen, Zeitschriften, Büchern verwendet wird. Jede Druckfarbe besteht aus einem Gemisch von verschiedenen Farbstoffen.

Eindampfen
Eindampfen ist ein Verfahren, um gelöste Feststoffe aus einer Flüssigkeit zu trennen. Man nutzt dabei, dass der Feststoff eine höhere Siedetemperatur hat als die Flüssigkeit.

Eisenkern
Ein Eisenkern wird für die massive Verstärkung der magnetischen Wirkung eines Elektromagneten verwendet. Dabei wird ein elektrischer Leiter mehrfach um einen Eisenkern gewickelt. In der Regel besteht ein Eisenkern aus den Stoffen Eisen, Nickel oder Kobalt.

Elektromagnet
Ein Elektromagnet ist ein Magnet, der nur dann magnetisch wirkt, wenn er an Strom angeschlossen ist. Er besteht aus einem elektrischen Leiter (Metall-Draht), der mehrfach um einen Kern gewickelt wird (↗*Spule*). Es gilt: Je mehr Windungen und je stärker der Strom, desto stärker die magnetische Wirkung. Durch einen Kern aus Eisen (↗*Eisenkern*) kann die magnetische Wirkung zusätzlich verstärkt werden.

Elektromotor
Ein Elektromotor ist eine Maschine, die elektrische Energie in ↗*Bewegungsenergie* umwandelt. Die Bewegung entsteht mithilfe der magnetischen Wirkung von ↗*Elektromagnet* oder Permanentmagnet.

Elektron
Elektronen sind Stromteilchen, die sich in elektrischen Leitern (z. B. Metallen) frei bewegen können.

Emulsion
Stoffgemisch, bei dem Tröpfchen einer Flüssigkeit in einer anderen Flüssigkeit fein verteilt sind.

Experiment, experimentieren
Mit Experimenten werden ↗*Vermutungen* überprüft. Experimente stehen in Verbindung mit einer Forschungsfrage. Naturwissenschaftliche Experimente werden ausgewertet und diskutiert (Experimentierzyklus).

Extraktion, extrahieren
Bei der Extraktion werden mit einem Lösungsmittel ein oder mehrere Stoffe aus einem Stoffgemisch gelöst. Man nutzt dabei die unterschiedliche Löslichkeit der Stoffe in dem Lösungsmittel.

Festwiderstand
Ein Festwiderstand ist ein Bauteil mit einem festen Widerstand. Die Grösse des Widerstands kann anhand der Farbkennzeichnung ermittelt werden. Festwiderstände dienen der Stromstärkenbegrenzung in Schaltungen.

Filtration, filtrieren
Die Filtration ist ein Trennverfahren, bei dem ungelöste Feststoffe mittels eines Filters von der Flüssigkeit getrennt werden. Die einzelnen Partikel der ungelösten Feststoffe sind grösser als die Poren des Filters. Sie werden deshalb vom Filter zurückgehalten, während die Flüssigkeit durch die Poren des Filters fliesst.

Gelenk
Gelenke sind bewegliche Verbindungen zwischen den starren Knochen. Für die verschiedenen Bewegungen gibt es unterschiedliche Gelenktypen, z. B. Scharniergelenke, Sattelgelenke, Kugelgelenke und Drehgelenke.

Gemisch (Stoffgemisch)
Stoffgemische bestehen aus mindestens zwei unterschiedlichen reinen Stoffen (Reinstoffen). Man unterscheidet zwischen homogenen und heterogenen Gemischen. Siehe auch ↗*Gemischarten.*

Gemisch, heterogenes
Bei heterogenen Stoffgemischen sind die einzelnen Bestandteile des Gemischs von Auge, mit einer Lupe oder einem Mikroskop zu erkennen.

Gemisch, homogenes
Bei homogenen Stoffgemischen können die einzelnen Reinstoffe nicht unterschieden werden. Homogene Stoffgemische sehen einheitlich aus.

Gemischarten
Wir unterscheiden zwischen verschiedenen Gemischarten: Lösung, Suspension, Emulsion, Nebel und Rauch. Bei einer ↗*Lösung* sind in einer Flüssigkeit andere wasserlösliche Stoffe gelöst. Bei einer ↗*Suspension* sind Feststoffpartikel in einer Flüssigkeit fein

verteilt. Bei einer ↗*Emulsion* sind Tröpfchen einer Flüssigkeit in einer anderen Flüssigkeit fein verteilt. Bei ↗*Nebel* sind Tröpfchen einer Flüssigkeit in einem Gas fein verteilt und bei ↗*Rauch* sind Feststoffpartikel in einem Gas fein verteilt.

Gewässergüteklasse
Die Güteklassen oder Gewässergüteklassen geben Auskunft darüber, wie sauber ein Gewässer ist. Mithilfe von ↗*Zeigerlebewesen* teilt man Gewässer in verschiedene Güteklassen ein, von I (sauber) bis V (stark verschmutzt).

Gleichspannung
Bei einer Gleichspannung bleibt die Polung der ↗*Spannungsquelle* immer gleich. Das heisst, die Stromteilchen bewegen sich immer in die gleiche Richtung. Eine Batterie ist z. B. eine Gleichspannungsquelle.

Glühbirne
Glühbirnen (Glühlampen) sind die Vorläufer moderner Leuchtmittel (Lampen). Bei einer Glühbirne wird Licht erzeugt, indem so viel elektrischer Strom durch einen feinen Draht fliesst, dass dieser stark zu glühen beginnt. Dabei entsteht als Nebenprodukt viel Wärme. Das ist Energie, die ungenutzt bleibt. Moderne Leuchtmittel geben fast keine Wärme ab und sind deshalb umweltfreundlicher. Glühlampen werden in der Umgangssprache ihrer Form wegen «Glühbirnen» genannt.

Grundwasser
Grundwasser ist Wasser, das sich unter der Erde befindet. Es entsteht, wenn Niederschläge im Boden versickern.

Herz
Das Herz ist ein faustgrosser Hohlmuskel, der wie eine starke Pumpe arbeitet. Das Herz ist verantwortlich dafür, dass das Blut durch den Körper gepumpt wird. Es besteht aus zwei Hälften, die durch die Herzscheidewand voneinander getrennt sind.

Indikator
Farbstoffe zeigen durch charakteristische Farben an, ob eine Lösung sauer, neutral oder basisch ist. Diese Farben heissen Indikatoren.

Isolator
↗*Nichtleiter*

Kapillare
Die Kapillaren sind feine Blutgefässe mit dünnen Wänden. Über die Kapillaren werden Sauerstoff, Kohlenstoffdioxid, Nährstoffe und Abfallstoffe zwischen Blut und Organen ausgetauscht.

Kathode
Die Kathode leitet elektrischen Strom. Sie ist eine sogenannte «Elektrode». Als Gegenstück zur ↗*Anode* gibt die Kathode freie Elektronen ab. Bei der LED bezeichnet man die Kathode auch als Minuspol.

Kläranlage
Die Kläranlage (auch Abwasserreinigungsanlage, ARA) reinigt Abwasser in vier Reinigungsstufen: mechanische Reinigung, biologische Reinigung, chemische Reinigung sowie durch Filtration. Bei der mechanischen Reinigung werden Rechen und Räumer eingesetzt, bei der biologischen Kleinstlebewesen, bei der chemischen Fällmittel und bei der Filtration natürliche Filter aus Sand.

Knorpel
Knorpel ist ein elastisches, reissfestes und glattes Gewebe, das grossen Druck aushalten kann. Es kommt an verschiedenen Stellen im Körper vor: Als Gelenkknorpel überzieht der Knorpel Gelenkflächen und ermöglicht so die reibungsarme Bewegung der Gelenksteile. Auch die Ohrmuscheln, ein Teil des Nasenbeins sowie Teile des Kehlkopfs, der Luftröhre und der Bronchien bestehen aus Knorpel.

Kondensieren
Kondensieren ist der Übergang eines Stoffs vom gasförmigen Zustand in den flüssigen Zustand.

Körperkreislauf
Der Körperkreislauf transportiert sauerstoffreiches Blut zu den Organen des Körpers. Über das Blut werden Sauerstoff und Nährstoffe an die Organe abgegeben und Kohlenstoffdioxid (CO_2) wird aufgenommen. Das kohlenstoffdioxidreiche Blut gelangt zurück zum Herzen.

Kurzschluss
Wenn elektrischer Strom ungebremst von einem Pol der Spannungsquelle zum anderen Pol fliessen kann, gibt es einen Kurzschluss. Dabei fliesst zu viel Strom. Geräte können durch Kurzschlüsse beschädigt werden.

Kurzzeitbeobachtung
Bei der Kurzzeitbeobachtung werden bestimmte Objekte oder Vorgänge in einem kurzen Zeitraum beobachtet, d. h. innerhalb von Sekunden, Minuten oder wenigen Stunden.

Langzeitbeobachtung
Bei einer Langzeitbeobachtung werden bestimmte Objekte oder Vorgänge über einen längeren Zeitraum beobachtet. Langzeitbeobachtungen können mehrere Wochen, Jahre oder Jahrzehnte dauern.

Lebensgemeinschaft
Alle Lebewesen, die in einem Lebensraum (↗*Biotop*) leben, gehören zu einer Lebensgemeinschaft.

Legierung
Legierungen sind Gemische aus verschiedenen Metallen. Legierungen sind wichtige Werkstoffe.

Leiter, elektrischer
Elektrische Leiter sind Stoffe, in denen sich Stromteilchen (in Metallen: Elektronen) bewegen können. Durch einen elektrischen Leiter kann damit Strom fliessen. Zu den Leitern zählen z. B. alle Metalle sowie Graphit.

Leitfähigkeit, elektrische
Die elektrische Leitfähigkeit ist eine physikalische Grösse. Sie sagt aus, wie gut sich die Elektronen (oder andere Stromteilchen) im Stoff bewegen können.

Leuchtdiode (LED)
Eine Leuchtdiode (LED: englisch *light-emitting diode*) ist ein Halbleiter-Bauelement. Fliesst durch die Leuchtdiode elektrischer Strom, so strahlt sie. Die Strahlung kann in Form von Licht, Infrarotstrahlung oder Ultraviolettstrahlung erfolgen. Die LED strahlt nur, wenn die ↗*Anode* mit dem Pluspol und die ↗*Kathode* mit dem Minuspol der Spannungsquelle verbunden sind.

Löslichkeit
Die Löslichkeit gibt an, wie viel Gramm eines Stoffs sich bei einer bestimmten Temperatur in einer bestimmten Portion Lösungsmittel (z. B. 100 g oder 100 ml) lösen. Die Löslichkeit ist eine messbare Stoffeigenschaft.

Lösung (Chemie)
Bei einer Lösung sind in einer Flüssigkeit andere Stoffe gelöst. Eine saure Lösung hat einen pH-Wert kleiner als 7, eine neutrale Lösung hat den pH-Wert 7 und eine basische Lösung hat einen pH-Wert grösser als 7.

Lösungsmittel
Lösungsmittel sind Flüssigkeiten, in denen sich andere Stoffe lösen.

Lungenkreislauf
Der Lungenkreislauf transportiert das kohlenstoffdioxidreiche Blut vom Herzen in die Lungen. Hier wird es mit Sauerstoff angereichert. Das sauerstoffreiche Blut fliesst dann wieder zum Herzen zurück.

Magnettrennung
Bei der Magnettrennung werden Stoffe, die von Magneten angezogen werden, von den restlichen Stoffen getrennt. Man spricht in diesem Zusammenhang auch von der Trenneigenschaft «Magnetisierbarkeit».

Masse
Die Masse gibt an, wie schwer oder wie leicht eine Stoffprobe ist. Die Einheit der Masse ist Gramm (g). Das Formelzeichen ist m.

Meerwasser
Meerwasser enthält viele gelöste Salze. Der grösste Teil des Wassers auf der Erde ist Meerwasser.

Metall
Metalle haben besondere Eigenschaften, die sich von Metall zu Metall unterscheiden. Gold ist z. B. sehr weich und Eisen rostet schnell. Allen Metallen gemeinsam sind jedoch vier typische Eigenschaften: Sie glänzen, sie sind leicht verformbar und sie eignen sich als Leiter für elektrischen Strom und für Wärme.

Modell
Ein Modell ist eine vereinfachte Darstellung von komplexen Gegenständen, Techniken oder naturwissenschaftlichen Phänomenen. Dabei wird immer nur ein Teil der Eigenschaften des Originals abgebildet. Modelle werden so erstellt, dass sie einen bestimmten Zweck erfüllen. Ändert sich der Zweck, so müssen Modelle erweitert oder angepasst werden. Wir unterscheiden zwischen Sachmodellen und Denkmodellen: **Sachmodelle** bilden ein Objekt oder einen Gegenstand nach. Ein Beispiel für ein Sachmodell ist der Globus. Der Globus bildet die Erde ab. **Denkmodelle** erfüllen den Zweck, dass sie Phänomene an der Grenze unseres Wissens erklären. Beispiele sind das ↗*Teilchenmodell* oder die Vorstellung, dass Strom wie Wasser fliesst.

Nährstoff
Lebewesen brauchen Nährstoffe zum Leben. Pflanzen nehmen die Nährstoffe je nach Standort aus dem Boden, aus der Luft oder aus dem Wasser auf. Tiere nehmen die Nährstoffe über ihre Nahrung auf.

Nährstoffkreislauf
In einem Ökosystem bewegen sich die Nährstoffe in einem grossen Kreis: von den Erzeugern (Pflanzen) über die Verbraucher (tierische Lebewesen) und die Zersetzer (Würmer, Bakterien, Pilze) zurück zu den Erzeugern.

Nahrungskette
In einer Nahrungskette dient ein Lebewesen dem nächsten als Nahrung. Dabei wird das erste Lebewesen als Beute bezeichnet (wird gefressen), das nächste ist der Räuber (frisst erstes Lebewesen). Diese Abfolge von Beute und Räuber nennt man «Nahrungskette». Am Anfang einer Nahrungskette steht immer eine Pflanze.

Nahrungsnetz
Nahrungsnetze bezeichnen die Gesamtheit verschiedener, miteinander verbundener ↗*Nahrungsketten*.

Nebel (Stoffgemisch, naturwiss.)
Nebel ist in der Chemie ein Stoffgemisch, bei dem Tröpfchen einer Flüssigkeit in einem Gas fein verteilt sind.

Nichtleiter
Nichtleiter besitzen keine freien Ladungsträger (in Metallen: Elektronen). Durch einen Isolator kann kein elektrischer Strom fliessen. Zu den Isolatoren zählen Porzellan, Gummi, Glas und fast alle Kunststoffe. Nichtleiter werden auch «Isolatoren» genannt. ↗*Leiter, elektrischer.*

Nordpol
↗*Pole, magnetische*

Ohm (Einheit)
Der elektrische Widerstand wird in der Einheit Ohm angegeben. Die Einheit ist nach dem deutschen Physiker Georg Simon Ohm (1789–1854) benannt. Ohm wird mit dem griechischen Buchstaben Ω (Omega) abgekürzt.

Ohm'scher Widerstand
↗*Widerstand, elektrischer*

Ohm'sches Gesetz
Das Ohm'sche Gesetz ist nach Georg Simon ↗*Ohm* benannt. Ohm entdeckte den Zusammenhang zwischen Stromstärke und Spannung. Das Ohm'sche Gesetz besagt: Für Leiter mit konstantem Widerstand gilt: Spannung und Stromstärke sind proportional zueinander.

Ökosystem
Ein Lebensraum (↗*Biotop*) und eine ↗*Lebensgemeinschaft* bilden zusammen ein Ökosystem. Ein Beispiel für ein Ökosystem ist ein See oder ein Teich.

Organ
Ein Organ ist ein Teil des Körpers, der auf eine bestimmte Aufgabe spezialisiert ist. Dazu gehören z. B. Herz, Lunge und Haut. Das Herz pumpt Blut durch den Körper. Die Lunge regelt den Gasaustausch. Die Haut grenzt unseren Körper nach aussen ab.

Parallelschaltung
Eine Parallelschaltung besteht aus mehreren Stromkreisen. Ist in einer Parallelschaltung ein einzelnes Lämpchen defekt, so leuchten die anderen Lämpchen trotzdem weiter (↗*Serieschaltung*).

pH-Wert
Der pH-Wert gibt an, wie sauer oder basisch eine Lösung ist. Je kleiner der pH-Wert, desto saurer ist eine Lösung. Eine neutrale Lösung hat den pH-Wert 7.

Pole, magnetische
Permanentmagnete und Elektromagnete haben einen Nordpol und einen Südpol. Dabei verläuft ein magnetisches Feld vom Nordpol zum Südpol. Es gilt folgendes Gesetz: Entgegengesetzte Pole (Nordpol und Südpol) ziehen sich an; gleiche Pole stossen sich ab.

Potentiometer (Poti)
Potentiometer sind veränderbare Widerstände (Bauteile). Sie werden z. B. zur Regelung der Lautstärke eingesetzt.

Prototyp
Ein Prototyp ist in der Technik ein Versuchsmodell für ein geplantes Produkt. Am Prototyp können die Eigenschaften von zukünftigen Produkten real getestet werden. Ihre Stärken und Schwächen werden dabei sichtbar. Der Bau eines Prototyps stellt einen wesentlichen Entwicklungsschritt beim Herstellen von technischen Geräten dar.

Puls
Der Herzschlag ist als Puls an bestimmten Körperstellen (z. B. am Handgelenk) deutlich zu fühlen und zu messen. Der Puls ist die rhythmische Dehnung der Blutgefässwände. Die Pulsfrequenz ist die Anzahl der Pulsschläge in der Minute.

Quellwasser
Quellwasser ist Grundwasser, das von alleine an die Erdoberfläche kommt. Man nennt den Ort, an dem das Grundwasser an die Erdoberfläche tritt, Quelle.

Rauch (Stoffgemisch, naturwiss.)
Rauch ist in der Chemie ein Stoffgemisch, bei dem Feststoffpartikel in einem Gas fein verteilt sind (z. B. Russpartikel in der Luft).

Recycling
Recycling bezeichnet das Sammeln, Trennen und Wiederverwenden von Stoffen. Zu den wichtigsten Recycling-Stoffen gehören Verpackungsmaterialien aus Papier, Karton, PET, Aluminium und Glas.

Reinstoff
Ein Reinstoff ist ein Stoff, der sich (im Gegensatz zu Stoffgemischen) nicht durch ein Trennverfahren weiter auftrennen lässt.

Renaturierung
Bei einer Renaturierung werden die baulichen Veränderungen eines Gewässers wieder entfernt (z. B. Begradigungen oder Kanalisierungen). Dadurch soll der natürliche Zustand wiederhergestellt werden.

Rohstoff
Rohstoffe sind Stoffe, die aus der Natur gewonnen werden (z. B. Holz, Baumwolle, Kohle, Erdöl, Metalle). Aus Rohstoffen werden Güter aller Art (Kleider, Elektrogeräte, Nahrungsmittel), aber auch Energie (Strom und Wärme) hergestellt.

Rohstoffkreislauf (Wertstoffkreislauf)
Wenn Güter und Produkte nicht mehr verwendet werden, können die Rohstoffe durch Stofftrennung zurückgewonnen und wieder dem Produktionsprozess zugeführt werden. So entsteht ein Kreislauf. Man spricht von einem Rohstoffkreislauf oder auch Wertstoffkreislauf.

Sachmodell
↗*Modell*

Säure, sauer
Eine Säure bzw. eine saure Lösung hat einen pH-Wert kleiner als 7 (Schreibweise: <7).

Schadstoffe
Stoffe, die für Lebewesen schädlich sind.

Schaltplan
Ein Schaltplan stellt eine elektrische Schaltung grafisch dar. Elektrische Bauteile werden dabei durch grafische Symbole, sogenannte Schaltzeichen, ersetzt. Die Schaltzeichen und die Schaltpläne sind auf der ganzen Welt gleich.

Schaltzeichen
Schaltzeichen sind grafische Symbole für elektrische Bauteile. Diese werden in Schaltplänen verwendet.

Schmelztemperatur
Die Schmelztemperatur ist die Temperatur, bei der ein Stoff vom festen in den flüssigen Zustand übergeht.

Sedimentieren
Sedimentieren ist ein Trennverfahren, bei dem ungelöste Feststoffe aus einer ↗*Suspension* durch langsames Absetzen getrennt werden. Man nutzt dabei

die grössere Dichte der ungelösten Feststoffe. Die Feststoffe bilden einen Bodensatz (Sediment).

Sehne
Sehnen verbinden Knochen mit Muskeln. Wenn sich ein Muskel anspannt, zieht er durch diese Verbindung am Knochen. Die Kraft des Muskels wird so auf den Knochen übertragen. Dadurch werden Bewegungen möglich.

Serieschaltung
Bei der Serieschaltung befinden sich alle Bauteile in einem einzigen ↗*Stromkreis*. Die Bauteile werden alle vom gleichen Strom durchflossen. Ist in einer Serieschaltung ein einzelnes Lämpchen defekt, so gehen alle anderen Lämpchen ebenfalls aus (↗*Parallelschaltung*).

Siedetemperatur
Die Siedetemperatur ist die Temperatur, bei der ein Stoff vom flüssigen in den gasförmigen Zustand übergeht.

Skelett
Die Knochen bilden das Skelett. Das Skelett stützt den Körper und schützt die inneren Organe. Zusammen mit den Muskeln, Sehnen und Bändern bildet das Skelett den Bewegungsapparat.

Spannung, elektrische
Eine elektrische Spannung entsteht, wenn man positive und negative Ladungen voneinander trennt. Die Spannung gibt an, wie stark die Elektronen im Stromkreis angetrieben werden. Spannung ist die Voraussetzung für das Fliessen von Strom.

Spannungsquelle, elektrische
Als Spannungsquelle bezeichnet man ein elektrisches Bauteil, das zwei Pole besitzt. Zwischen den Polen besteht eine elektrische Spannung. Als Spannungsquellen verwenden wir im Alltag z. B. Batterien, Netzteile, Solarzellen, Dynamos oder Generatoren von Kraftwerken.

Spule
Spulen sind Wicklungen von isolierten Drähten (Leiter). Die Drähte erzeugen Magnetfelder, wenn Strom durch sie hindurch fliesst. ↗*Elektromagnet*.

Stoff
In der Chemie wird der Begriff «Stoff» einerseits für das Material verwendet, aus dem Gegenstände bestehen. Ein Stuhl besteht z. B. aus dem Stoff Holz oder Kunststoff. Andererseits sind auch Zucker, Salz und Mehl Stoffe. Neben diesen festen Stoffen gibt es auch flüssige und gasförmige Stoffe, z. B. Wasser (Flüssigkeit) oder Helium (Gas).

Stoffeigenschaften
Stoffe unterscheiden sich in ihren Eigenschaften. Einige Stoffeigenschaften können wir mit unseren Sinnen erkennen, für andere brauchen wir Hilfsmittel.

Stoffgemisch
↗*Gemisch*

Stromkreis, elektrischer
Ein elektrischer Stromkreis ist eine Schaltung aus Leitern und elektrischen Bauteilen, die zu einem Kreis zusammengeschlossen sind. Damit elektrischer Strom fliessen kann, muss er von einem Pol der Spannungsquelle zum anderen Pol durch einen geschlossenen Stromkreis fliessen können.

Stromstärke, elektrische
Die elektrische Stromstärke gibt an, wie viele Ladungen pro Zeiteinheit durch eine Messstelle im ↗*Stromkreis* fliessen.

Stromteilchen
↗*Elektron*

Südpol
↗*Pole, magnetische*

Suspension
Stoffgemisch, bei dem Feststoffpartikel in einer Flüssigkeit fein verteilt sind.

Süsswasser
Süsswasser enthält nur sehr wenig gelöste Salze. Süsswasser kommt in den drei Aggregatzuständen fest (z. B. Eis), flüssig und gasförmig (z. B. Wasserdampf) vor.

Teilchenmodell
Nach dem Teilchenmodell besteht jeder Stoff aus kleinsten Teilchen, die sich ständig bewegen (↗*Bewegungsenergie*). Die Teilchen eines Stoffs sind untereinander gleich. Die Teilchen verschiedener Stoffe unterscheiden sich voneinander. Zwischen den Teilchen wirken ↗*Anziehungskräfte*, die mit zunehmendem Abstand der Teilchen geringer werden. Bei Feststoffen sind die Abstände zwischen den Teilchen insgesamt am kleinsten, bei Gasen am grössten. Bei Feststoffen liegen die Teilchen schön geordnet auf festen Plätzen. Bei Flüssigkeiten können sich die Teilchen aneinander vorbeischieben. Bei Gasen gibt es keinerlei Ordnung zwischen den Teilchen. Das Teilchenmodell ist eine Vorstellung (↗*Denkmodell*). Sie hilft, Beobachtungen zu erklären.

umpolen
Der Begriff «umpolen» wird gebraucht, wenn bei einer elektrischen Schaltung der Pluspol und der Minuspol vertauscht werden. Bei ↗*Elektromagneten* führt das auch dazu, dass der Nordpol zum Südpol wird und umgekehrt.

Umweltfaktoren, belebte
Belebte Umweltfaktoren bezeichnen die Einflüsse anderer Lebewesen (Tiere, Pflanzen) auf ein Lebewesen.

Umweltfaktoren, unbelebte
Unbelebte Umweltfaktoren bezeichnen die Einflüsse des Lebensraums (Biotop) auf ein Lebewesen.

Universalindikator
Universalindikator ist ein Gemisch von Indikatoren. Er zeigt an, wie sauer oder basisch eine Lösung ist. Die Anzeige auf der Skala des Universalindikators reicht meist von 0 bis 14.

Vene
Venen sind grosse Blutgefässe. Sie transportieren das Blut aus dem Körper zurück zum Herzen.

Verdampfen
Verdampfen ist der Übergang einer Flüssigkeit (Wasser) in den gasförmigen Zustand. Das Wasser muss dabei sieden.

Verdunsten
Verdunsten ist der Übergang einer Flüssigkeit (Wasser) in den gasförmigen Zustand unterhalb des Siedepunkts. Das heisst, das Wasser siedet dabei nicht.

Vermutung
Eine Vermutung ist eine Annahme, die in den Naturwissenschaften und in der Technik mit einem Experiment oder einer Beobachtung überprüft wird. Auf diese Weise lässt sich eine Vermutung bestätigen oder widerlegen.

Volt (V)
Volt ist die Einheit der elektrischen Spannung und wird mit dem Buchstaben V abgekürzt. Die Einheit der elektrischen Spannung ist nach dem italienischen Physiker Alessandro Volta (1745–1827) benannt.

Voltmeter
Ein Voltmeter ist ein Messgerät, mit dem die Spannung gemessen wird. Voltmeter gibt es in digitaler und analoger Ausführung.

Volumen
Das Volumen bezeichnet den räumlichen Inhalt einer geometrischen Figur. Das Formelzeichen für das Volumen ist *V*. Die Masseinheit ist m^3 oder Liter.

verstecktes Wasser
Verstecktes Wasser (auch virtuelles Wasser) bezeichnet Wasser, das für die Herstellung von industriellen Produkten und Lebensmitteln gebraucht wird, ohne dass es auf den ersten Blick erkennbar ist. Das heisst, die Produkte enthalten von diesem Wasser teils gar nichts oder nur einen kleinen Teil.

Wasserkreislauf
Das Wasser bewegt sich auf der Erde in einem grossen Kreis: vom Meer über die Wolken und die Niederschläge wieder zurück zum Meer.

Wasserspeicher
In Wasserspeichern (auch Wasserreservoir) wird Trinkwasser gesammelt und gespeichert, bevor es in die Haushalte und Häuser geleitet wird.

Wechselspannung
Bei einer Wechselspannung werden in kurzer Folge Pluspol und Minuspol vertauscht. Dabei verändert sich auch die Fliessrichtung der Elektronen (Stromteilchen). Wechselspannungsquellen sind z. B. Dynamos und Generatoren. Die Wechselspannungsfrequenz im öffentlichen Stromnetz beträgt 50 Hz.

Wertstoffkreislauf
↗Rohstoffkreislauf

Widerstand, elektrischer
Der Begriff «elektrischer Widerstand» hat verschiedene Bedeutungen:
1. Als Widerstände bezeichnet man spezielle Bauteile, die in den Stromkreis geschaltet werden, um z. B. Spannungen und Stromstärken so zu begrenzen, dass ein Gerät an eine höhere Quellen-Spannung angeschlossen werden kann.
2. Der elektrische Widerstand bezeichnet auch die Fähigkeit eines elektrischen Bauteils, den elektrischen Stromfluss zu hemmen.
3. Als Widerstand bezeichnet man schliesslich auch den Quotienten aus Spannung und Stromstärke.

Widerstand, elektrischer (Bauteil)
↗Widerstand, elektrischer

Widerstand, spezifischer
Der spezifische Widerstand ist eine Eigenschaft eines Leiters. Er beschreibt, welchen elektrischen Widerstand ein elektrischer Leiter besitzt, der 1 m lang ist und eine Querschnittsfläche von 1 mm^2 aufweist. Der spezifische Widerstand eines Stoffs ist von seiner Temperatur abhängig. Das Formelzeichen ist ϱ (Rho).

Windungen
Als Windung bezeichnet man die Wicklung von Drähten einer *↗Spule*. Die Windungszahl gibt an, wie oft ein Draht um die Spule gewickelt ist.

Wirbelfortsatz
Wirbelfortsätze sind knöcherne Fortsätze der Wirbel. An ihnen setzen Bänder und Muskeln an, die die Wirbel miteinander verbinden und zueinander beweglich machen. Man unterscheidet zwischen Querfortsätzen und Dornfortsätzen.

Wirbelsäule
Die Wirbelsäule verbindet den Schädel mit dem Becken. Sie besteht aus Knochen und Bandscheiben und hält den Körper aufrecht und beweglich.

Zeigerlebewesen
Lebewesen, die durch ihr Auftreten/Vorkommen Auskunft über die Umweltbedingungen geben.

Zersetzer
Zersetzer sind Pilze, Bakterien und Würmer, die sich von toten Lebewesen und vom Kot der Tiere ernähren.

Register

Gelb markiert sind Begriffe, die im Lehrplan 21 als verbindliche Inhalte gekennzeichnet sind.

Bildnachweis

Cover
Design Pics Inc/Alamy Stock Foto (Armdrücken); KEYSTONE/SEBASTIAN KAULITZKI/SCIENCE PHOTO LIBRARY (Schultermuskel)

S. 2–11
2.1 Getty Images/Moment/Amy Stocklein Images; **2.2** Getty Images/Cultura/moodboard; **3.3** Getty Images/E+/Bosca78; **3.4** Thinkstock/iStock/Vitakot; **7** INGOLD Verlag; **10.1** (Flamme) Klett-Archiv/Werkstatt Fotografie

1 Arbeiten und Forschen in Natur und Technik
12.1 Christelle Robert/Institut für Pflanzenwissenschaften, Universität Bern; **12.2** Marcel Iten; **12.3** iStock.com/YinYang; **13.4** Getty Images/Gallo Images/Danita Delimont; **13.5** Jean Revillard/Solar Impulse/Rezo.ch; **14.1** Jean Revillard/Solar Impulse/Rezo.ch; **14.2** Fotolia/Sebastian Kaulitzki; **15.3** Thomas Berset; **15.4** Thomas Berset; **15.5.1** iStock.com/StevenEllingson; **15.5.2** iStock.com/JohannesK; **15.5.3** Shutterstock/Rich Carey; **15.5.4** iStock.com/mthipsorn; **16.2** Hannes Herger; **18.1** Hannes Herger; **18.2** Hannes Herger; **18.3** Hannes Herger; **20.1** Christelle Robert/Institut für Pflanzenwissenschaften, Universität Bern; **21.1** Thomas Berset; **22.2** Marcel Iten; **23.1** Marcel Iten; **24.1** iStock.com/scanrail; **24.4** Hannes Herger; **25.1** iStock.com/Dmytro Synelnychenko; **27.1.A** iStock.com/YinYang; **27.1.B** Getty Images/Gallo Images/Danita Delimont; **27.1.C** Hero Images Inc./Alamy Stock Foto

2 Unser Körper
28.1 Fotolia/WavebreakMediaMicro; **28.2** Shutterstock/vitstudio; **29.3** Design Pics Inc/Alamy Stock Foto; **29.5** KEYSTONE/SEBASTIAN KAULITZKI/SCIENCE PHOTO LIBRARY; **34.1** Thinkstock/moodboard; **34.2** Fotolia/WavebreakMediaMicro; **40.3** Kage Mikrofotografie/OKAPIA; **42.1** Gerd Weitbrecht; **47.3** Getty Images/Stockbyte/Steve Allen; **50.1** Shutterstock/vitstudio

3 Stoffe und ihre Eigenschaften
52.1 Klett-Archiv/KOMA AMOK®; **52.2** iStock.com/ALEAIMAGE; **52.3** iStock.com/photohomepage; **53.4** Getty Images/Stockbyte; **53.5** iStock.com/PeterHermesFurian; **54.1.1** Thinkstock/iStock/Vitakot; **54.1.2** iStock.com/ALEAIMAGE; **54.2** Klett-Archiv/KOMA AMOK®; **54.3** iStock.com/3DMAVR; **55.4** Shutterstock/Jiri Hera; **55.5** iStock.com/PeterHermesFurian; **57.3** Marcel Iten; **57.4** Klett-Archiv; **61.2** Hannes Herger; **61.3** Thomas Seilnacht; **62.2** Hannes Herger; **65.1** Getty Images/E+/BraunS; **66.1** Klett-Archiv; **68.1.1** Thinkstock/iStock/123dartist; **68.1.2** Thinkstock/iStock/Olga_Anourina; **68.1.3** iStock.com/PeterHermesFurian; **68.1.4** iStock.com/photohomepage; **68.2** Thinkstock/iStock/Kattiyaearn; **72.1.2** mauritius images/Gilsdorf; **75.1** Klett-Archiv/Zuckerfabrik Digital

4 Stoffgemische und Trennverfahren
76.1 Getty Images/Tobias Titz; **76.2** Shutterstock/Sarita Sutthisakari; **77.3** Fantasiewerk/Sabrina Müller; **77.4** Getty Images/Radius Images; **77.5** plainpicture/Johner/Bengt Höglund; **78.1.1** Thinkstock/iStock/V_Sot; **78.1.2** Klett-Archiv/Elke Sieferer; **78.2.1** Thinkstock/iStock/photo5963; **78.2.2** Hannes Herger; **79.4** Thinkstock/iStock/karandaev; **79.5** iStock.com/moevin; **79.6** Klett-Archiv/Michael Steinle; **79.7** Getty Images/Medioimages/Photodisc; **79.8** iStock.com/GomezDavid; **80.1** Hannes Herger; **80.2** Thinkstock/iStock/sanapadh; **80.3** Thinkstock/iStock/karandaev; **82.1** Hannes Herger; **82.2** Thinkstock/iStock/joebelanger; **82.3** iStock.com/wloven; **87.1** Klett-Archiv; **87.2** Fantasiewerk/Sabrina Müller; **88.1** Thinkstock/iStock/gresei; **88.2** Thinkstock/Zoonar/O.Kovach; **88.3** Fotolia/Africa Studio; **91.2** PantherMedia/belchonock; **91.3** Shutterstock/worradirek; **91.4** Westmark GmbH; **91.5** Shutterstock/Alexandru Cristian Ciobanu

5 Elektrische Phänomene
96.1 Hannes Herger; **96.2** Getty Images/Juice Images/Ian Lishman; **96.3** Fotolia/Alexander Novoselski; **97.4** Getty Images/E+/Bosca78; **97.5** Galvanizers Association; **99.1** Shutterstock/IMG Stock Studio; **99.2** David Cole/Alamy Stock Foto; **100.1** Hannes Herger; **100.2** Fotolia/mitifoto; **103.1.1** Shutterstock/mohamadhafizmohamad; **103.1.2** iStock.com/hemul75; **103.1.3** Shutterstock/worradirek; **103.1.4** Galvanizers Association; **105.2** Hannes Herger; **105.3** Hannes Herger; **105.5** Hannes Herger; **106.2.1** Shutterstock/psamtik; **106.2.2** Thinkstock/iStock/XXLPhoto; **108.2** Georg Trendel; **111.3** iStock.com/i-bob; **113.1** Hannes Herger; **113.2** Hannes Herger; **119.3** Hannes Herger; **121.1** akg-images; **121.2** Deutsches Museum; **122.1** lainf, Wikimedia Commons, CreativeCommons-Lizenz by-sa-3.0; **122.2** Conrad Electronic; **123.4** Thinkstock/iStock/inus12345

6 Wasser – ein lebenswichtiger Stoff
126.1 Getty Images/Corbis/Emely; **126.2** iStock.com/H20addict; **127.3** iStock.com/BasSlabbers; **127.4** imago/Rupert Oberhäuser; **127.5** iStock.com/John_Kasawa; **128.1** Shutterstock/worker; **128.2** Shutterstock/Dale Lorna Jacobsen; **130.1** imago/Rupert Oberhäuser; **131.1** Hannes Herger; **131.3** Hannes Herger; **133.2** Getty Images/Corbis/Emely; **134.1** (Stadt Luzern) Shutterstock/Lerner Vadim; **137.4** mauritius images/Photononstop/Sébastien Rabany; **137.5** KEYSTONE/SCIENCE SOURCE/GREGORY K. SCOTT; **139.1** KEYSTONE/Gerhard Riezler; **141.1** KEYSTONE/Gerhard Riezler

7 Lebensraum Gewässer
142.1 Fotolia/lumen-digital; **142.2** Getty Images/Stephen Simpson; **143.3** Chris Martin Bahr/OKAPIA; **143.4** Thinkstock/iStock/wrangel; **143.5** Thinkstock/iStock/photonaj; **144.1** Thinkstock/iStock/wrangel; **144.2** Thinkstock/iStock/micro_photo; **144.3** Thinkstock/iStock/photonaj; **145.4** Okapia/imageBROKER/Kurt Amthor; **145.5** Piet Spaans: Viridiflavus, Wikimedia Commons, Creative-Commons-Lizenz by-sa-3.0; **153.3** iStock.com/NNehring; **153.4** iStock.com/NNehring; **154.1** Thinkstock/iStock/Aj_OP; **155.1** Thinkstock/iStock/thelinke; **158.1.1** Shutterstock/stone fly; **158.1.2** Fotolia/Valeriy Kirsanov; **158.1.3** Andreas Hartl/OKAPIA; **158.1.4** Manfred Ruckszio/OKAPIA; **158.1.5** Roger Eritja/BIOS/OKAPIA; **160.1** blickwinkel/G. Czepluch; **160.2** Chris Martin Bahr/OKAPIA; **161.1** Darnuzer Ingenieure AG, Davos/Val Müstair; **161.2** Darnuzer Ingenieure AG, Davos/Val Müstair